高等院校计算机任务驱动教改教材

数据结构与算法项目化教程

（微课版）

唐懿芳　陶　南　林　萍　主　编
钟丽萍　钟达夫　崔晓坤　副主编

清华大学出版社
北京

内 容 简 介

本书系统、全面地讲解了数据结构与算法的主要内容，用项目化教学的形式介绍了线性表、栈、队列、字符串、数组与矩阵、树、图、查找算法及排序算法。对于每一种类型的数据结构，都详细阐述了基本概念、各种不同的存储结构和不同存储结构上一些主要操作的算法，并给出完整的 Java 代码，每个重要算法还设计了动手实践环节，让读者更牢固地掌握和运用知识点解决实际问题，最后用项目实现的方式介绍了数据结构及算法的实际应用。

本书可作为应用型本科、高职高专、成人高校计算机相关专业课程的教材，也可作为各类培训班、计算机从业人员和爱好者的参考用书。

本书封面贴有清华大学出版社防伪标签，无标签者不得销售。
版权所有，侵权必究。举报: 010-62782989, beiqinquan@tup.tsinghua.edu.cn。

图书在版编目(CIP)数据

数据结构与算法项目化教程：微课版/唐懿芳,陶南,林萍主编. —北京：清华大学出版社,2022.6
(2023.1重印)
高等院校计算机任务驱动教改教材
ISBN 978-7-302-60901-8

Ⅰ. ①数… Ⅱ. ①唐… ②陶… ③林… Ⅲ. ①数据结构—高等学校—教材 ②算法分析—高等学校—教材 Ⅳ. ①TP311.12

中国版本图书馆 CIP 数据核字(2022)第 083237 号

责任编辑：张龙卿
封面设计：徐日强
责任校对：刘　静
责任印制：丛怀宇

出版发行：清华大学出版社
网　　址：http://www.tup.com.cn, http://www.wqbook.com
地　　址：北京清华大学学研大厦 A 座　　邮　编：100084
社 总 机：010-83470000　　邮　购：010-62786544
投稿与读者服务：010-62776969, c-service@tup.tsinghua.edu.cn
质量反馈：010-62772015, zhiliang@tup.tsinghua.edu.cn
课件下载：http://www.tup.com.cn, 010-83470410

印 装 者：三河市龙大印装有限公司
经　　销：全国新华书店
开　　本：185mm×260mm　　印　张：17.5　　字　数：420 千字
版　　次：2022 年 7 月第 1 版　　印　次：2023 年 1 月第 2 次印刷
定　　价：59.00 元

产品编号：095135-01

前　言

一、教材背景

课程组负责的"数据结构与算法"被评为2015年广东省精品在线开放课程(粤教高函〔2016〕135号),本课程也是2019年国家"双高计划"专业群建设项目(教职成函〔2019〕14号)的专业核心课程。

本书与广东省精品在线开放课程配套,参考了国际上一些相关的专著和多本国内同类教材,结合全体参编教师多年的教学经验和实际教学条件编撰而成。本书注重教学活动的设计,包括技能目标、思维导图、项目描述、相关知识、项目实现、习题等环节。全书提供丰富的教学学习资源,可供学生、企业人员和社会学习者参考、学习和使用。教学资源包括课程标准、考核方案、源代码、拓展项目、演示文稿等。

二、教材结构

本书包括绪论和9个模块内容。

(1)绪论。这是数据结构学习的入门部分,主要讲述学习数据结构课程的意义、数据结构的相关内容、算法的知识,为后续项目的展开做好知识的积累和铺垫。

(2)项目化教学。模块1到模块9为项目化教学内容,都引入一个项目,按照项目开发的逻辑关系开展教学工作,所讨论的内容包括:线性表、栈、队列、字符串、数组与矩阵、树、图、查找算法及排序算法。其中,线性表、栈、队列、字符串、数组与矩阵属于线性结构,树和图是非线性结构,查找算法和排序算法是应用广泛的算法。

9个模块具体如下。

模块1介绍排队叫号器,用线性表结构实现。

模块2介绍歌曲播放器,用堆栈结构实现。

模块3介绍医院排队叫号系统,用队列结构实现。

模块4介绍身份证信息的提取,用字符串结构实现。

模块5介绍图片压缩小软件,用矩阵结构的压缩存储实现。

模块6介绍哈夫曼编码,用树结构实现。

模块7介绍最短地铁乘坐线路小软件,用图结构实现。

模块8介绍查找书籍小软件,用查找算法实现。

模块9介绍成绩排序小软件,用排序算法实现。

每个模块实现的项目按照功能描述→设计思路→相关知识→项目实现等多个环节展开。功能描述用于理解项目的具体功能需求;设计思路描述项目实施的具体方法;相关知识是项目成功实现要掌握的知识点;动手实践是为了巩固这些知识点设计的实训内容;项目实现是具体的代码。

三、教材特色

本书依据课程需求,确立了"以项目为背景,以知识为主线,以提高能力和兴趣为目的,全面提升技能水平和职业素养"的设计理念。本书特色为:项目式驱动、信息化教学、激发学习兴趣。

（1）项目式驱动。课程组教师和企业人员设计了9个生活中的小场景，用数据结构的知识解决问题，使读者对所学的知识融会贯通，能学懂会用。

（2）信息化教学。借助超星平台，配备了多种形式的教学资源，网站上设有闯关模式，激发学生的自主学习意识，课堂教学向以学生为中心的信息化课堂转变。

（3）激发学习兴趣。本书配套有提供源代码和微课视频等多种资源，教学内容包括技能目标、项目描述、项目实施等环节，让教与学融为一体，激发学生的求知欲望，提高学生的学习兴趣。

四、课程资源

为了方便教师教学及学生自学，本书配有微课、动画、电子课件、源代码、习题答案等相关资源，请联系编者或者访问清华大学出版社相关网站下载，如有问题可与清华大学出版社联系。

五、致谢

本书的编写出版是本课程全体教学人员集体智慧的结晶。统稿过程正值新春佳节，课程组同人们加班加点，按质按量完成了项目化教材的再版修订工作，并增加了微课视频。

课程组与合作企业珠海新安捷信息技术有限公司项目经理席冯彦参与了所有项目的编码工作，同时对全书的实例和知识点的选择提出了很好的建议。

同时也向支持和参与本书编写工作的所有老师和同事表示感谢！

搁笔的一刹那，感慨良多。数据结构是程序的灵魂，讲好这门课程，让学生学懂弄通"数据结构与算法"，是我们的初衷和追求。尽管课程组老师在写作过程中非常的认真和努力，也对内容的组织、案例的选用以及项目化教学的融入做了充分的准备，但仍深感道长且阻，希望读者朋友们向我们多提宝贵建议，对错误不吝指正，我们感激不尽！

编　者

2022年2月

目 录

绪论 ··· 1
  习题 ··· 7

模块1 线性表——排队叫号器 ··· 9
 1.1 项目描述 ·· 9
 1.2 相关知识 ·· 10
   1.2.1 线性表的定义 ·· 10
   1.2.2 线性表的基本运算 ·· 11
   1.2.3 顺序表 ·· 12
   1.2.4 链表 ··· 18
   1.2.5 循环链表和双向链表 ··· 28
 1.3 项目实现 ·· 30
   任务1 限制队长的排队叫号器 ··· 30
   任务2 不限制队长的排队叫号器 ·· 35
 1.4 小结 ·· 37
 1.5 习题 ·· 38

模块2 栈——歌曲播放器 ·· 40
 2.1 项目描述 ·· 40
 2.2 相关知识 ·· 41
   2.2.1 栈的定义 ··· 42
   2.2.2 栈的基本运算 ·· 42
   2.2.3 顺序栈 ·· 42
   2.2.4 链栈 ··· 49
 2.3 项目实现 ·· 55
   任务1 限制曲数的歌曲播放器 ·· 55
   任务2 不限制曲数的歌曲播放器 ··· 57
 2.4 小结 ·· 59
 2.5 习题 ·· 59

模块3 队列——医院排队叫号系统 ·· 62
 3.1 项目描述 ·· 62
 3.2 相关知识 ·· 64
   3.2.1 队列的定义 ··· 64
   3.2.2 队列的基本运算 ··· 64
   3.2.3 顺序队列 ··· 65
   3.2.4 循环队列 ··· 67

3.2.5　链式队列 ……………………………………………………………… 73
　3.3　项目实现 ……………………………………………………………………… 79
　　　任务1　用循环队列实现排队叫号器 ……………………………………… 79
　　　任务2　用链式队列实现排队叫号器 ……………………………………… 81
　3.4　小结 …………………………………………………………………………… 83
　3.5　习题 …………………………………………………………………………… 84

模块4　字符串——身份证信息的提取 …………………………………………… 85
　4.1　项目描述 ……………………………………………………………………… 85
　4.2　相关知识 ……………………………………………………………………… 86
　　　4.2.1　串的定义 ……………………………………………………………… 86
　　　4.2.2　串的基本运算 ………………………………………………………… 87
　　　4.2.3　顺序串 ………………………………………………………………… 88
　　　4.2.4　串的模式匹配算法 …………………………………………………… 93
　　　4.2.5　链表串 ………………………………………………………………… 95
　4.3　项目实现 ……………………………………………………………………… 96
　4.4　小结 …………………………………………………………………………… 98
　4.5　习题 …………………………………………………………………………… 99

模块5　数组与矩阵——图片压缩小软件 ……………………………………… 100
　5.1　项目描述 ……………………………………………………………………… 100
　5.2　相关知识 ……………………………………………………………………… 101
　　　5.2.1　数组的定义 …………………………………………………………… 101
　　　5.2.2　数组的顺序存储结构 ………………………………………………… 103
　　　5.2.3　特殊矩阵的压缩存储 ………………………………………………… 104
　　　5.2.4　稀疏矩阵 ……………………………………………………………… 106
　5.3　项目实现 ……………………………………………………………………… 115
　5.4　小结 …………………………………………………………………………… 126
　5.5　习题 …………………………………………………………………………… 127

模块6　树——哈夫曼编码 ………………………………………………………… 129
　6.1　项目描述 ……………………………………………………………………… 129
　6.2　相关知识 ……………………………………………………………………… 130
　　　6.2.1　一般树 ………………………………………………………………… 130
　　　6.2.2　二叉树 ………………………………………………………………… 135
　　　6.2.3　二叉树的遍历 ………………………………………………………… 140
　　　6.2.4　树、森林与二叉树的转换 …………………………………………… 155
　　　6.2.5　二叉树的应用——哈夫曼树 ………………………………………… 159
　6.3　项目实现 ……………………………………………………………………… 168
　6.4　小结 …………………………………………………………………………… 170
　6.5　习题 …………………………………………………………………………… 170

模块 7　图——最短地铁乘坐线路小软件 ··· 172
 7.1　项目描述 ··· 172
 7.2　相关知识 ··· 173
  7.2.1　图的基本概念 ··· 173
  7.2.2　图的存储结构 ··· 176
  7.2.3　图的遍历 ··· 181
  7.2.4　最小生成树 ··· 188
  7.2.5　最短路径 ··· 198
  7.2.6　拓扑排序 ··· 205
 7.3　项目实现 ··· 207
 7.4　小结 ··· 212
 7.5　习题 ··· 212

模块 8　查找算法——查找书籍小软件 ··· 215
 8.1　项目描述 ··· 215
 8.2　相关知识 ··· 216
  8.2.1　静态查找 ··· 217
  8.2.2　动态查找 ··· 224
  8.2.3　哈希表的查找 ··· 233
 8.3　项目实现 ··· 239
 8.4　小结 ··· 239
 8.5　习题 ··· 239

模块 9　排序算法——排序小软件 ··· 242
 9.1　项目描述 ··· 242
 9.2　相关知识 ··· 244
  9.2.1　插入排序 ··· 244
  9.2.2　交换排序 ··· 249
  9.2.3　选择排序 ··· 253
  9.2.5　动手实践 ··· 260
  9.2.6　基数排序 ··· 264
 9.3　项目实现 ··· 265
 9.4　小结 ··· 265
 9.5　习题 ··· 266

参考文献 ··· 270

绪　　论

- 会用数据结构的概念解释日常生活的问题。
- 掌握逻辑结构、存储结构等知识点。
- 能找到现实生活中线性、树和图三种结构的实例。
- 掌握算法的五个特性准则。
- 会用算法效率的评价指标评价算法的执行效率。

本模块思维导图请扫描右侧二维码。

绪论思维导图

计算机是对各种各样数据进行处理的机器。要对数据进行处理,首先要对数据进行组织。计算机中如何有效地组织数据和处理数据是一个关键的问题,而"数据结构与算法"就能解决这个问题。

1. 学习数据结构的意义

早期人们都感觉计算机是用来计算的,用来处理数值计算非常方便快捷。随着计算机处理能力越来越强,计算机不再只是简单的数值计算工具,而是被赋予越来越多的功能,而现实世界有很多非数值计算的问题,需要一些更科学有效手段的帮助才能更好地处理这些问题。所以数据结构是一门研究非数值计算的程序设计中计算机的操作对象以及它们之间的关系和操作等相关问题的学科。

针对实际问题,要编写出一个高效率的处理程序,就需要解决如何合理地组织数据,建立合适的数据结构,设计较好的算法,来提高程序执行效率这样的问题。数据结构和算法就是在此背景下形成和发展起来的。

简而言之,软件开发要多动脑筋,想到好的解决办法才能更快更好地编写出效率更高的程序。数据结构和算法这门课程的目的正是使学生更快地编写出更高效的程序。

计算机完成的任何操作都是在程序的控制下进行的,而程序的根本任务就是进行数据处理。随着计算机在各行各业应用的日益深入,计算机所处理的数据对象也由纯粹的数值型发展到字符、表格、图形、图像和声音等多种形式,计算机要处理这些数据,首先要将这些数据存储在计算机内存中。如何将程序中要处理的数据进行合理地存储,以及采用何种方法能够高效地进行数据处理是程序设计的关键,也是数据结构要解决的重要问题。

即使是在广泛采用可视化程序设计的今天,借助于集成开发环境可以很快地生成程序,但要想成为一个专业的程序开发人员,至少需要以下三个条件。

(1) 能够熟练地选择和设计各种业务逻辑的数据结构和算法。
(2) 至少能够熟练地掌握一门程序设计语言。
(3) 熟知所涉及的相关应用领域知识。

其中,后两个条件比较容易实现,而第一个条件则需要花很多时间和精力才能达到,但它恰恰是区分程序设计人员水平高低的一个重要标志。数据结构贯穿程序设计的始终,缺乏数据结构和算法的功底,很难设计出高水平的具有专业水准的应用程序。瑞士著名计算机科学家尼古拉斯·沃思(Niklaus Wirth)提出了"算法+数据结构=程序"的观点,这正说明了数据结构的重要性。

例如,计算机要处理一批杂乱无章的数据,需对其进行有序化处理,计算机解决问题的步骤是什么呢?

要解决这个问题,首先要考虑应如何将这批数据进行合理地存储;然后考虑应采用什么有效的方法对这些数据进行有序化;最后选择一种编程语言实现以上方法。其实用计算机解决任何数据处理的问题,都需要经过以上过程才能实现。

数据结构主要研究和讨论以下三个方面的问题。
(1) 数据集合中各数据元素之间的关系。
(2) 在对数据进行处理时,各数据元素在计算机中的存储关系,即数据的存储结构。
(3) 针对数据的存储结构进行的运算。

解决好以上问题,可以大大提高数据处理的效率。

微课 0-1 数据结构学什么

2. 数据结构研究什么

数据结构可定义为一个二元组:Data_Structure=(D,R),其中D表示数据元素的有限集,R表示D关系上的有限集。数据结构与算法具体应包括以下方面:数据的逻辑结构及算法、数据的物理结构和数据的运算集合。

1) 数据的逻辑结构及算法

(1) 数据的逻辑结构。数据的逻辑结构是指数据元素之间逻辑关系的描述。

根据数据元素之间关系的特性,数据的逻辑结构主要有以下三种,如图 0-1 所示。

① 线性结构。结构中的数据元素之间存在着一对一的线性关系。线性结构将在模块 1 中详细讲解。

② 树结构。结构中的数据元素之间存在着一对多的层次关系。树结构将在模块 6 中详细讲解。

③ 图结构。结构中的数据元素之间存在着多对多的任意关系。图结构将在模块 7 中详细讲解。

下面重点介绍线性结构。

线性结构是最基本的结构,掌握好它是学习其他结构的基础。线性结构中几种典型的类型,分别是线性表、栈、队列、字符串和数组。

① 线性表是一种最简单、最常用的线性结构。线性表的操作特点主要是可以在任意位置插入一个数据元素或删除一个数据元素。线性表将在模块 1 中详细讲解。

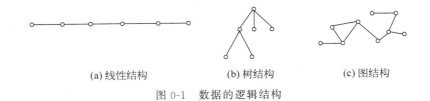

(a) 线性结构　　　　(b) 树结构　　　　(c) 图结构

图 0-1　数据的逻辑结构

② 栈是一种只能在栈顶一端进行插入或删除操作的线性结构,它的特点是后进先出。栈结构将在模块 2 中详细讲解。

③ 队列是只能在队头删除队尾插入的线性结构,它的特点是先进先出。队列结构将在模块 3 中详细讲解。

④ 字符串的简称是串。串是一种特殊的线性结构,它的每个数据元素都由一个字符组成。串结构将在模块 4 中详细讲解。

⑤ 数组是程序设计最经常使用的一种数据结构,所有线性结构(包括线性表、栈、队列、串、数组和矩阵)的顺序存储结构都是使用数组来存储。可见,它是其他数据结构实现顺序存储结构的工具,将在模块 5 中详细讲解数组与矩阵。

(2) 数据的算法。编程开创者瑞士计算机科学家尼古拉斯·沃斯的名言"算法＋数据结构＝程序",很好地阐述了这三者的关系。数据结构和算法两个概念间的逻辑关系贯穿了整个程序世界,没有数据间的关系,程序根本无法设计。数据结构是底层,算法是高层;数据结构为算法提供服务,算法围绕数据结构操作。所以数据结构要和算法一起讲解才更有效。本书介绍了查找和排序两种基本的算法。

① 查找。数据结构要跟算法结合起来才有意义,查找算法是数据结构在算法中的应用,在现实生活中也经常用到查找。查找算法将在模块 8 中详细讲解。

② 排序。排序算法将在模块 9 中详细讲解。

2) 数据的物理结构

物理结构(又称存储结构)是逻辑结构在计算机中的存储映像,是逻辑结构在计算机中的实现(或存储表示),它包括数据元素的表示和关系的表示。有数据结构 Data_Structure＝(D,R),对于 D 中的每一数据元素都对应着存储空间中的一个单元,D 中全部元素对应的存储空间必须明显或隐含地体现关系 R。逻辑结构与存储结构的关系为:存储结构是逻辑结构的映像与元素本身的映像。逻辑结构是抽象,存储结构是实现,两者综合起来建立了数据元素之间的结构关系。存储结构一般有顺序存储和链表存储两种方式。

3) 数据的运算集合

讨论数据结构的目的是在计算机中实现所需的操作,施加于数据元素之上的一组操作构成了数据的运算集合,因此运算集合是数据结构很重要的组成部分。

3. 数据结构的基本概念

1) 数据

数据是描述客观事物的数值、字符以及所有其他能输入计算机中,且能被计算机处理的各种符号的集合。简言之,数据就是存储在计算机中的信息。

数据不仅包括整型、实型等数值类型,还包括字符、声音、图像、视频等非数值类型。比如,现在常用的搜索引擎,一般会有网页、图片、音乐、视频等分类,音乐是声音数据;图片是图像数据;网页是全部数据的集合,包括数字字符和图像等数据。

2) 数据元素

数据元素是组成数据的基本单位,是数据集合的个体,在计算机中通常作为一个整体进行考虑和处理。

比如,在学生这个群体中,每一个学生就是数据元素。

3) 数据项

数据项是有独立含义的不可再分割的最小单位。一个数据元素可由一个或多个数据项组成,如每一个学生的信息是一个数据元素,它包含学号、姓名等多个数据项。

4) 数据对象

数据对象是性质相同的数据元素的集合,是数据的一个子集。例如,整数数据对象是集合 $N=\{0,\pm1,\pm2,\cdots\}$,字母字符数据对象是集合 $C=\{'A','B',\cdots,'Z'\}$。无论数据元素集合是无限集(如整数集)、有限集(如字符集),还是由多个数据项组成的复合数据元素,只要性质相同,都是同一个数据对象。

5) 数据类型

数据类型是一组性质相同的值集合以及定义在这个值集合上的一组操作的总称。值集合确定了该类型的取值范围,操作集合确定了该类型中允许使用的一组运算。例如,高级语言中的数据类型就是已经实现的数据结构。

6) 抽象数据类型

抽象数据类型是指基于一类逻辑关系的数据类型。抽象数据类型的定义取决于客观存在的一组逻辑特性,而其在计算机内如何表示和实现无关。

7) 数据结构

数据结构是相互之间存在一种或多种特定关系的数据元素的集合。

在计算机中,数据元素之间是具有内在联系的数据集合。数据元素之间存在的关系,就是数据的组织形式。为编写出一个高效的程序,必须分析处理对象的特性及各对象之间的关系,这就是数据结构要研究的内容。

4. 算法及其描述

算法是解决问题的方法,是程序设计的精髓。程序设计的实质就是构造解决问题的算法。算法的设计取决于数据的逻辑结构,算法的实现取决于数据的物理存储结构。

1) 算法的概念和特性

算法是对特定问题求解步骤的一种描述,它是指令的有限序列。做任何事情都必须事先想好进行的步骤,然后按部就班地进行,才不会发生错误。计算机解决问题也是如此。对于一些常用的算法应该熟记,比如求阶乘、求素数、计算是否闰年等算法,在解决实际问题时,可参考已有的类似算法,按照业务逻辑设计出符合自己的算法。

一个算法应该具有以下五个重要特性。

(1) 有穷性。一个算法应包含有限的操作步骤,即一个算法在执行若干个步骤之后应该能够结束,而且每一步都在有限时间内完成。

(2) 确定性。算法中的每一步都必须有确切的含义,不能产生二义性。

(3) 可行性。算法中的每一个步骤都应该能有效地执行,并得到确定的结果。

(4) 输入。所谓输入,是指在算法执行时,从外界取得必要的数据。计算机运行程序的目的是进行数据处理,在大多数情况下,这些数据需要通过输入得到。有些情况下,数据已经包含在算法中,算法执行时不需要任何数据,所以一个算法可以有零个或多个输入。

(5) 输出。一个算法有一个或多个输出,这是算法进行数据处理后的结果。没有输出的算法是毫无意义的。

算法的这些特性可以约束程序设计人员正确地书写算法,并使之能够正确无误地执行,达到求解问题的预期效果。

提示:为了方便广大学生学习,本书所讨论的算法,全部用面向对象的 Java 语言为描述工具。

2) 算法设计的要求

算法设计的好坏关乎程序的执行效率,算法的设计必须满足下列四个要求。

(1) 正确性。正确性的含义是算法对于一切合法的输入数据都能得出满足要求的结果,事实上要验证算法的正确性是极为困难的,因为通常情况下合法的输入数据量太大,用穷举法逐一验证是不现实的。所谓的算法正确性是指算法达到了测试要求。

(2) 可读性。算法的可读性是指人对算法阅读理解的难易程度,可读性高的算法便于交流,有利于算法的调试和修改。通常增加算法的可读性是在书写算法时采用按缩进格式书写、分模块书写等方法可增加算法的可读性。

(3) 健壮性。对于非法的输入数据,算法能给出相应的响应,而不是产生不可预料的后果。

(4) 效率与低存储量需求。效率是指算法的执行时间。对于解决同一问题的多个算法,执行时间短的算法效率高。存储容量需求指算法执行过程中所需要的最大存储空间。存储容量需求越小的算法效率越高。

3) 算法的分析

解决一个问题可以有多种算法,那么该怎样判断它们的优劣呢?判断算法优劣的标准很多,这里不做深入讨论,但一个算法除了正确性必须保证外,一个主要指标就是它的效率。

(1) 算法效率的度量。算法执行的时间是其对应的程序在计算机上运行所消耗的时间。程序在计算机上运行所需时间与下列因素有关:

① 算法本身选用的策略;

② 书写程序的语言;

③ 编译产生的代码质量;

④ 机器执行指令的速度;

⑤ 问题的规模。

第①条是算法好坏的根本,第②、③条要看具体的软件支持,第④条要看硬件的性能。度量一个算法的效率应抛开具体机器的软、硬件环境,而书写程序的语言、编译产生的机器代码质量、机器执行指令的速度都属于软硬件环境。所以抛开计算机软硬件相关的因素,一个程序的运行时间,仅依赖于算法的好坏和问题的规模。

对于一个特定算法只考虑算法本身的效率,而算法自身的执行效率是问题规模的函数。对于同一个问题,选用不同的策略就对应不同的算法,不同的算法对应各自的问题规模函数,根据这些函数就可以比较算法的优劣。算法的效率包括时间与空间两个方面,分别称为时间复杂度和空间复杂度。

(2)算法的时间复杂度。一个算法的执行时间大致上等于其所有语句执行时间的总和,对于语句的执行时间是指该条语句的执行次数和执行一次所需时间的乘积。语句执行一次实际所需的具体时间与机器的速度、编译程序质量、输入数据等密切相关,与算法设计的好坏无关,所以,可用算法中语句的执行次数来度量一个算法的效率。

语句在一个算法中重复执行的次数称为语句频度。以下给出了两个 $n\times n$ 阶矩阵相乘算法中的各条语句以及每条语句的语句频度。

语句 语句频度

```
for(i = 0; i < n; i++)                              n + 1
  for(j = 0; j < n; j++)                            n² + n
  {
     c[i][j] = 0;                                   n²
     for(k = 0; k < n; k++)                         n³ + n²
        c[i][j] = c[i][j] + a[i][k] * b[k][j];      n³
  }
```

算法中所有语句的总执行次数为 $Tn=2n^3+3n^2+2n+1$,即语句总的执行次数是问题的规模 n 的函数 $f(n)[Tn=f(n)]$。进一步地简化,可用 Tn 表达式中 n 的最高次幂来度量算法执行时间的数量级,即算法的时间复杂度,记作:

$$T(n)=O[f(n)]$$

上式是 $T(n)=f(n)$ 中忽略其系数的 n 的最高幂次项,它表示随问题规模 n 的增大算法的执行时间的增长率和 $f(n)$ 的增长率相同,称作算法的渐进时间复杂度,简称时间复杂度。如上式算法的时间复杂度 $T(n)=O(n^3)$。

算法中所有语句的总执行次数 $T(n)$ 是问题规模 n 的函数,即 $T(n)=f(n)$,其中 n 的最高次幂项与算法中称作原操作的语句频度对应,原操作是算法中实现基本运算的操作。在上面的算法中,原操作是 c[i][j]=c[i][j]+a[i][k]*b[k][j]。一般情况下,原操作由最深层循环内的语句实现。

$T(n)$ 随 n 的增大而增大,增长得越慢,其算法的时间复杂度越低。下列三个程序段中分别给出了原操作 count++ 的三个不同数量级的时间复杂度。

① count++;

其时间复杂度为 $O(1)$,称为常量阶时间复杂度。

② for(i = 1; i <= n; i++)
    count++;

其时间复杂度为 $O(n)$,是线性阶时间复杂度。

③ for(i = 1; i <= n; i++)
    for(j = 1; j <= n; j++)
       count++;

其时间复杂度为 $O(n^2)$，平方阶时间复杂度。

此外，算法能呈现的时间复杂度还有对数阶 $O(\log_2 n)$、指数阶 $O(2^n)$ 等。

（3）算法的空间复杂度。采用空间复杂度作为算法所需存储空间的量度，记作：

$$S(n)=O[f(n)]$$

其中 n 为问题的规模。

程序执行时，除了需存储本身所用的指令、常数、变量和输入数据以外，还需要一些对数据进行操作的辅助存储空间。

其中对于输入数据所占的具体存储量只取决于问题本身，与算法无关，这样只需要分析该算法在实现时所需要的辅助空间单元数就可以了。

算法的执行时间和存储空间的耗费是一对矛盾体，即算法执行的高效通常是以增加存储空间为代价的，反之亦然。不过，就一般情况而言，常常以算法执行时间作为算法优劣的主要衡量指标。

习题

1. 填空题

（1）数据逻辑结构包括_____、_____和_____三种类型。

（2）线性结构中的元素之间存在_____的关系,树结构的元素之间存在_____的关系,图结构的元素之间存在_____的关系。

（3）算法的设计要求包括正确性、可读性、健壮性和_____,可读性的含义是_____,健壮性是指_____。

（4）算法的时间复杂度与空间复杂度相比,通常以_____作为主要度量指标。

2. 选择题

（1）数据结构中,从逻辑上可以把数据结构分成(　　)。
  A. 动态结构和静态结构　　　　　B. 紧凑结构和非紧凑结构
  C. 线性结构和非线性结构　　　　D. 内部结构和外部结构

（2）计算机算法指的是(　　)。
  A. 计算机方法　　　　　　　　　B. 排序方法
  C. 解决问题的有限步骤　　　　　D. 调度方法

（3）算法分析的目的是(　　)。
  A. 找出数据结构的合理性　　　　B. 分析算法的效率以求改进
  C. 研究算法中的输入和输出的关系　D. 分析算法的易懂性和文档性

（4）数据结构这门学科的研究内容最准确的选项是(　　)。
  A. 研究数据对象和数据之间的关系
  B. 研究数据对象和数据的操作
  C. 研究数据对象
  D. 研究数据对象、数据之间的关系和操作

3. 简答题

(1) 什么是数据结构？有关数据结构的讨论涉及哪三个方面？

(2) 数据的逻辑结构分为线性结构和非线性结构两大类。线性结构包括数组、链表、栈、队列等，非线性结构包括树、图等，这两类结构各自的特点是什么？

(3) 什么是算法？算法的 5 个特性是什么？试根据这些特性解释算法与程序的区别。

(4) 算法可读性的含义是什么？

(5) 算法的健壮性是指什么？

(6) 给出下列程序中原操作语句的语句频度及程序段的时间复杂度。

程序 1：

```
i = 1;k = 0;
while(i <= n - 1)
{
    k = k + 2 * i;
    i++;
}
```

程序 2：

```
i = 1;k = 0;
do
{
    k = k + 2 * i;
    i++;
}
while(i != n)
```

程序 3：

```
x = 91;n = 100;
while(n > 0)
    if(x > 100)
    {
        x = x - 10;
        n = n - 1;
    }
    else
        x++;
```

程序 4：

```
x = n;y = 0;
while(x >= (y + 1) * (y + 1))
    y++;
```

模块 1 线性表——排队叫号器

 技能目标

- 理解线性表的定义,掌握线性表的特征和基本运算。
- 会使用顺序表的存储结构解决问题。
- 能实现顺序表的各种基本运算。
- 能够使用链表的存储结构解决问题。
- 能实现链表的各种基本运算。

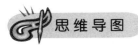 思维导图

本模块思维导图请扫描右侧二维码。

线性表思维导图

在日常生活中,很多场合都需要排队,排队使公共场所有秩序,使各项服务、工作能有序、高效地运行。这种一人占据一个位置,有前驱、有后继的结构,就是线性表结构。

1.1 项目描述

排队叫号是银行营业厅日常工作的重要组成部分,是管理营业厅秩序及提高客户体验的重要手段。某银行有普通客户和 VIP 客户两种客户类型,需要开发一个排队软件,实施银行排队叫号的具体业务,使用排队叫号系统可以使银行大厅业务更有序。图 1-1 所示为银行大厅示意图。

图 1-1 银行大厅示意图

1. 功能描述

排队叫号器功能如图 1-2 所示。

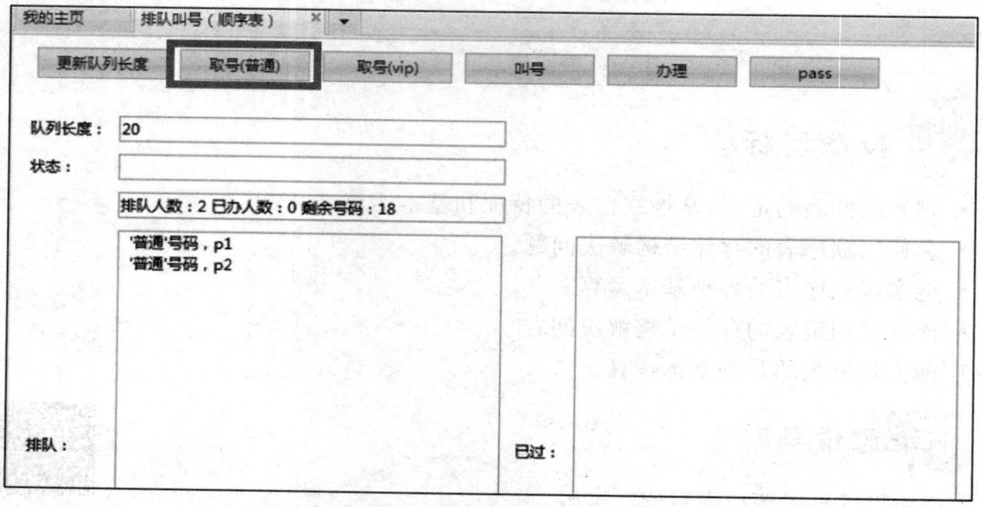

图 1-2 排队叫号器功能示意图

(1) 普通客户取号：普通客户取号后，按号顺序排队，等待呼叫办理。
(2) VIP 客户取号：取号后，该号将优先排到队伍前端。
(3) 叫号：从取号队伍中获取最前面的号码，展示到显示区。
(4) 办理：将正在办理业务的号码显示在显示屏。
(5) 过号：当叫号后，无人上前办理业务时，可进行过号操作，过号显示在过号区。

2. 设计思路

本项目的实质是完成排队号的建立、提取、办理等功能。首先定义项目的数据结构，然后将每个功能写成一个方法模块对业务逻辑数据进行操作，最后完成展示界面以验证各个模块功能并得出运行结果。

1.2 相关知识

本项目的数据是一组客户的排队号信息，每个客户都会取一个排队号，这些排队号具有相同特性，属于同一数据对象，相邻数据元素之间是有序的。由此可以看出，这些数据具有线性表中数据元素的性质，所以该项目的数据采用线性表结构来存储。由于设计了队长的限制，所以采用顺序表来存储数据。

1.2.1 线性表的定义

线性表顾名思义，是具有像线一样性质的表。一根线把元素串联在一起，有线头，有线尾。线性表是最基本、最简单、也是最常用的一种数据结构。线性表中数据元素之间的关系是一对一的关系,即除了第一个和最后一个数据元素之外,其他数据元素都是首尾相接的。线性表的逻辑结构简单,便于实现和操作。因此,线性表是实际应用最广泛的一种数据结构。

线性表是一个含有 $n \geqslant 0$ 个结点的有限序列,表示为

$$(a_1, a_2, \cdots, a_{i-1}, a_i, a_{i+1}, \cdots, a_n)$$

上式中 a_{i-1} 领先于 a_i,称 a_{i-1} 是 a_i 的直接前驱元素,a_{i+1} 是 a_i 的直接后继元素。除了表头 a_1 和表尾 a_n 之外,每一个元素都有且仅有一个直接前驱和有且仅有一个直接后继。

线性表元素的个数 $n(n \geqslant 0)$ 定义为线性表的长度,当 $n=0$ 时,称为空表,记为( )。

非空线性表具有如下特征。

(1) 有且仅有一个开始结点 a_1,它没有直接前趋,而仅有一个直接后继 a_2。

(2) 有且仅有一个终端结点 a_n,它没有直接后继,而仅有一个直接前趋 a_{n-1}。

(3) 其余的内部结点 $a_i(2 \leqslant i \leqslant n-1)$ 都有且仅有一个直接前趋 a_{i-1} 和一个直接后继 a_{i+1}。

线性表具有均匀性和有序性两大特点:对于均匀性,同一线性表的各数据元素必定具有相同的数据类型和长度。而有序性体现在各数据元素在线性表中的位置只取决于它们的序号,数据元素之前的相对位置是线性的。

在本项目中所处理的数据——排队的人,都是同一数据类型,都有想快点办理业务的急切心情。而能否快速办理业务,取决于该人是否能排到队伍前面,这就是线性表的有序性。

现实生活中有很多线性表的例子,如 26 个英文字母构成的表 $(a, b, c, \cdots, z)$ 是一个线性表,全班学生的英语成绩表 $(88,99,87,56,54,70,67)$ 是一个线性表。这些由单个数据元素组成的线性表称为简单线性表;而我们常常玩的扑克牌,其数据元素——牌,是由牌点、花色两项组成的,就属于复杂的线性表。

1.2.2 线性表的基本运算

前面介绍了线性表的定义,那么线性表应该有哪些基本操作呢?

还是回到刚才排队的例子。一般到银行办业务的人特别多,大家只好排队,这就是一个线性表创建和初始化的过程。

排好了队,我们想知道这个队伍有多少人,这就是求线性表长度的操作;我们想查找队伍中第几个人或者正在办业务的人是谁,这就是按编号查找和按特征查找;有可能某个人真的有急事想先办理业务,这就是线性表的插入;显然在办业务的过程中,银行不能强制一个人一直在那里等,他可以走开,选择不办,这就是线性表的删除操作。

总结起来,线性表包括以下基本操作。

(1) 求表长——求线性表中元素的个数。

(2) 遍历——从左到右(或从右到左)扫描(或读取)表中的各元素。

(3) 按编号查找——找出表中第 i 个元素。

(4) 按特征查找——按某个特定值查找线性表的元素。

(5) 插入——在第 i 个位置上(即原第 i 个元素前)插入一个新元素。

(6) 删除——删除原表中的第 i 个元素。

在实际使用中线性表还可能有其他运算,如将两个或多个表组合成一个新线性表,把一个线性表拆分成若干个线性表,复制一个线性表等。

1.2.3 顺序表

顺序表是用一组地址连续的单元存放逻辑上连在一起的数据,每个数据有自己的存放位置,在插入和删除的位置,遵循一个萝卜一个坑的原则,必须有位置才能插入,删除之后逻辑关系仍然继续保持,所以称顺序表为守规矩的线性表。

1. 顺序表的定义

从本质上说,线性表的顺序存储就是占据地址连续的内存单元,然后把相同类型的数据元素依次存放进去,即用一维数组实现存储。数组存区就是线性表中元素的存区部分,而下标的增序则表达了线性表的线性关系。

线性表抽象数据类型的接口定义的代码如下。

【代码 1-1】

```java
//线性表抽象数据类型的接口定义
public interface List{
    public void insert(int i,Object obj) throws Exception;    //在 i 位置插入元素
    public Object delete(int i) throws Exception;             //删除 i 位置的元素
    public Object getData(int i) throws Exception;            //取 i 位置的数据元素
    int Locate(Object obj);                                   //查找特定元素 obj 的位置
    public void print()throws Exception;                      //输出顺序表元素
    public int size();                                        //求元素个数
    public boolean isEmpty();                                 //判断线性表是否为空
}
```

线性表类的顺序存储描述代码如下。

【代码 1-2】

```java
//顺序表类
public class SeqList implements List{
    final int defaultSize = 10;
    int maxSize;              //顺序表的最大长度
    int size;                 //顺序表的实际长度
    Object[] listArray;       //顺序表的存储空间
    //构造方法
    public SeqList(){
        initiate(defaultSize);
    }
    public SeqList(int size){
        initiate(size);
    }
    private void initiate(int sz){
```

```
        maxSize = sz;
        size = 0;
        listArray = new Object[sz];
    }
```

注意：维数组的下标(从 0 开始)，与元素在线性表中的顺序(从 1 开始)一一对应。线性表的元素个数始终不超过定义的 maxSize，数组元素的类型为 object，它可以是各种简单类型(如 int、string 等)，也可以是对象类型。

2. 顺序表的基本运算

根据线性表的运算定义，可实现顺序表的以下操作。

1) 求顺序表中元素的个数

顺序表中的元素个数实际就是顺序表的实际长度，因此直接返回 size 字段值即可，代码如下。

【代码 1-3】

```
//求元素个数
public int size(){
    return size;
}
```

2) 遍历一个顺序表

遍历一个顺序表就是访问表中的每一个元素，并且只访问一次。算法实现代码如下。

【代码 1-4】

```
public void print()throws Exception{
    System.out.println("顺序表元素为:");
        for(int i = 0; i < size; i++){
            System.out.print(getData(i) + " ");
        }
    System.out.println();
}
```

3) 按编号查找

按编号查找即获取指定位置的数据元素，并返回其值。考虑到算法的简洁性，本模块在讨论这些运算的实现时，一律以数组的下标值代替线性表中元素的位置(序号)，即序号与下标一致。代码如下。

【代码 1-5】

```
//取 i 位置数据元素
public Object getData(int i) throws Exception{
    if(i < 0 || i >= size){
        throw new Exception("参数错误!");
```

```
        }
        return listArray[i];
    }
```

在上述代码中,i 为要查找数据元素的下标,若下标无效,则抛出异常,否则返回该位置上的数据元素。

4)按特征查找

对于某个特定元素 obj,需要查找该元素在顺序表中的位置。若在表中找到与该元素 obj 相等的元素,则返回该元素的下标 i;若找不到,则返回 -1。查找过程为从第一个元素开始,依次将表中元素与 obj 比较,若相等则查找成功;若 obj 与表中所有元素均不相等,则查找失败。代码如下。

【代码 1-6】

```
//在线性表 L 中查找元素 obj,若找到则返回元素位置,若找不到则返回 -1
int Locate(Object obj) {
    int i = 0;
    while((i <= size - 1)&&(listArray[i] != obj))
    //顺序扫描表,直到找到值为 e 的元素,或扫描到线性表尾部还没有找到值为 e 的元素
        i++;
    if(i <= size - 1)
        return(i);
    else
        return(-1);
}
```

微课 1-1　顺序表元素的插入

5)在顺序表中插入一个元素

在顺序表的 $i(0 \leqslant i < n)$ 个元素位置插入数据元素 e,使得顺序表 $(a_0, a_1, \cdots, a_{i-1}, a_i, \cdots, a_{n-1})$ 变为 $(a_0, a_1, \cdots, a_{i-1}, e, a_i, \cdots, a_{n-1})$,表长要增加 1。

由于顺序表的存储位置相邻,在插入 e 之前,必须将 $(a_i, \cdots, a_{n-1})$ 依次向后移动一个单元,在原来 a_i 的位置处插入 e。插入过程如图 1-3 所示。

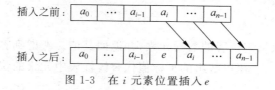

图 1-3　在 i 元素位置插入 e

插入元素代码如下。

【代码 1-7】

```
//在顺序表中 i 位置插入元素 obj
public void insert(int i, Object e) throws Exception{
    if(size == maxSize){
```

```
        throw new Exception("顺序表已满,无法插入!");
    }
    if(i < 0 || i > size){
        throw new Exception("参数错误!");
    }
    for(int j = size; j > i; j--){
        listArray[j] = listArray[j-1];
    }
    listArray[i] = e;
    listlength ++;
}
```

6) 从顺序表中删除一个元素

删除顺序表的第 i 个数据元素,使得顺序表$(a_0,a_1,\cdots,a_{i-1},a_i,\cdots,a_{n-1})$变为$(a_0, a_1,\cdots,a_{i-1},a_{i+1},\cdots,a_{n-1})$,同时表长需减少1。

与插入操作相反,删除操作需要将数据元素 $a_{i+1},\cdots,a_{n-1}$ 依次向前移动一个单元,删除过程如图1-4所示。

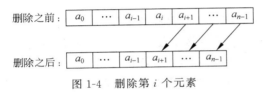

图1-4 删除第 i 个元素

微课1-2 顺序表的删除

代码如下。

【代码1-8】

```
//删除位置 i 的元素
public Object delete(int i) throws Exception{
    if(size == 0){
        throw new Exception("顺序表已空无法删除!");
    }
    if(i < 0 || i > size -1){
        throw new Exception("参数错误!");
    }
    Object obj = listArray[i];
    for(int j = i; j < size -1; j++){
        listArray[j] = listArray[j+1];
    }
    size -- ;
    return obj;
}
```

7）判断顺序表是否为空，代码如下。

【代码 1-9】

```java
//是否为空
public boolean isEmpty(){
    return size == 0;
}
```

8）打印顺序表各元素的值，代码如下。

【代码 1-10】

```java
//打印顺序表各元素的值
public void print(){
    for(int i = 0; i < seqList.size; i++){
        System.out.print(seqList.getData(i) + " ");
    }
}
```

3. 顺序表的效率分析

顺序表的插入和删除操作是顺序表中时间复杂度最高的操作。在顺序表中插入一个元素时，主要的耗时部分是循环移动数据元素。循环移动数据元素的效率和插入数据元素的位置 i 有关，最坏情况是 $i=0$，需移动 size 个数据元素；最好情况是 $i=$ size，不需要移动元素，直接插入即可。设 p_i 是在 i 位置插入一个数据元素的概率，假设顺序表中数据元素个数为 n，当在顺序表的任何位置上插入数据元素的概率相等时，有 $p_i=1/(n+1)$，则向顺序表插入一个数据元素需移动的数据元素的平均次数为

$$E_{\text{sis}} = \sum_{i=0}^{n} p_i(n-i) = \frac{1}{n+1}\sum_{i=0}^{n}(n-i) = \frac{n}{2} \tag{1-1}$$

在顺序表做删除操作时，主要的耗时部分也是循环移动数据元素。循环移动数据元素的效率和删除数据元素的位置 i 有关，最坏情况是 $i=0$，最多要移动 size-1 个数据元素；最好情况是 $i=$ size-1，也就是要删除最后一个数据元素，不需要移动数据元素了，直接删除即可。设 q_i 是删除 i 位置数据元素的概率，假设顺序表中数据元素个数为 n，当删除顺序表任何位置上数据元素的概率相等时，有 $q_i=1/n$，则删除顺序表中一个数据元素需移动的数据元素的平均次数为

$$E_{\text{sdl}} = \sum_{i=0}^{n-1} q_i(n-1) = \frac{1}{n}\sum_{i=0}^{n-1}(n-i) = \frac{n-1}{2} \tag{1-2}$$

因此，顺序表中插入和删除操作的时间复杂度为 $O(n)$。其余操作都与数据元素个数无关，所以其他操作的时间复杂度为 $O(1)$。

顺序表的主要优点：不需要专门使用额外的空间来表示数据之间的逻辑关系。它的主要缺点是插入和删除操作需要移动较多的数据元素；当线性表长度变化较大时，难以确定存储空间的容量，可能会造成存储空间被占用但又遭"闲置"的情况。

4. 顺序表的动手实践

1）实训目的

掌握顺序表的插入和删除。

2）实训内容

将数字 1～10 放入顺序表中，输出顺序表中的数字；在位置 3 处插入 −30，输出顺序表中的数字；删除数字 5，输出顺序表中的数字。

3）实训思路

定义顺序表，然后进行顺序表的插入和删除的操作。

4）关键代码

关键代码如下。

【代码 1-11】

```
public class SeqListTest1{
    public static void main(String args[]){
                    (1)                          //实例化顺序表类对象,需填空
        int n = 10;
        try{
            for(int i = 0; i < n; i++){
                seqList.insert(i,new Integer(i+1));
            }
            System.out.println("顺序表长度为:" + seqList.size);
            seqList.print();                     //输出顺序表内元素
            System.out.println("在第 3 位置插入 −30 后");
            seqList.insert(2, −30);
            System.out.println("顺序表长度为:" + seqList.size);
            seqList.print();                     //输出顺序表内元素
            System.out.println("删除第 5 位置的元素后");
            seqList.delete(4);
            System.out.println("顺序表长度为:" + seqList.size);
            seqList.print();                     //输出顺序表内元素
        }
        catch(Exception e){
            System.out.println(e.getMessage());
        }
    }
}
```

注意：以上代码中，顺序表类 SeqList 需参照代码 1-1、代码 2-2 创建，顺序表对象 seqList 需自行实例化。

答案：代码 1-11 中填空的代码为"SeqList seqList = new SeqList(100)"。

5）运行结果

程序运行结果如图 1-5 所示。

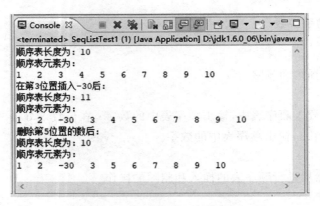

图 1-5　顺序表的运行结果

1.2.4　链表

1. 线性表链式存储结构的定义

前面所讲的顺序表,是采用顺序存储结构来存储的,它的一个最大缺点就是在插入和删除的时候需要移动大量的元素,效率较低。导致这个问题的直接原因是存储这些元素的顺序表的内存地址是连续的。能否考虑用一种任意的存储单元存储线性表的数据元素？这组存储单元可以是连续的,也可以是不连续的,这也意味着这些数据可以存放在内存未被占用的任何位置。这就是我们所说的"调皮"的链表,它可以见缝插针,不用按顺序存储。

线性表链式存储的结点结构如图 1-6 所示,除了要存储数据元素信息外,还必须有一个指示该元素直接后继存储位置的信息,即指出后继元素的存储地址。由这两部分组成一个结点,每个结点包括两个域:一个域存储数据元素信息,称为数据域;另一个域存储后继结点的地址,称为指针域。

图 1-6　链表结点结构

Java 语言用对象引用来表示指针,通过把新创建对象赋值给一个对象引用,用对象引用表示 Java 语言实现的指针。链式存储结构是基于指针实现的,它是用指针把相互关联的结点,即前驱结点和后继结点链接起来,它的特点就是数据元素间的逻辑关系表现在结点的链接关系上。链式存储结构的线性表称为链表。根据链表指针指示方向的不同,链表主要有单链表、循环链表和双向链表三种。

2. 单链表

1) 单链表的表示方法

n 个结点链接成一个链表,即为线性表$(a_1,a_2,\cdots,a_n)$的链式存储结构,如图 1-7 所示。此链表的每个结点只包含一个指针域,所以称为单链表。

图 1-7　单链表结构

把链表中第一个结点的存储位置叫作头指针,整个链表的存取必须从头指针开始,一般用 head 表示。之后的每一个结点,其实就是上一个的后继指针指向的位置。最后一个结点没有后继,所以线性链表的最后一个结点指针为"空",通常用 null 或"∧"表示。

出于操作方便的考虑,在第一个结点之前附加一个"头结点",如图 1-8 所示,令该结点中指针域的指针指向第一个结点。头结点的数据域可以不存储任何信息,也可以存储标题、表长等信息,具体的定义可以在不同的业务处理上有不同的考虑。

图 1-8 带头结点的单链表

在顺序存储结构中,用户向系统申请一块地址连续的空间用于存储数据元素序列,这样任意两个在逻辑上相邻的数据元素在物理存储位置上也必然相邻。但在链式存储结构中,由于链式存储结构是初始时为空链,当有新的数据元素需要存储时,用户才向系统动态申请所需的结点插入链表中,而这些动态申请的结点,内存的存储位置一般都不连续,因此,在链表中,任意两个在逻辑上相邻的数据元素在物理位置上不一定相邻,数据元素的逻辑关系是通过指针链接实现的。

Java 中创建对象要使用 new 运算符,实现对新结点内存空间的动态申请。

2)带头结点的单链表和不带头结点单链表的比较

从线性表的定义可知,线性表要求允许在任意位置进行插入和删除。当选用带头结点的单链表时,插入和删除操作的实现方法比不带头结点的单链表实现更简单。

设头指针用 head 表示,在带头结点的单链表第一个数据元素结点前插入一个新结点的方法如图 1-9 所示。算法实现时,p 指向头结点 head,p 的 next 指针指向第一个数据元素结点,头指针 head 的值是不需要改变的,改变的是 p 的 next 指针的值,因此,算法对插入任意位置的实现方法是一致的,不需要分别做出判断。在带头结点单链表中第一个数据元素结点前插入一个新结点的过程如图 1-9 所示。

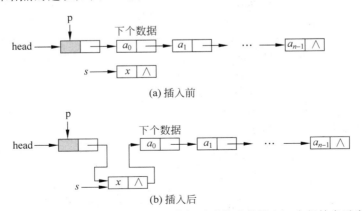

图 1-9 带头结点的单链表中第一个数据元素结点前插入一个新结点示意图

如采用不带头结点的单链表结构,在第一个数据元素结点前插入一个新结点。结点插入后,头指针 head 还要修改为新插入的结点 s,如图 1-10 所示。不带头结点的单链表在非第一个数据元素结点前插入结点时，不需要修改头指针 head。因此，算法针对不带头结点的单链表的在第一个结点插入和其他结点插入这两种情况要分别设计不同的实现方法。

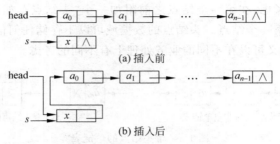

图 1-10　不带头结点的单链表第一个结点前插入结点示意图

删除操作也有类似的特点，带头结点比不带头结点的删除操作更简单，因此，以下我们所用的链表算法一般指的是带头结点的单链表。

3. 线性表链式存储结构代码描述

单链表是线性表的一种存储形式，所以单链表类可以使用代码 1-1 的线性表抽象数据类型的 Java 接口。

单链表顾名思义就是一个结点链接着一个结点组合而成，因此，要设计单链表类，必须先设计结点类 Node。根据前面描述，结点类的成员变量有两个：一个是数据元素 data，另一个是指向下一个结点对象的 next 的对象引用，结点类代码如下。

【代码 1-12】

```java
//单链表的结点类
public class Node{
    Object data;                        //数据元素
    Node next;                          //表示下一个结点的对象引用
    //构造函数
    Node(Node nextval){                 //用于头结点的构造函数 1
        next = nextval;
    }
    Node(Object obj,Node nextval){      //用于其他结点的构造函数 2
        data = obj;
        next = nextval;
    }
    public Object getElement(){         //取 data
        return data;
    }
    public void setElement(Object obj){ //置 data
        data = obj;
    }
    public String toString(){           //转换 data 为 String 类型
        return data.toString();
    }
}
```

为了方便操作，算法使用的是带头结点的单链表，因此设计的单链表类的成员变量有 3 个：第一是头指针 head，第二是当前结点位置 current，第三是单链表中的数据元素个数 num，代码如下。

【代码 1-13】

```
//单链表类的设计
public class LinList implements List {
    Node head;
    Node current;
    int size;
    LinList(){
        head = current = new Node(null);
    }
//以下为单链表的基本运算
    ...
}
```

4．单链表的基本运算

线性表的链式存储与顺序表的存储只是改变了数据元素的物理存储方式，使得它们存储的顺序可以是地址连续的，也可以是地址不连续的存储单元，但它们的基本运算仍与线性表的基本运算一致。

在下面针对单链表基本运算的讨论中，一般情况下默认单链表均为带表头结点的结构，这样有利于实现操作中边界条件的处理，使算法实现更加规范和简化。

1）求单链表中元素的个数

单链表中的元素个数实际上就是除了头结点之外的结点个数，因此应返回一个整型数。单链表的结构没有定义表长，所以只能用指针循环的方式求出它的结点数，如图 1-11 所示。

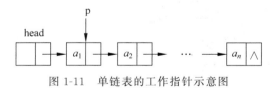

图 1-11　单链表的工作指针示意图

求单链表实际元素个数代码如下。

【代码 1-14】

```
public int size(){
    return size;
}
```

2）遍历一个单链表

遍历一个单链表就是访问表中的每一个元素，也称单链表的读取。算法仍采用图 1-11 的工作指针的方法，代码如下。

【代码 1-15】

```java
public void print()throws Exception{
    System.out.println("单链表元素为:");
    for(int i = 0; i < size; i++){
    System.out.print(getData(i) + " ");
    }
System.out.println();
}
```

3) 按编号 i 查找数据元素

在线性表的顺序存储结构中,要得到 i 位置元素的值是很容易的。但在单链表中,要找到 i 位置元素,只能从表头一步步查找。获得链表 i 位置数据的算法思路可分为如下步骤。

(1) 判断要查找的 i 位置是否合理,不合理则直接退出,合理则继续。

(2) 定位 i 位置的结点,用 index(i)方法实现,步骤如下。

① 当前指针 current 指向链表的第一个结点,初始化 j 从 0 开始。

② 若当前指针 current 不为空且 $j<i$ 时,遍历链表,让当前指针 current 向后移动,不断指向下一结点,j 累加 1。

③ 当 $i==j$ 时,当前结点 current 即为要查找的结点。

(3) 取出当前结点的数据,则为要查找的数据元素。

按编号 i 查找数据元素的代码如下。

【代码 1-16】

```java
//定位 i 位置结点
public void index(int i) throws Exception{
    if(i < -1 || i > size - 1){
        throw new Exception("参数错误!");
    }
    if(i == -1) return;
    current = head.next;
    int j = 0;
    while((current != null) && j < i){
        current = current.next;
        j ++;
    }
}
//取出 i 位置结点的数据元素
public Object getData(int i) throws Exception{
    if(i < -1 || i > size - 1){
        throw new Exception("参数错误!");
    }
    index(i);
    return current.getElement();
}
```

4）按特征查找

单链表对于某个特定元素 obj，需要查找该元素在单链表中的位置。如果查找不到，则返回 −1；如果查找成功，则返回位置 i。通过前面的 index(i)方法可直接定位到结点。查找过程从第 1 个元素开始，依次将表中元素与 obj 比较，若相等则查找成功；若 obj 与表中所有元素均不相等，则查找失败。代码如下。

【代码 1-17】

```
//按特征查找结点
int Locate(Object obj)
{
    int i = 0;
    current = head.next;
    while(current!= NULL)
    {
        i++;
        if(current.data == obj)         //找到这样的数据元素
            return i;
        current = current.next;
    }
    return -1;
}
```

5）在单链表中插入一个元素

单链表的插入可以直接修改指针域，不用移动其他元素，比线性表的顺序存储的插入简单得多。单链表在 i 位置插入结点的算法思路如下。

微课 1-3　单链表结点的插入与删除

（1）判断 i 位置是否合理，如果合理则做以下步骤，否则抛出异常。

（2）让 pre 指向 i 元素的前一个指针，如图 1-12 所示，可用前面所写方法 index(i−1)定位。

（3）在系统分配一个空间给新结点 s，如图 1-13 所示。

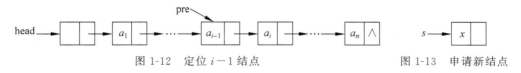

图 1-12　定位 $i-1$ 结点　　　　图 1-13　申请新结点

（4）将数据元素 x 赋值给 s 的数据域。

（5）结点 s 插入单链表 i 位置如图 1-14 所示。pre 指针等同于单链表类里的 current 成员结点。单链表的插入语句为

```
s.next = current.next;current.next = s;
```

（6）数据元素个数 size 增加 1。

（7）程序结束。

代码如下。

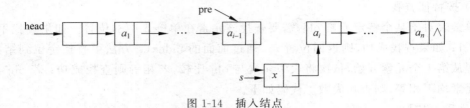

图1-14 插入结点

【代码1-18】

```
//在单链表i位置插入新数据x
public void insert(int i,Object obj) throws Exception{
    if(i < 0 || i > size){
        throw new Exception("参数错误!");
    }
    index(i - 1);                    //定位在i位置的前一个结点
    Node s = new Node(obj,null);     //分配新结点
    s.next = current.next;           //插入新结点
    current.next = s;
    size ++;
}
```

6)从单链表中删除一个结点

从单链表中删除 i 位置结点的算法思路如下。

(1) 判断 i 位置是否合理,如果合理则做以下步骤,否则抛出异常。

(2) 使用 index($i-1$) 找到 i 位置的前一个结点,为了更好地理解,此处起名为 pre 指针。其实 pre 指针就是单链表类的成员指针 current,如图 1-15 所示。

(3) 把要删除的 i 位置的结点数据元素复制给 obj。

(4) 让 $i-1$ 位置的结点 current 的 next 域等于 i 位置结点 p 的 next 域,如图 1-15 所示,即把 i 位置结点脱链,用语句 current.next = current.next.next 实现,其中指针 p 可用 current.next 代替。

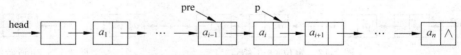

图1-15 查找第 i 个结点 pre 指向其前驱

(5) 数据元素个数成员变量 size 减 1。

(6) 返回备份数据 obj,程序结束。

要想从单链表中删除结点,如图 1-16 所示,只要将它的前驱结点的指针指向它的后继结点即可。实际上只要用语句 pre.next = pre.next.next。

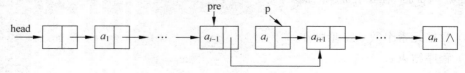

图1-16 单链表删除结点示意图

代码如下。
【代码 1-19】

```java
//删除 i 位置元素
public Object delete(int i) throws Exception{
    if(size == 0){
        throw new Exception("链表已空,无元素可删!");
    }
    if(i < 0 || i > size - 1){
        throw new Exception("参数错误!");
    }
    index(i - 1);
    Object obj = current.next.getElement();
    current.next = current.next.next;          //重新链接结点
    size --;
    return obj;
}
```

单链表的插入和删除算法,由两部分组成:第一部分是遍历查找 i 位置结点的前驱;第二部分就是插入和删除结点。从整个算法来看,很容易了解到它们的时间复杂度都是 $O(n)$。线性表的顺序存储结构在插入和删除结点时需要移动大量的元素,而线性表的链式存储结构在找到具体的位置后,不需要移动元素,直接把结点插入或删除即可。显然,对于需要插入和删除数据频繁的场合,单链表的效率优势更加明显。

5. 单链表的创建

创建单链表的过程就是一个动态生成链表的过程。即从"空表"的初始状态开始,依次建立各元素结点,并逐个插入链表。这种方法创建链表,就是在建立头结点之后,反复地调用插入算法。

空表的创建则需要构造函数来完成。构造函数要完成以下三件事。

(1) 创建头结点 head。
(2) 让成员指针 current 等于头结点 head。
(3) 将结点个数 size 初始化为 0。

代码如下。

【代码 1-20】

```java
LinList(){
    head = current = new Node(null);
    size = 0;
}
```

单链表创建的算法思路如下。

(1) 用构造函数创建一个空链表,即建立一个带头结点的单链表。
(2) 要插入几个点,就循环调用几次插入方法 insert(i,obj)。

代码如下。

【代码 1-21】

```
//在创建一个具体的链表前需要先实例化一个链表类对象
LinList linList = new LinList();
for(int i = 0; i < 10; i++){
    linList.insert(i,new Integer(i + 1));
}
```

6．打印单链表内结点数据域的值

代码如下。

【代码 1-22】

```
public void print(){
    Node current = head.next;
    while(current!= null){
        System.out.print(current.data + " ");
        current = current.next;
    }
}
```

7．单链表的效率分析

单链表的插入和删除操作的时间效率分析方法和顺序表的插入和删除操作的时间效率分析类似。单链表的插入和删除操作中，主要的耗时部分是查找要插入和删除的位置。当在单链表的任何位置上插入数据元素的概率相等时，在单链表中插入一个数据元素时查找 i 位置的平均次数为

$$E_{\text{lis}} = \sum_{i=0}^{n} p_i(n-i) = \frac{1}{n+1} \sum_{i=0}^{n}(n-i) = \frac{n}{2} \tag{1-3}$$

删除单链表的 i 位置元素时，比较数据元素的平均次数为

$$E_{\text{ldl}} = \sum_{i=0}^{n-1} q_i(n-i) = \frac{1}{n} \sum_{i=0}^{n-1}(n-i) = \frac{n-1}{2} \tag{1-4}$$

因此，单链表插入和删除操作的时间复杂度均为 $O(n)$。另外，单链表取数据元素操作的时间复杂度也是 $O(n)$。

8．顺序表和单链表的比较

顺序表和单链表可以完成同样的逻辑功能，但两者的应用背景和不同情况下的使用效率略有不同。对于一个具体的应用问题，要根据其应用背景来确定是使用顺序表还是单链表。

如果线性表需要频繁查找，很少进行插入和删除操作时，采用顺序存储结构比较适合，如果需要频繁插入和删除时，则采用单链表结构更好。比如银行排队系统，在规定时间内，来多少人都要帮客户办完业务，线性表长度不固定，采用链表比较合适，而如果是医院挂号系统，一般每天放号是固定的，采用顺序表就更好。再比如，游戏开发中，对于用户注册的个人信息，除了注册时插入数据外，绝大多数情况都是读取，所以可以考虑用顺序存储结构。而游戏中玩家的装备列表，在玩家游戏过程中，可能会随时增加或删除，此时用单链表会比

顺序表更合适。

总之,线性表的顺序存储结构和链表存储结构各有优缺点,要根据实际情况综合判断采用哪种数据结构更能满足需求,有时甚至会采用复合型数据结构存储数据,比如顺序表里的元素是链表结构,或者单链表里的数据是顺序存储表,这些都可以根据具体业务逻辑去设计。

9. 单链表动手实践

1）实训目的

掌握单链表结点的插入和删除。

2）实训内容

将数字 1～10 放入单链表中,输出单链表中的数字;在位置 3 插入 -30,输出单链表中的数字;删除数字 5,输出单链表中的数字。

3）实训思路

首先定义一个单链表的结构,然后调用插入结点的方法 insert(),逐个插入结点;把数字 1～10 放入链表中后,打印单链表的数据;再调用一次插入方法,插入 -30,调用删除方法 delete()后,再次打印单链表的数据。

4）关键代码

关键代码如下。

【代码 1-23】

```java
public class LinListTest{
    public static void main(String args[]){
        _____(1)_____    //需填空,实例化单链表对象
        int n = 10;
        try{
            for(int i = 0; i < n; i++){
                linList.insert(i,new Integer(i+1));
            }
            System.out.println("单链表长度为:" + linList.size);
            linList.print();                    //输出单链表内元素
            System.out.println("在位置3插入-30后");
            linList.insert(2, -30);
            System.out.println("单链表长度为:" + linList.size);
            linList.print();                    //输出单链表内元素
            System.out.println("删除位置5的数后");
            linList.delete(4);
            System.out.println("单链表长度为:" + linList.size);
            linList.print();                    //输出单链表内元素
        }
        catch(Exception e){
            System.out.println(e.getMessage());
        }
    }
}
```

注意：以上代码中,单链表类 LinList、单链表类的结点类 Node 需参照代码 1-13 创建,

单链表对象 linList 需自行实例化!

答案：代码 1-23 中(1)为"LinList linList = new LinList()"。

5) 运行结果

程序运行结果如图 1-17 所示。

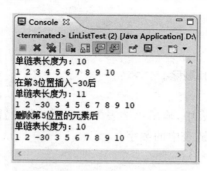

图 1-17 单链表插入删除结点程序的运行结果

1.2.5 循环链表和双向链表

1. 循环链表

循环链表是另一种形式的链式存储结构。图 1-18 所示为单向循环链表,其特点是表中最后一个结点的指针不再为空,而是指向头结点(带头结点的单链表)或第一个结点(不带头结点的单链表),整个链表形成一个环,这样从表中任一结点出发都可找到其他的结点。考虑到各种操作实现的方便性,循环单链表一般均指带头结点的循环单链表。

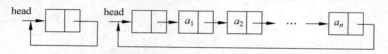

图 1-18 带头结点的空循环链表和非空循环链表

循环链表的基本操作类似于普通单链表,区别仅在于 index(i)算法中循环条件判别链表中最后一个结点的条件不再是"后继是否为空"(即 current!=head 或 current.next!=head),而是"后继是否为头结点"(即 p!=head 或 p.next!=head)。且在构造函数中,要加一条 head.next=head 语句。

2. 双向链表

在单链表中,从任何一个结点都能通过指针域找到它的后继结点,但要寻找它的前驱结点,则需从表头出发顺链查找。

双向链表克服了这个缺点。双向链表的每一个结点除了数据域,还包含两个指针域,一个指向该结点的后继结点,另一个指针指向前驱结点。结点结构如图 1-19 所示。

与单链表类似,双向链表也有带头结点结构和不带头结点结构两种,带头结点的双向链表更为常用;另外,双向链表也有循环和非循环两种结构,其中循环结构的双向链表更为常用。

图 1-19 双向链表结点结构

图 1-20 是带头结点的循环双向链表的图示结构，循环双向链表的 next 和 prior 各自构成自己的循环单链表。

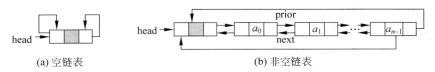

(a) 空链表　　　　　　　　　　　(b) 非空链表

图 1-20　带头结点的循环双向链表

在双向链表中，有如下关系：设指针 p 表示双向链表中 i 位置的结点，则 p.next 表示 $i+1$ 位置的结点，p.next.prior 仍表示 i 位置的结点，即 p.next.prior==p。同理，p.prior 表示 $i-1$ 位置的结点，p.prior.next 仍表示 i 位置的结点，即 p.prior.next==p。

循环双向链表的插入过程如图 1-21 所示。图中的指针 p 表示要插入结点的位置，s 表示要插入的结点，①～④表示实现插入过程的步骤。

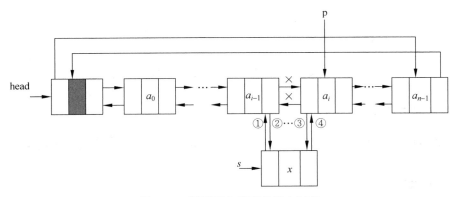

图 1-21　循环双向链表的插入过程

循环双向链表的删除过程如图 1-22 所示。图中的指针 p 表示要删除结点的位置，①、②表示实现删除过程的步骤。

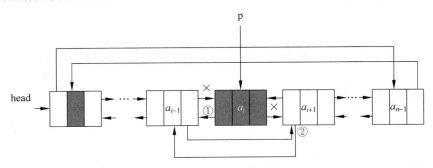

图 1-22　循环双向链表的删除过程

1.3 项目实现

任务 1 限制队长的排队叫号器

这个任务要求限制队列长度,考虑用顺序表实现。队列长度可由用户手动输入进行限制,如图 1-23 所示。

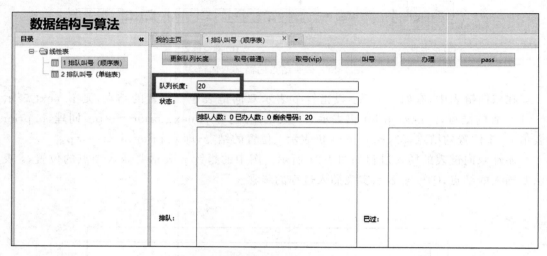

图 1-23 限制队列长度的排队叫号系统

1. 普通客户取号

本任务可归结为生成一个个普通号,插入顺序表的尾部,对应于顺序表的插入操作,实施代码如下。

【代码 1-24】

```
/*
 * 取普通号
 * 向待办顺序列表中的尾部添加号码
 * 知识点:尾部插入元素
 */
public void obtainOrdinary(){
    try {              //ordinaryNo 表示普通号码
        callList.insert(callList.size(), new CallBean(ordinaryNo,"普通"));
        ordinaryNo += 1;
    } catch (Exception e) { }
}
```

2. VIP 客户取号

VIP 客户取号后,该号将优先排到队列前端。本任务可归结为生成一个 VIP 号,插入顺序表的第一个位置,实施代码如下。

【代码 1-25】

```java
public void obtainVip(){
    try {
        int count = callList.size();           //count 为目前的客户数
        if(count == cursorNo){ //cursorNo 游标为正在办理业务的客户号
            callList.insert(count, new CallBean(vipNo,"vip"));
            vipNo += 1;
        }
        //循环代办列表
        for(int i = count;i >= cursorNo ;i--){
            CallBean cb = (CallBean)callList.getData(i-1);
            //存在 VIP 账号则插入
            if(cb.getType().equals("vip")){
                callList.insert(i, new CallBean(vipNo,"vip"));
                vipNo += 1;
                break;
            }
            //不存在 VIP 账号则添加到最前面
            if(i == cursorNo + 1){
                callList.insert(i-1, new CallBean(vipNo,"vip"));
                vipNo += 1;
                break;
            }
        }
    } catch (Exception e) { }
}
```

3. 叫号

叫号是从队列获取最前面的号码,展示到显示区,实施代码如下。

【代码 1-26】

```java
/*
 * 叫号
 * 从待办顺序列表中获取号码
 * 知识点:取指定位置元素
 */
public String callNo(){
    try {
        CallBean cb = (CallBean)callList.getData(cursorNo);
        return "呼叫:'" + cb.getType() + "'号码, " + ("vip".equals(cb.getType())?"v":"p") + (cb.getNo()+1) + " 号";
    } catch (Exception e) {
        return "呼叫:不存在待办号码";
    }
}
```

4. 办理

将正在办理业务的号码显示在显示屏。实施代码如下。

【代码 1-27】

```
/*
 * 办理
 * 直接移动游标,因为号码默认为非略过状态,所以不需要改变状态
 */
public void handle(){
    try {
        //不存在代办人员
        if(callList.size() - cursorNo < 1){
            return;
        }

        //移动游标
        cursorNo++;
    } catch (Exception e) { }
}
```

5. 过号

当叫号后,无人上前办理业务时,可进行过号操作,过号显示在过号区。实施代码如下。

【代码 1-28】

```
/*
 * 从顺序表中根据游标改变状态,移动游标
 * 知识点:删除指定位置元素,在指定位置添加元素,移动游标
 */
public void pass(){
    try {
        //不存在代办人员
        if(callList.size() - cursorNo < 1){
            return;
        }
        //更新状态
        CallBean cb = (CallBean)callList.getData(cursorNo);
        callList.delete(cursorNo);
        cb.setIsPass(true);
        callList.insert(cursorNo, cb);
        //移动游标
        cursorNo++;
    } catch (Exception e) { }
}
```

用顺序表实现的叫号系统整个代码如下。

【代码 1-29】

```java
package com.sanj.two.action.list;
public class CallNomber {
    //顺序表
    private List callList;

    //VIP 号码
    private int vipNo = 0;
    //普通号码
    private int ordinaryNo = 0;

    //办理游标
    private int cursorNo = 0;

    //队列长度
    private int defaultSize = 20;
    public CallNomber(int size){
        callList = new SeqList(size);          //实例化带最大容量参数 size 的顺序表对象
        defaultSize = size;
    }

    public CallNomber(){
        callList = new SeqList();              //实例化不带参数的顺序表对象
        defaultSize = 20;
    }

//以下代码为上面介绍任务点 1 取普通号的重复代码,读者可参考代码 1-24
    /*
     * 取普通号
     * 向待办顺序表顺序列表尾部添加一个号码
     * 知识点:尾部插入元素
     */
    public void obtainOrdinary(){

    }

//以下代码为上面介绍任务点 2 取 VIP 号的重复代码,读者可参考代码 1-25
    /*
     * 取 VIP 号
     * 向待办顺序列表中插入 VIP 号码
     * 知识点:顺序表遍历找位置,在指定位置插入元素
     */
    public void obtainVip(){
    }

//以下代码为上面介绍任务点 3 叫号的重复代码,读者可参考代码 1-26
    /*
```

```
 * 叫号
 * 从待办顺序列表中获取号码
 * 知识点:取指定位置元素
 */
 public String callNo(){
 }

//以下代码为上面介绍任务点 4 办理的重复代码,读者可参考代码 1-27
 /*
  * 办理
  * 直接移动游标,因为号码默认为非略过状态,所以不需要改变状态
  */
 public void handle(){
 }
//以下代码为上面介绍任务点 5 过号的重复代码,读者可参考代码 1-28
 /*
  * 过号则略过
  * 从顺序表中根据游标改变状态,移动游标
  * 知识点:删除指定位置元素,在指定位置添加元素,移动游标
  */
 public void pass(){
 }
//以下代码为设置和取出成员属性值
    public List getCallList(){
        return callList;
    }
    public void setCallList(List callList){
        this.callList = callList;
    }

    public int getVipNo(){
        return vipNo;
    }
    public void setVipNo(int vipNo){
        this.vipNo = vipNo;
    }
    public int getOrdinaryNo(){
        return ordinaryNo;
    }
    public void setOrdinaryNo(int ordinaryNo){
        this.ordinaryNo = ordinaryNo;
    }

    public int getCursorNo(){
        return cursorNo;
    }
    public void setCursorNo(int cursorNo){
        this.cursorNo = cursorNo;
    }
```

```
    public int getDefaultSize(){
        return defaultSize;
    }

    public void setDefaultSize(int defaultSize){
        this.defaultSize = defaultSize;
    }
}
```

任务 2 不限制队长的排队叫号器

不限制队列长度的叫号系统,即无论来多少客户都可以进入队列中办理业务。界面如图 1-24 所示。

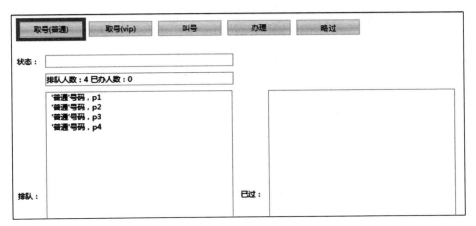

图 1-24 用链表实现的排队叫号器界面

任务 1 采用的是顺序表结构实现,任务 2 采用的是链表结构实现,二者只是存储结构不同,其他实现的功能点都是一致的。用单链表的存储方式实现,理论上无须考虑最大空间,不需要事先设定最大长度,链表长度会随着链表元素的增加及删除而自动变化。用单链表实现不限制队列长度的叫号系统代码如下。

【代码 1-30】

```
package com.sanj.two.action.lin;
import com.sanj.two.action.list.CallBean;
import com.sanj.two.action.list.List;

public class CallNomber{
    private List callList;

    //VIP 号码
    private int vipNo = 0;
    //普通号码
    private int ordinaryNo = 0;
```

```java
        //办理游标
        private int cursorNo = 0;

        public CallNomber(){
            callList = new LinList();              //实例化链表对象
        }
//以下代码为代码1-24取普通号的重复代码,读者可根据需要补充
    /*
     * 取普通号
     * 向待办顺序表顺序列表中尾部添加一个号码
     * 知识点:尾部插入元素
     */
        public void obtainOrdinary(){
        }
//以下代码为代码1-25取VIP号的重复代码,读者可根据需要补充
    /*
     * 取VIP号
     * 向待办顺序列表中插入VIP号码
     * 知识点:顺序表遍历找位子,在指定位置插入元素
     */
        public void obtainVip(){
        }
//以下代码为代码1-26叫号的重复代码,读者可根据需要补充
    /*
     * 叫号
     * 从待办顺序列表中获取号码
     * 知识点:取指定位置元素
     */
        public String callNo(){
        }
//以下代码为代码1-27办理的重复代码,读者可根据需要补充
    /*
     * 办理
     * 直接移动游标,因为号码默认为非略过状态,所以不需要改变状态
     */
        public void handle(){
        }

//以下代码为代码1-28过号的重复代码,读者可根据需要补充
    /*
     * 过号则略过
     * 从顺序表中根据游标改变状态,移动游标
     * 知识点:删除指定位置元素,在指定位置添加元素,移动游标
     */
        public void pass(){
        }
//以下代码为设置和取出成员属性值
        public List getCallList(){
            return callList;
        }
```

```java
    public void setCallList(List callList){
        this.callList = callList;
    }

    public int getVipNo(){
        return vipNo;
    }
    public void setVipNo(int vipNo){
        this.vipNo = vipNo;
    }
    public int getOrdinaryNo(){
        return ordinaryNo;
    }
    public void setOrdinaryNo(int ordinaryNo){
        this.ordinaryNo = ordinaryNo;
    }

    public int getCursorNo(){
        return cursorNo;
    }
    public void setCursorNo(int cursorNo){
        this.cursorNo = cursorNo;
    }

    public int getDefaultSize(){
        return defaultSize;
    }

    public void setDefaultSize(int defaultSize){
        this.defaultSize = defaultSize;
    }
}
```

1.4 小结

本模块介绍了线性表的定义和基本运算，详细阐述了顺序线性表的存储结构及其实现方式，并用 Java 语言实现了相关的运算。链表是线性表的另一种存储方式，可以放在地址不连续的存储空间，而且是需要的时候才动态定义，能够充分利用闲散内存空间，本模块同样用链表的存储方式实现了结点的插入和删除。接着用动手实践的方式让读者填空做练习，以加深对两种存储结构的插入和删除算法的理解。最后，在项目实现部分完成两个任务点的开发，分别用顺序表实现了限制队列长度的排队叫号器和用链表实现了不限制队列长度的排队叫号器，使读者更能理解顺序表和链表在实际开发中的运用。

1.5 习题

1. 填空题

（1）线性表是最简单的一种数据结构，它有_____和_____两种存储方式。

（2）已知一个顺序线性，设每个结点占 m 个单元，若首元素的地址为 addr，则 i 结点的地址为_____。

（3）在一个长度为 n 的顺序表中，在 i 位置（$0 \leqslant i \leqslant n$）插入一个新元素时，需向后移动_____个元素。

2. 选择题

（1）线性表是一个（　　）。
  A. 有限序列，不能为空　　　　　　B. 有限序列，可以为空
  C. 无限序列，不能为空　　　　　　D. 无限序列，可以为空

（2）线性表的（　　）元素没有直接前驱，（　　）元素没有直接后继。
  A. 第一个　　　B. 第二个　　　C. 最后一个　　　D. 所有

（3）假设顺序表中有 n 个元素，如果在 i 位置插入一个新的元素，需从后向前移动（　　）个元素。
  A. $n-i$　　　B. $n-i+1$　　　C. n　　　D. i

（4）在 n 个结点的顺序表中，算法的时间复杂度是 $O(1)$ 的操作是（　　）。
  A. 访问第 i 个结点（$1 \leqslant i \leqslant n$）和求第 i 个结点的直接前驱（$2 \leqslant i \leqslant n$）
  B. 在第 i 个结点后插入一个新结点（$1 \leqslant i \leqslant n$）
  C. 删除第 i 个结点（$1 \leqslant i \leqslant n$）
  D. 将 n 个结点从小到大排序

（5）向一个有 127 个元素的顺序表中插入一个新元素并保持原来顺序不变，平均要移动（　　）个元素。
  A. 8　　　B. 63.5　　　C. 63　　　D. 7

（6）链接存储的存储结构所占存储空间为（　　）。
  A. 分两部分，一部分存放结点值，另一部分存放表示结点间关系的指针
  B. 只有一部分存放结点值
  C. 只有一部分存储表示结点间关系的指针
  D. 分两部分，一部分存放结点值，另一部分存放结点所占单元数

（7）已知 L 是带表头的单链表，删除首元结点的语句是（　　）。
  A. L = L.next　　　　　　　　　　B. L.next = L.next.next
  C. L = L　　　　　　　　　　　　D. L.next = L

（8）已知 L 是一个不带表头的单链表，在表首 L 插入结点 p 的操作是（　　）。
  A. p = L; p.next = L;　　　　　　B. p.next = L; p = L;
  C. p.next = L; L = p;　　　　　　D. L = p; p.next = L;

(9) 线性表 L 在（　　）情况下适用于使用链式结构实现。
　　A. 需经常修改 L 中的结点值　　　　B. 需不断对 L 进行删除插入
　　C. L 中含有大量的结点　　　　　　 D. L 中结点结构复杂
(10) 线性表若采用链式存储结构时，要求内存中可用存储单元的地址为（　　）。
　　A. 必须是连续的　　　　　　　　　　B. 部分地址必须是连续的
　　C. 一定是不连续的　　　　　　　　　D. 连续或不连续都可以

3. 简答题

(1) 线性表可用顺序表或链表存储。试问：
① 两种存储方式各有哪些主要优缺点？
② 如果有 n 个表同时并存，并且在处理过程中各表的长度会动态发生变化，表的总数也可能自动改变，在此情况下，应选用哪种存储表示？为什么？
③ 若表的总数基本稳定，且很少进行插入和删除，但要求以最快的速度存取表中的元素，这时应采用哪种存储表示？为什么？

(2) 请描述在一个单链表中插入一个数据结点 q 的插入过程，并写出其伪代码。

4. 算法设计题

(1) 编写一个方法，要求把顺序表 A 中的数据元素就地逆置。所谓就地逆置，是指逆置后的元素依然保存在顺序表 A 中，不是单纯地逆序输出，也不能保存到另一个顺序表中。

(2) 编写单链表类的删除成员方法，要求删除单链表中数据元素等于 x 的所有结点。方法返回被删除元素的个数。

(3) 编写一个方法，要求把带头结点单链表 A 中的数据元素逆置后存储到带头结点单链表 B 中。

模块 2　栈——歌曲播放器

- 理解栈的定义，掌握栈的特征和基本运算。
- 会使用栈的顺序存储结构解决问题。
- 能实现栈的各种基本运算。
- 会使用栈的链式存储结构解决问题。
- 能实现链栈的各种基本运算。

本模块思维导图请扫描右侧二维码。

栈思维导图

栈是一种特殊形式的线性表，由于它们应用十分广泛，人们早已把它们单列为新的数据结构。在实际的软件开发中，栈的应用也是无处不在。比如在浏览网页时，不管什么样的浏览器都有一个"后退"键，单击后可按访问顺序的逆序加载浏览过的网页，这就是利用栈的后进先出的特点，将用户浏览的网页依次放入栈中，需要时再从栈中依次取出。此外在程序设计开发阶段，栈的应用也非常广泛，比如常见的函数调用就是通过"栈"这种数据结构来实现的。

本模块将介绍栈的基本概念、运算以及常见的实现方法，并通过一个有趣的案例介绍栈的应用。

2.1　项目描述

某公司研发的播放器软件程序，其中一个功能是：从播放列表中顺序播放歌曲。设计一个程序，模拟播放器的播放顺序功能。播放列表示意图如图 2-1 所示。

图 2-1　播放列表示意图

1. 功能描述

该播放器程序包括三个功能按钮和两个展示待播歌曲和已播歌曲的文本框。队列长度默认为 20 首歌曲。当用户单击"更新长度"按钮，可以更新歌曲的总数。单击"添加歌曲"按钮后，将把第 n 首歌曲推入栈中，并放在第 $n-1$ 首歌曲的上面，此过程显示在待播歌曲一栏；单击

"播放歌曲"按钮,则从待播歌曲栏的最上方移动一条歌曲进入已播歌曲栏,如图 2-2 所示。

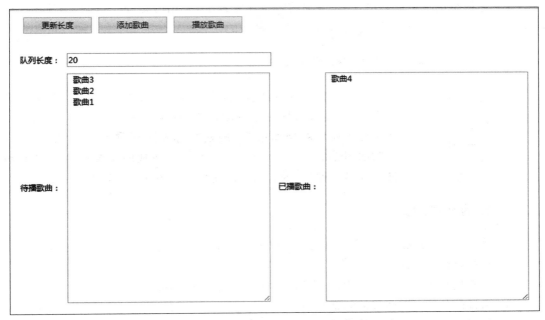

图 2-2　播放器程序界面

具体系统功能需求如下。
(1) 可在待播放歌曲列表添加歌曲。
(2) 当前单击播放的歌曲因为是最想听的,应先播放,即后加入歌曲列表的歌曲先播放。
(3) 待播放列表设定最大长度作为任务 1,不设定最大长度作为任务 2。
(4) 输入错误提示:最大长度设定值只能为数字,如输入字符,系统自动将其设置为默认值 20。

2．设计思路

本项目利用栈结构存储待播歌曲。"添加歌曲"功能对应入栈操作,新加的歌曲放在栈顶(待播歌曲栏的最上方),"播放歌曲"功能对应出栈操作,即从栈顶取出最后放入的歌曲,添加到已播歌曲列表。

2.2　相关知识

让我们观察一下餐饮店里盘子的堆放和取用操作,可以发现以下一些特点:盘子一个一个地叠放成一摞,可以看作一个由盘子组成的线性表。每次将洗净的盘子放入盘叠,总是放在最顶部,而每次用盘子时,也总是先取用盘叠最上方的那个盘子。

当我们交考试试卷时,也可以发现这种情况的存在:第一个交卷的同学卷子放在最底下,而最后一个交卷的同学卷子放在最上面。当老师改卷时,总是先从最上面的试卷开始批阅。

从上述两个例子可以看出,在对事物的组织和管理上,采用的是同一机制,即使用一个线性表,且仅在表的一端允许插入和删除,这就是栈的概念。

2.2.1 栈的定义

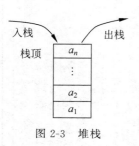

图 2-3 堆栈

栈是一种特殊的线性表,它仅允许在表的一端进行运算。在表中,允许插入和删除的一端称为"栈顶",另一端称为"栈底",将元素插入栈顶的操作成为"进栈",称删除栈顶元素的操作为"出栈",如图 2-3 所示。因为出栈操作时后进栈的元素先出,所以栈也被称为是一种"后进先出"表,简称为 LIFO(last in first out)。

2.2.2 栈的基本运算

根据实际应用,通常认为,栈应该包含了以下一些基本运算。
(1)栈初始化:置栈为空栈。
(2)判断栈是否为空:若栈为空,则返回 true,否则返回 false。
(3)求栈的长度:返回栈的元素个数。
(4)进栈:将一个元素下推进栈。
(5)出栈:将栈顶元素托出栈。
(6)读栈顶:返回栈顶元素。

抽象数据类型(abstract data type,ADT)是带有一组操作的一些对象的集合,在 ADT 的定义中只定义了一些基本的操作,没有提到关于这组操作是如何实现的任何解释。在 Java 中,我们用栈的接口 IStack 表示栈这些功能操作的集合。在后面的例子中,我们将实现这个接口,通过展示不同的实现代码,详细解释顺序栈和链栈的不同之处。不管怎样,只要这些类实现了栈的接口,就可以将其称为栈。

栈的接口代码如下。

【代码 2-1】

```java
public interface IStack {
    public void push(Object obj) throws Exception;      //进栈
    public Object pop() throws Exception;               //出栈
    public Object getTop() throws Exception;            //取栈顶
    public boolean isEmpty();                           //判断栈是否为空
    public int getSize();                               //求栈长
}
```

2.2.3 顺序栈

与线性表类似,栈的存储结构也分为顺序存储结构和链式存储结构。顺序存储结构的栈简称为顺序栈,链式存储结构的栈称为链栈。

1. 顺序存储定义

与顺序线性表类似,顺序栈也需要通过一个一维数组存储元素,同时设置栈顶元素的位置下标,如图 2-4 所示。

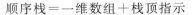

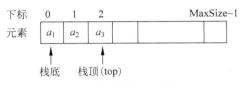

图 2-4 顺序栈的存储结构

具体地说,顺序栈用一个类 SeqStack 实现,其数据类型描述如下。

【代码 2-2】

```
public class SeqStack implements IStack {
    final int defaultSize = 10;
    int maxSize;
    int top;                        //栈顶指示
    Object[] stack;                 //一维数组
}
```

顺序栈用一维数组 stack 存放数据,序号为 i 的元素对应数组的下标是 $i-1$,即用 stack$[i-1]$ 表示,栈顶用 stack[top] 表示。

此外,在栈的上述存储表示下,不难得到以下栈空及栈满条件:
- 栈空条件　top$=-1$;
- 栈满条件　top$=$MaxSize-1。

2. 顺序栈的基本运算

根据顺序栈的运算定义,可实现顺序栈的以下操作。

1) 栈初始化

栈的初始化实现比较简单,通过添加一个 initiate 方法,在该方法中将栈顶 top 的值设置为 -1 即可,同时创建一个用于存储栈中元素的一维数组 stack,参数 sz 表示栈的大小。然后在构造函数中调用此方法。代码如下。

【代码 2-3】

```
public class SeqStack implements IStack {
    final int defaultSize = 10;
    int maxSize;
    int top;                        //栈顶指示
    Object[] stack;                 //一维数组

    public SeqStack() {
        initiate(defaultSize);
    }
    public SeqStack(int sz) {
        initiate(sz);
```

```
        }
    private void initiate(int sz) {
        maxSize = sz;
        top = -1;
        stack = new Object[sz];
    }
}
```

2) 判断栈是否为空

此处实现接口中的 isEmpty 方法。在判断栈是否为空时,只需将栈顶指示 top 值与-1相比即可,若 top 值为-1,则表示顺序栈中不包含任何元素。代码如下。

【代码 2-4】

```
public boolean isEmpty() {
    return top == -1;
}
```

3) 求栈的长度

此处实现接口中的 getSize 方法。栈的长度即为栈中数组的元素个数,因为 top 值总是指向最后一个元素,考虑到当 top 值为 0 时,已经有一个元素存在,则元素的个数为 top+1。代码如下。

【代码 2-5】

```
public int getSize() {
    return top + 1;
}
```

4) 进栈操作

此处实现接口中的 push()方法。假设顺序栈中包含元素(a_1,a_2,a_3),当将元素 e 入栈时,实际就是要在栈顶位置插入该元素。相关过程如图 2-5 所示,具体步骤如下。

(1) 栈顶指示 top 朝栈的增长方向前进一步(即 top 值增 1)。
(2) 将元素放入栈中由当前栈顶 top 指向的位置上。

微课 2-1 堆栈的压入
        和弹出

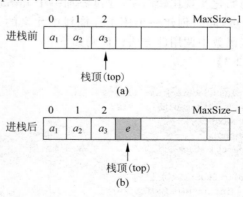

图 2-5 将元素入栈

需要注意的是,在栈的这种静态实现中,进行进栈运算时,必须先进行栈满检查,以避免错误。代码如下。

【代码 2-6】

```
public void push(Object obj) throws Exception {
    if(top == maxSize - 1)
        throw new Exception("栈满,无法进栈!");
    else {
        top++;
        stack[top] = obj;
    }
}
```

5)出栈操作

此处实现接口中的 pop 方法。同样假设顺序栈中包含元素(a_1,a_2,a_3),现将 a_3 元素出栈,只需将栈顶指示 top 后退一步(即 top 值减 1)即可,如图 2-6 所示。同时若需在出栈的同时返回该出栈元素,还需通过一个临时变量获取 a_3 并返回。应该注意的是,出栈前应进行栈空检查。

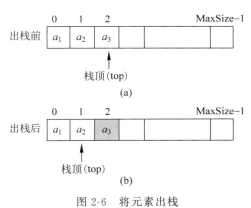

图 2-6 将元素出栈

代码如下。

【代码 2-7】

```
public Object pop() throws Exception {
    if(top == - 1)
        return null;
    else {
        Object e = stack[top];
        top -- ;
        return(e);
    }
}
```

6)获取栈顶元素

此处实现接口中的 getTop 方法。根据栈顶(top)指示,可以直接获取最后入栈的元素。

应该注意的是,在进行读取之前,也要进行栈空检查。代码如下。

【代码 2-8】

```java
public Object getTop() throws Exception {
    if(top == -1)
        return null;
    return stack[top];
}
```

7)打印栈中所有元素

此方法非接口中定义的功能,但可以在 SeqStack 类中进行扩展。代码如下。

【代码 2-9】

```java
public void print() {
    for(int i = 0;i <= top;i++)
        System.out.print(stack[i] + " ");
    System.out.println();
}
```

要测试上述这些方法,可以编写测试端代码 2-10,相关结果如图 2-7 所示。

【代码 2-10】

```java
public static void main(String[] args) throws Exception{
    //创建一个栈
    SeqStack ss = new SeqStack();
    //判断是否为空
    System.out.println("是否为空:" + ss.isEmpty());
    //进栈操作,1~10 依次进栈
    for(int i = 0;i < 10;i++)
        ss.push(i + 1);
    //打印栈中元素
    ss.print();
    //显示栈顶元素
    System.out.println("当前栈顶元素为" + ss.getTop());
    //出栈 5 次,并显示每一次的出栈元素
    for(int i = 0;i < 5;i++)
        System.out.println("出栈元素为" + ss.pop());
    //显示栈长
    System.out.println("当前栈长为" + ss.getSize());
}
```

大家可能注意到,这些栈的运算都很简单,因此,在实际编程中,有时并不将这些操作设计为方法,而是直接以语句的方式操作。不过,当涉及的栈较多,或栈的元素较为复杂,或要在多个地方进行栈的操作,还是应该采用类封装的方式,将栈运算设计为方法函数,这既符合结构化程序设计的要求,也利于阅读。

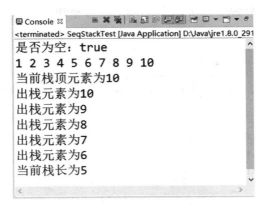

图 2-7 堆栈程序运行结果

3．顺序栈的动手实践

1）实训目的

掌握顺序栈的进栈、出栈等操作,学会较为复杂问题的求解。

2）实训内容

给定一个只包括 '('、')'、'{'、'}'、'['、']' 的字符串 s,判断字符串是否有效。有效字符串需满足：

（1）左括号必须用相同类型的右括号闭合;

（2）左括号必须以正确的顺序闭合。

相关测试用例如表 2-1 所示。

表 2-1 测试用例示例

示例 1	示例 2	示例 3	示例 4	示例 5
输入：s = "()"	输入：s = "()[]{}"	输入：s = "( ]"	输入：s = "([)]"	输入：s = "{[]}"
输出：true	输出：true	输出：false	输出：false	输出：true

请利用栈的特性,编写相关函数实现该功能。

3）实训思路

当开始接触题目时,我们会不禁想到如果计算出左括号的数量和右括号的数量,如果每种括号左、右数量相同,会不会就是有效的括号了呢?

事实上不是的,假如输入[{)],每种括号的左右数量分别相等,但不是有效的括号。这是因为结果还与括号的位置有关。

我们仔细分析后发现,对于有效的括号,它的部分子表达式仍然是有效的括号,比如 {()[()]} 是一个有效的括号,()[{}] 是有效的括号,[()] 也是有效的括号。并且当每次删除一个最小的括号对时,会逐渐将括号删除完,如图 2-8 所示。

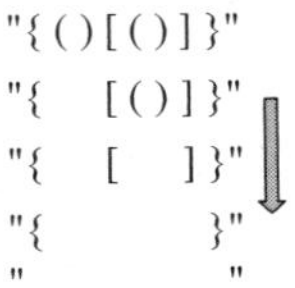

这个思考的过程其实就是栈的实现过程。因此使用栈并当

"{()[()]}"
"{ [()]}"
"{ [ ]}"
"{ }"
" "

图 2-8 删除最小的括号对

遇到匹配的最小括号对时,将这对括号从栈中删除(即出栈)。如果最后栈为空,那么它是有效的括号,反之不是。

图 2-9 演示了使用栈进行括号匹配的过程。

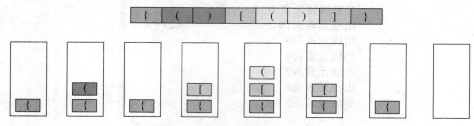

图 2-9　括号匹配栈的原理图

4) 关键代码

请读者理解如下代码并填空,运行得到相应结果。

【代码 2-11】

```
public static boolean isValid(String s) throws Exception {
    SeqStack stk = new SeqStack(s.length());
    for (char c : s.toCharArray())
        //如果 c 是"({[",则入栈
        if (c == '(' || c == '{' || c == '[')          ①
        //如果 c 是")}]"且栈不为空,则判断栈顶是否为对应的左括号,是则出栈,否则返回 fasle
        else if (c == ')' && !stk.isEmpty() && (char) stk.getTop() == '(') {
                                          ②
        } else if (c == '}' && !stk.isEmpty() && (char) stk.getTop() == '{') {
                                          ③
        } else if (c == ']' && !stk.isEmpty() && (char) stk.getTop() == '[') {
                                          ④
        } else {
            //如果 c 是")}]",栈为空,那么返回 false
            //如果 c 是")}]",栈不为空,但是栈顶不是与 c 对应的左括号,那么返回 false
            return false;
        }
    //如"(){}[",如果最后栈不为空,那么就是有多余的左括号了
    return stk.isEmpty();
}
```

参考答案：①stk.push(c); ②stk.pop(); ③stk.pop(); ④stk.pop();

测试端代码如下。

【代码 2-12】

```
public static void main(String[] args) throws Exception {
    Scanner input = new Scanner(System.in);
    System.out.println("请输入一个字符串:");
    String text = input.next();
    boolean flag = isValid(text);
```

```
    if (flag)
        System.out.println(text + "括号匹配");
    else
        System.out.println(text + "括号不匹配");
}
```

5) 运行结果

括号匹配程序运行结果如图 2-10 所示。

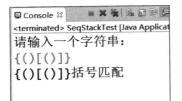 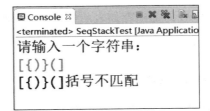

图 2-10 括号匹配程序运行结果

2.2.4 链栈

前面已经讨论了栈的顺序存储实现。通常,在顺序存储实现下,每个栈都需要按最大需求留足存储空间,这必将造成存储空间的大量浪费。解决此问题的方法之一就是采取栈的链式存储实现。

1. 栈的链式存储结构

栈的链式存储表示也称为链栈,它实际上是一个单链表,并以其链头指针作为栈顶指针。图 2-11 给出了链栈的结构示意图。因此,进出栈的运算都只能在链头进行。即

链栈 = 单链表 + 栈顶指针

具体地说,链栈 LinkStack 类同样实现了 IStack 接口,其数据类型描述如下。

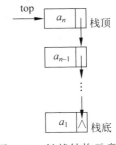

图 2-11 链栈结构示意图

【代码 2-13】

```
public class LinkStack implements IStack {
    Node top;              //栈顶结点
    int size;              //结点个数
}
```

其中结点类 Node 符合单链表中结点类的设计思路,即由两个类成员组成,一个表示元素本身,一个存储下一个结点的引用,其类型描述如下。

【代码 2-14】

```
public class Node{
    Object data;                    //数据元素
```

```
    Node next;                      //表示下一个结点的对象引用
    Node(Node nextval){             //用于头结点的构造函数 1
        next = nextval;
    }
    Node(Object obj,Node nextval){  //用于其他结点的构造函数 2
        data = obj;
        next = nextval;
    }
}
```

此外,在链栈的上述存储表示情况下,不难得到以下栈空条件。

```
top == null;
```

2. 链栈的基本运算

根据链栈的运算定义,可实现链栈的以下操作。

1) 栈初始化

栈的初始化实现比较简单,通过添加一个构造函数即可实现,代码如下。

【代码 2-15】

```
public class LinkStack implements IStack {
    Node top;              //栈顶结点
    int size;              //结点个数
    //构造函数
    public LinkStack() {
        top = null;        //空栈
        size = 0;
    }
}
```

2) 判断栈是否为空。

此处实现接口中的 isEmpty 方法。在判断栈是否为空时,只需将栈顶结点 top 与 null 相比即可,代码如下。

【代码 2-16】

```
public boolean isEmpty() {
    return top == null;
}
```

3) 求栈的长度

此处实现接口中的 getSize()方法,代码如下。

【代码 2-17】

```
public int getSize() {
    return size;
}
```

4）进栈操作

此处实现接口中的 push() 方法。假设元素 e 要进栈，进栈过程如图 2-12 所示。

相关的操作可按以下步骤进行。

（1）形成元素 e 对应的结点 p。

```
Node p = new Node(e,null);
```

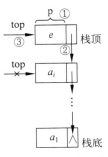

图 2-12　将元素入栈

（2）p 结点指向原栈顶结点 top。

```
p.next = top;
```

（3）栈顶结点 top 指向 p 结点。

```
top = p;
```

此外，当进栈时，表示栈长的 size 也要加 1。代码如下。

【代码 2-18】

```
public void push(Object e) throws Exception {
    Node p = new Node(e,null);
    p.next = top;
    top = p;
    size++;
}
```

图 2-13　将元素出栈

5）出栈操作

此处实现接口中的 pop 方法。假设栈顶结点 top 要出栈，出栈过程如图 2-13 所示。

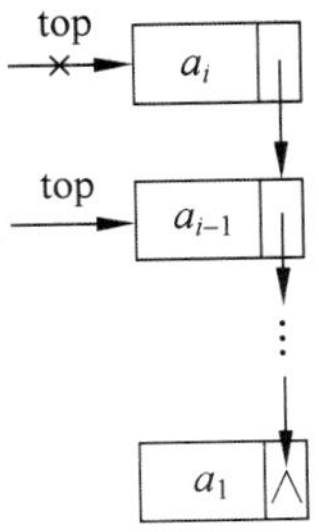

出栈操作可按照以下步骤进行。

（1）先判断栈是否为空，为空则无法进行出栈操作，抛出一个异常：

```
if(size == 0)
    throw new Exception("堆栈已空");
```

（2）获取当前栈顶结点 top 的元素值，用于返回该出栈元素：

```
Object obj = top.data;
```

（3）栈顶结点 top 沿链指向下一结点；释放之前 top 的存储空间：

```
top = top.next;
```

此外，当出栈时，表示栈长的 size 也要减 1。代码如下。

【代码 2-19】

```java
public Object pop() throws Exception {
    if(size == 0)
        throw new Exception("堆栈已空");
    Object obj = top.data;
    top = top.next;
    size--;
    return obj;
}
```

6）获取栈顶元素

此处实现接口中的 getTop 方法。此处直接返回栈顶结点 top 的数值域部分即可，代码如下。

【代码 2-20】

```java
public Object getTop() throws Exception {
    return top.data;
}
```

7）打印栈中所有元素

此方法非接口中定义的功能，可利用单链表的特点进行栈的元素遍历，实现代码如下。

【代码 2-21】

```java
public void print() {
    Node curr = top;
    while(curr != null) {
        System.out.print(curr.data + " ");
        curr = curr.next;
    }
    System.out.println();
}
```

要测试上述这些方法，可以编写测试端代码如下，相关结果如图 2-14 所示。

【代码 2-22】

```java
public static void main(String[] args) throws Exception{
    //创建一个栈类
    LinkStack ls = new LinkStack();
    //判断是否为空
    System.out.println("是否为空:" + ls.isEmpty());
    //进栈操作,10 个随机数进栈
    Random rnd = new Random();
    for(int i = 0; i < 10; i++)
        ls.push(rnd.nextInt(100));
    //显示栈中元素
    ls.print();
```

```
    //显示栈顶元素
    System.out.println("当前栈顶元素为" + ls.getTop());
    //出栈 5 次,并显示每一次的出栈元素
    for(int i = 0;i < 5;i++)
        System.out.println("出栈元素为" + ls.pop());
    //显示栈长
    System.out.println("当前栈长为" + ls.size());
}
```

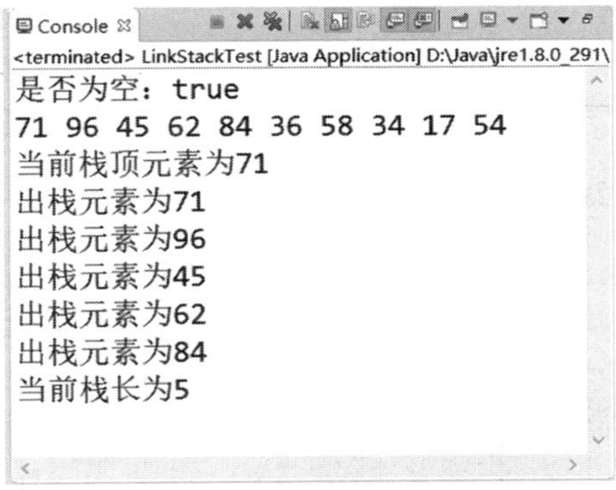

图 2-14 运行结果

需要注意的是,图 2-13 与图 2-14 显示栈中元素的效果有所区别。在顺序栈的遍历中,是从下标为 0 的数组进行遍历,因此出栈元素为遍历序列的最后一个元素。而链栈的遍历中,从 top 栈顶开始进行遍历,因此出栈元素为遍历序列的第一个元素。

3. 链栈的动手实践

1) 实训目的

掌握链栈的进栈、出栈等操作,学会较为复杂问题的求解。

2) 实训内容

十进制数 N 和其他 d 进制数的转换是计算机实现计算的基本问题,其解决方法很多,其中一个简单算法基于下列原理:

$$N = (N \text{ div } d) \times d + N \text{ mod } d$$

其中,div 为整除运算;mod 为求余运算。

假设现要编制一个满足下列要求的程序:对于输入的任意一个非负十进制整数 N,选择一个要转换的进制 d,打印输出与其等值的 d 进制数。

3) 实训思路

需要先了解一下这几种数据类型之间的转换规则,如图 2-15 所示。

在上述计算过程中,第一次求出的值为最低位,最后一次求出的值为最高位。而打印时应从高位到低位进行,恰好与计算过程相反。根据这个特点,可以通过入栈出栈来实现,即将计算过程中依次得到的 d 进制数码按顺序进栈;计算结束后,再顺序出栈,并按出栈顺序打印输出,即可得到给定的二进制数。这是利用栈后进先出特性的经典例子。

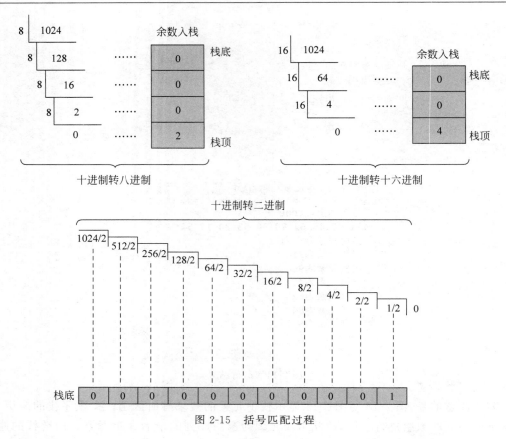

图 2-15 括号匹配过程

4) 关键代码

请读者理解以下代码并填空,运行得到相应结果。

【代码 2-23】

```
public static void dataConversion(int N, int d) throws Exception{
    LinkStack ls = new LinkStack();
    while(N!= 0){
        int x = N % d;
        _____①_____           //将 x 入栈
        N = N/d;
    }
    _____②_____               //打印 ls
}
```

参考答案:①ls.push(x);②ls.print();
测试端代码如下。

【代码 2-24】

```
public static void main(String[] args) throws Exception {
    Scanner input = new Scanner(System.in);
```

```
      System.out.println("请输入待转换的十进制正整数:");
      int number = input.nextInt();
      System.out.println("请输入要转换的进制:");
      int type = input.nextInt();
      System.out.println("转换结果");
      dataConversion(number,type);
  }
```

5）运行结果

运行结果如图 2-16 所示。

图 2-16 进制转换程序运行结果

2.3 项目实现

任务 1 限制曲数的歌曲播放器

这个任务要求限制曲数，考虑用顺序栈实现，曲数可由用户手动输入限制，如图 2-2 所示。用顺序栈实现点歌程序代码如下。

【代码 2-25】

```
public class PutPlateAction extends BaseAction {

    //顺序栈
    private int listCount = 1;
    private SeqStack seqStack;
    private List<String> listStack;

    /*
     * 设置长度
     */
    public ActionForward toPutPlateList(ActionMapping mapping,
        ActionForm form, HttpServletRequest request,
        HttpServletResponse response) throws Exception {
        listCount = 1;
        int length = Integer.valueOf(request.getParameter("length"));
        seqStack = new SeqStack(length);
```

```java
        listStack = new ArrayList<String>();
        request.setAttribute("length", length);
        return new ActionForward("/pages/three/putPlateList.jsp");
    }
    /*
     * 更新长度
     */
    public ActionForward ajaxUpdateLength(ActionMapping mapping,
            ActionForm form, HttpServletRequest request,
            HttpServletResponse response) throws Exception {
        listCount = 1;
        int length = Integer.valueOf(request.getParameter("length"));
        seqStack = new SeqStack(length);
        listStack = new ArrayList<String>();
        return null;
    }
    /*
     * 装载已播歌曲
     */
    public ActionForward ajaxLoadList(ActionMapping mapping,
            ActionForm form, HttpServletRequest request,
            HttpServletResponse response) throws Exception {
        List<ShowBean> list = seqStack.getObjs();
        for(String str:listStack){
            list.add(new ShowBean(str, true));
        }
        renderText(response, getJSON(list));
        return null;
    }
    /*
     * 添加歌曲
     */
    public ActionForward ajaxPushList(ActionMapping mapping,
            ActionForm form, HttpServletRequest request,
            HttpServletResponse response) throws Exception {
        String obj = "歌曲" + listCount;
        try {
            seqStack.push(obj);                    //进入待播栈
        } catch (Exception e) {
            renderText(response, "1");
            return null;
        }
        listCount++;                               //待播歌曲加1
        renderText(response, "0");
        return null;
    }
    /*
     * 播放歌曲
     */
    public ActionForward ajaxPopList(ActionMapping mapping,
```

```
        ActionForm form, HttpServletRequest request,
        HttpServletResponse response) throws Exception {
    if(!seqStack.notEmpty()){              //待播列表为空则返回
        renderText(response, "1");
        return null;
    }
    String obj = seqStack.pop() + "";      //获取栈顶的待播歌曲
    listStack.add(obj);                    //添加到已播歌曲列表
    renderText(response, "0");
    return null;
}
```

任务 2 不限制曲数的歌曲播放器

完成任务 1 后，客户提出播放列表不需要设定播放歌曲长度。请重新设计程序，模拟该播放器顺序播放功能。

该播放器程序包括两个功能按钮和两个展示待播歌曲和已播歌曲的文本框。当用户单击"添加歌曲"按钮后，将把第 n 首歌曲推入栈中，并放在第 $n-1$ 首歌曲的上面，此过程显示在待播歌曲一栏；单击"播放歌曲"按钮，则从待播歌曲栏的最上方移动一条歌曲进入已播歌曲栏，程序界面如图 2-17 所示。

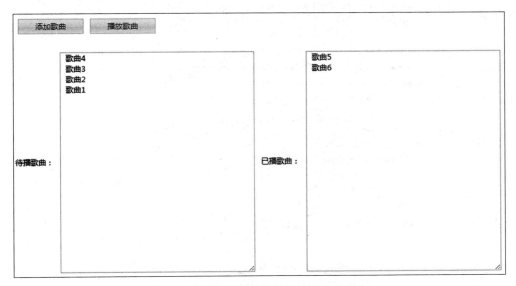

图 2-17 不限歌曲长度的播放器程序界面

观察图 2-17 发现，任务 2 和任务 1 的区别在于，没有限制待播歌曲的个数。而在之前的项目实现中，采用顺序栈的方式实现，这种方式需要用到数组，而数组是需要事先给定大小的，这也要求在使用顺序栈之前，先要预设一个最大的栈空间。接下来，我们将采用链栈的方式完成任务 2。链栈采用单链表的方式实现栈的特点，因此理论上无须考虑栈的最大空间，其大小会随着链表的元素自动变化。

用链栈实现不限制歌曲数的点歌程序代码如下。

【代码 2-26】

```java
public class PutPlateAction extends BaseAction {
    //链栈
    private int linCount = 1;
    private LinStack linStack;
    private List<String> linList;

    public ActionForward toPutPlateLin(ActionMapping mapping,
            ActionForm form, HttpServletRequest request,
            HttpServletResponse response) throws Exception {
        linCount = 1;
        linStack = new LinStack();
        linList = new ArrayList<String>();
        return new ActionForward("/pages/three/putPlateLin.jsp");
    }
    public ActionForward ajaxLoadLin(ActionMapping mapping,
            ActionForm form, HttpServletRequest request,
            HttpServletResponse response) throws Exception {
        List<ShowBean> list = linStack.getObjs();
        for(String str:linList){
            list.add(new ShowBean(str, true));
        }
        renderText(response, getJSON(list));
        return null;
    }
    public ActionForward ajaxPushLin(ActionMapping mapping,
            ActionForm form, HttpServletRequest request,
            HttpServletResponse response) throws Exception {
        String obj = "歌曲" + linCount;
        try {
            linStack.push(obj);
        } catch (Exception e) {
            renderText(response, "1");
            return null;
        }
        linCount++;
        renderText(response, "0");
        return null;
    }
    public ActionForward ajaxPopLin(ActionMapping mapping,
            ActionForm form, HttpServletRequest request,
            HttpServletResponse response) throws Exception {
        if(!linStack.notEmpty()){
            renderText(response, "1");
            return null;
        }
        String obj = linStack.pop() + "";
        linList.add(obj);
        renderText(response, "0");
```

```
        return null;
    }
}
```

2.4 小结

本模块讲解了栈的定义。栈的特点是先进后出,插入和删除的操作都是只能在栈的一端进行。接着分别介绍了顺序栈和链栈的存储结构和运算。通过播放器项目和动手实践等相关应用案例,加深了读者对栈概念的理解。

2.5 习题

1. 填空题

(1) 设有一个空栈,现有输入序列为"1,2,3,4,5",经过操作序列 push、pop、push、pop、push、push、pop 后,现在已出栈的序列为_____。

(2) 设有栈 s,若线性表元素入栈顺序为"1,2,3,4",得到的出栈序列为"1,3,4,2",则用栈的基本运算 push、pop 描述的操作序列为_____。

(3) 栈是限定仅在表尾进行插入或删除操作的线性表,其运算遵循_____的原则。

(4) 在顺序栈中,当栈顶指示 top=-1 时,表示_____;当 top=MaxSize-1 时,表示_____。

(5) 在顺序栈 s 中,出栈操作要执行的语句序列中有 s.top _____;进栈操作时要执行的语句序列中有 s.top _____。

(6) 在链栈中,栈空的条件是 top _____。

2. 选择题

(1) 栈结构通常采用的两种存储结构是( )。
  A. 顺序存储结构和链式存储结构   B. 散列方式和索引方式
  C. 链表存储结构和数组   D. 线性存储结构和非线性存储结构

(2) 元素 a、b、c、d 依次进栈后,则栈顶元素为( )。
  A. a   B. b   C. c   D. d

(3) 一个栈的进栈序列为 abcd,则栈的输出序列不可能为( )。
  A. dcba   B. abcd   C. cabd   D. cbad

(4) 判断一个顺序栈 s 为空的条件是( )。
  A. s.top=-1   B. s.top=MaxSize-1
  C. s.top!=-1   D. s.top!=MaxSize

(5) 判断一个顺序栈 s 为满的条件是( )。
  A. s.top=-1   B. s.top=MaxSize-1

C. s.top!=-1　　　　　　　　　　　D. s.top!=MaxSize

（6）向一个栈顶指针为 HS 的链栈中插入一个 s 所指结点时,则执行（　　）(不带头结点)。

A. HS.next=s;　　　　　　　　　B. s.next= HS.next; HS.next=s;
C. s.next= HS; HS=s;　　　　　D. s.next= HS; HS= HS.next;

（7）从一个栈顶指针为 HS 的链栈中删除一个结点时,用 x 保存被删结点的值,则执行（　　）（不带头结点）。

A. x=HS; HS= HS.next;　　　　B. x=HS.data;
C. HS= HS.next; x=HS.data;　　D. x=HS.data; HS= HS.next;

3. 简答题

（1）铁路进行列车调度时,常把站台设计成栈式结构的站台,如图 2-18 所示。试问：

① 设有编号为 1,2,3,4,5,6 的六辆列车,顺序开入栈式结构的站台,则可能的出栈序列有多少种？（2 分）

② 若进站的六辆列车顺序如上所述,那么是否能够得到 435612、325641、154623 和 135426 的出站序列,如果不能,说明为什么不能；如果能,说明如何得到（即写出"进栈"或"出栈"的序列）(10 分,写对能和不能,得 8 分；理由 2 分）。

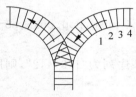

图 2-18　栈式结构的站台

（2）设计一种算法,能判断一个算术表达式中的圆括号配对是否正确（提示：对表达式进行扫描,凡遇到"("就进栈,遇到")"就退出栈顶的"("。表达式扫描完毕时,栈若为空,则圆括号配对正确。顺序栈的定义 SeqStack 如下。

```
public class SeqStack {
    final int defaultSize = 10;
    int top;                    //栈顶指示
    Object[] stack;             //数组对象
    int maxStackSize;           //最大数据元素个数
    public SeqStack() {
        initiate(defaultSize);
    }
    //构造函数
    public SeqStack(int sz) {
        initiate(sz);
    }
    //初始化
    private void initiate(int sz) {
        maxStackSize = sz;
        top = 0;
        stack = new Object[sz];
    }
    //入栈
    public void push(Object obj) throws Exception {
```

```java
        if (top == maxStackSize) {
            throw new Exception("堆栈已满!");
        }
        stack[top] = obj;          //保存栈顶元素
        top++;                     //产生新栈顶指示
    }
    //出栈
    public Object pop() throws Exception {
        if (top == 0) {
            throw new Exception("堆栈已空!");
        }
        top--;
        return stack[top];
    }
    //取栈顶元素
    public Object getTop() throws Exception {
        if (top == 0) {
            throw new Exception("堆栈已空!");
        }
        return stack[top - 1];
    }
    //判断堆栈是否为空
    public boolean notEmpty() {
        return (top > 0);
    }
}
```

模块 3　队列——医院排队叫号系统

 **技能目标**

- 理解队列的定义，掌握队列的特征和基本运算。
- 会使用队列的顺序存储结构解决问题。
- 能实现循环队列的各种基本运算。
- 会使用队列的链式存储结构解决问题。
- 能实现链式队列的各种基本运算。

 **思维导图**

本模块思维导图请扫描右侧二维码。

队列思维导图

　　像栈一样，队列也是一种线性表。然而，使用队列时，插入在一端进行，而删除则在另一端进行。就像我们平时的排队一样，出队是在队首的位置，而入队则在队尾的位置。

　　队列最典型的一个功能就是秒杀问题。就像抢火车票或者抢小米手机一样，在整点的时候，大量的请求涌入，如果仅仅依靠服务器来处理，超高的并发量不仅会带给服务器巨大压力，而且有可能出现各种高并发场景下才会出现的问题，比如超卖、事务异常等。

　　而队列，正是解决这个问题的一把"好手"。通常我们会使用的都是以内存为主的队列系统，它们的特点就是存储非常快。由前端生成的大量请求都存入队列中（入队），然后在后台脚本中进行处理（出队）。前端只需要返回一个正在处理中，或者正在排队的提示即可，然后后台处理完成后，通知前台显示结果。这样，在一个秒杀场景中基本上就解决高并发的问题了。

　　本模块将介绍队列的基本概念、运算以及常见的实现方法，并通过一个有趣的案例介绍队列的应用。

3.1　项目描述

　　医院接诊需要排队叫号，请设计一个软件，模拟排队叫号的场景，如图 3-1 所示。

1. 功能描述

　　该软件包括三个功能按钮和两个展示就诊人和已诊人的文本框。队列长度默认为 20 人。当用户单击"放号"按钮时，显示可以就诊人的总数；单击"取号"按钮后，将把第 n 个人推入就诊队列中，并放在第 $n-1$ 人的后面，此过程显示在就诊人队列一栏；单击"就诊"按钮，则从就诊人队列的最上方移动 1 人进入已诊人队列，也是放置在该队列的尾部，如图 3-2 所示。

图 3-1　排队挂号场景示意图

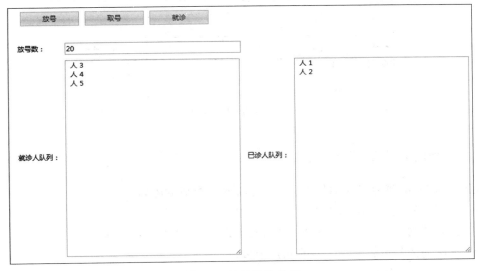

图 3-2　挂号软件界面

具体系统功能需求如下。

(1) 放号：设定当天患者可挂的总号数。

(2) 取号：患者取号。

(3) 就诊叫号：轮到患者就诊时会叫号，排在前面的号先被叫。

(4) 输入错误提示：放号数设定值只能为数字，如输入字符，系统自动将其设置为默认值 20。

2．设计思路

本项目利用队列结构存储就诊人。"取号"功能对应入队操作，新加的就诊人放在就诊队列尾部，"就诊"功能对应出队操作，即从队首取出当前就诊人，添加到已诊人队列。

3.2 相关知识

观察一下食堂中午排队打饭的场面,可以发现以下一些特点:打饭者整齐地排成一队,组成一个线性表;只有位于队首的同学才能开始打饭,且打完饭即出队;队外的任何人欲打饭,必须从队尾加入队中。

不只在日常生活中,在计算机领域,我们也常常听到"消息队列""打印队列"等术语。实践证明,以队列的方式组织和操作数据,在许多问题的求解过程中非常有效。

3.2.1 队列的定义

严格地说,与栈一样,队列也是一种特殊的线性表,它仅允许在表的一端(即队首)进行出队(即删除)运算,在表的另一端(即队尾)进行入队(即插入)操作,如图3-3所示。因为出队时先入队的元素先出,所以队列又被称为是一种"先进先出"表,简称为FIFO(fast in first out)。

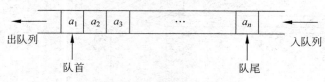

图3-3 队列示意图

3.2.2 队列的基本运算

根据实际应用,通常认为,队列应该包含以下一些基本运算。
(1) 队列初始化:置队列为空队。
(2) 判断队列是否为空:若队列为空,则返回true,否则返回false。
(3) 求队列的长度:返回队列的元素个数。
(4) 读队首:返回队首元素之值。
(5) 入队:将一个元素插入队尾。
(6) 出队:将队首元素从队列中删除。

在Java中,我们用队列的接口IQueue表示队列这些功能操作的集合。在后面的例子中,我们将实现这个接口,通过展示不同的实现代码,详细解释顺序队列和链式队列的不同之处。但不管怎样,只要这些类实现了队列的接口,就可以将其称为队列。

队列的接口如下。

【代码3-1】

```
public interface IQueue {
    public void append(Object obj)throws Exception;      //入队
    public Object delete()throws Exception;              //出队
    public Object getFront()throws Exception;            //取队首
```

```
    public boolean isEmpty();           //判断队列是否为空
    public int getSize();                //求队列长度
}
```

3.2.3 顺序队列

队列的顺序存储结构简称为顺序队列。

顺序队列是由一个一维数组和用于指示队首位置与队尾位置的两个变量组成，即

$$\text{顺序队列} = \text{一维数组} + \text{队首指示} + \text{队尾指示}$$

顺序队列结构如图 3-4 所示。

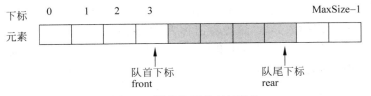

图 3-4　顺序队列的存储结构

这里需要注意，为了实现代码方便，我们通常约定：rear 指向队尾元素在一维数组中的当前位置；front 指向队首元素在一维数组中当前位置的前一个位置。

具体地说，顺序队列用一个 SeqQueue 类实现，其数据类型描述如下。

【代码 3-2】

```
public class CirQueue implements IQueue {
    final int defaultSize = 10;
    int maxSize;
    int front;                  //队首
    int rear;                   //队尾
    Object[] data;              //一维数组
}
```

顺序队列用一维数组 data 存放数据，序号为 i 的元素对应数组的下标是 $i-1$，即用 $data[i-1]$ 表示。队首元素用 $data[front+1]$ 表示，队尾元素用 $data[rear]$ 表示。

图 3-5 所示是一个 MaxSize 为 5 的队列的动态变化图。图 3-5(a)表示初始的空队列；图 3-5(b)表示入队 5 个元素后队列的状态；图 3-5(c)表示队首元素出队 1 次后队列的状态；图 3-5(d)是队首元素出队 4 次后队列状态。

从图 3-5 中不难看出，队列为空的条件为 front==rear 成立，那么队满条件是不是 rear==MaxSize-1 呢？显然不是。图 3-5(d)也满足这个条件，但却是个空队列。因为无论添加还是删除元素，队首变量和队尾变量始终是向着队列的尾端移动的，这就会使顺序队列产生溢出问题。

(1) 当队列已满，再进行入队操作时，就会产生"上溢出"。
(2) 当队列为空，再进行出队操作时，就会产生"下溢出"。

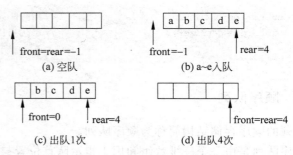

(a) 空队　　(b) a~e 入队

(c) 出队1次　　(d) 出队4次

图 3-5　顺序队列的操作

微课 3-1　顺序队列和循环队列

此外，对图 3-5(c)或(d)进行入队操作时，明明队列还能存放元素，但由于 rear 值已经指示到最大值，因此出现插入异常，这种溢出称为"假溢出"。

为了解决这个问题，充分地利用数组空间，我们将数组的首尾相接，形成一个环状结构，称这种改进的顺序队列为循环队列(circular queue)，如图 3-6 所示。

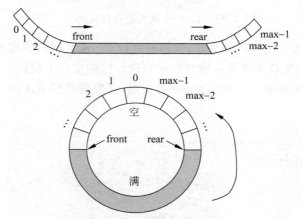

图 3-6　循环队列的逻辑结构

图 3-6 中，将顺序队列的首尾相连，形成一个环。当队尾指示 rear 值为 MaxSize－1 时，若仍然对该队列进行入队操作，则 rear 直接跳到 0。这种变化规律可以用求模运算来实现。

入队操作时，rear 指向下一个位置：

$$rear = (rear + 1) \% MaxSize$$

出队操作时，front 指向下一个位置：

$$front = (front + 1) \% MaxSize$$

其实，上述算式也可以用下面的伪代码来解释。

【代码 3-3】

```
if (f + 1)< MaxSize            //f 表示 front
    f = f + 1;
else
    f = 0;
```

从图 3-6 可知，初始化时，front 和 rear 的值均为 0。那么队列为空和为满的条件各是什么呢？不难发现，队空的条件是 front＝＝rear；而队满的判断就比较复杂：若入队的速度快于出队的速度，则 rear 的值增加得比 front 快，这样 rear 就有可能赶上 front 的值，此时 front 和 rear 也相等，这样就无法区分队空还是队满。为了解决这个问题，我们常采用这样的办法，空出一个存储空间，让 front 指向队首元素的前一个位置（即 front 指向的位置不存放元素）。

如此约定后，就有如下规则。

初始化时：front＝rear＝0。

循环队列为空的条件：front＝＝rear。

循环队列为满的条件：front＝＝(rear＋1)％MaxSize。

对于该队满条件，也可以用如下伪代码解释。

【代码 3-4】

```
if(rear + 1)< MaxSize
    判断 front 是否等于 rear + 1,是则队满
else
    判断 front 是否等于 0,是则队满
```

对于循环队列的入队和出队操作，可以使用图 3-7 来表示。

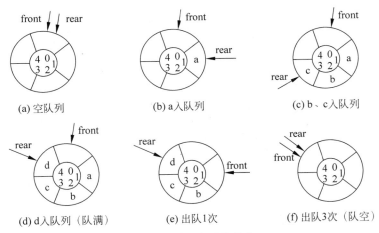

图 3-7 循环队列的操作

以下所讲的顺序队列，我们均将采用循环队列的模式进行存储。从本质上说，循环队列也是顺序队列的一个实现途径。

3.2.4 循环队列

将 3.2.3 小节的 SeqQueue 类名稍作修改，循环队列 CirQueue 的定义如下。

【代码 3-5】

```
public class CirQueue implements IQueue {
    final int defaultSize = 10;
```

```
        int maxSize;
        int front;              //队首
        int rear;               //队尾
        Object[] data;          //一维数组
    }
```

1. 循环队列的基本运算

根据循环顺序队列的运算定义,可实现以下操作。

1)队列初始化

队列的初始化实现比较简单,通过添加一个 initiate 方法,在该方法中将队首指示 front 和队尾指示 rear 的值设置为 0 即可,同时创建一个用于存储队列中元素的一维数组 data,参数 sz 表示队列的大小。然后在构造函数中调用此方法,代码如下。

【代码 3-6】

```java
public class CirQueue implements IQueue{
    final int defaultSize = 20;
    int maxSize;
    int front;              //队首
    int rear;               //队尾
    Object[] data;          //一维数组

    public CirQueue(){
        initiate(defaultSize);
    }
    public CirQueue(int sz){
        initiate(sz);
    }
    private void initiate(int sz){
        maxSize = sz;
        front = rear = 0;
        data = new Object[sz];
    }
}
```

2)判断队列是否为空

此处实现接口中的 isEmpty 方法。在判断队列是否为空时,只需比较队首指示 front 和队尾指示 rear 是否相等即可。若相等,则表示队列中不包含任何元素。代码如下。

【代码 3-7】

```java
public boolean isEmpty(){
    return front == rear;
}
```

3)求队列的长度

此处实现接口中的 getSize 方法。队列的长度即为队列中数组元素的个数。长度的计算按两种情形：rear 值大于 front 值和 rear 值小于 front 值，如图 3-8 所示，左边的图即为第一种情形，右边的图即为第二种情形。对于第一种情形，队列的长度 length＝rear－front；而对于第二种情形，队列的长度 length＝rear＋MaxSize－front。

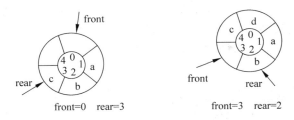

图 3-8 队列长度判断

代码如下。
【代码 3-8】

```
public int getSize() {
    return (rear + maxSize - front) % maxSize;
}
```

4）读队首元素

此处实现接口中的 getFront()方法。根据队首指示 front，可以获取对应的元素，这里分成三类情况，如图 3-9 所示。图 3-9(a)表示进行队空判断，若队空则返回空；图 3-9(b)表示，若 front＋1 小于 MaxSize，则直接返回 front＋1 对应的元素，否则返回 0 对应的元素（求模运算）；图 3-9(c)表示若 front＋1 等于 MaxSize，则返回。

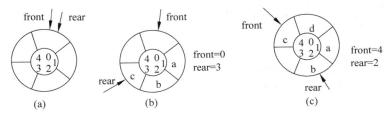

图 3-9 读队首的三种情况

代码如下。
【代码 3-9】

```
public Object getFront() throws Exception{
    if(front == rear)
        return null;
    else
        return data[(front + 1) % maxSize];
}
```

5）入队操作

此处实现接口中的 append()方法。

微课 3-2　队列的入队和出队操作

入队过程的步骤如下。

（1）队尾指示 rear 值增 1。

（2）将元素放入队列中由 rear 所指向的位置上。

应该注意的是，进行入队运算时，必须先进行队满检查，以避免错误，同时也应该考虑到当 rear 值达到 MaxSize－1 时，继续增加将使 rear 变为 0，故用到前面所讲的求模运算，代码如下。

【代码 3-10】

```java
public void append(Object obj) throws Exception {
    if(front == (rear + 1) % maxSize)
        throw new Exception("队列已满!");
    else {
        rear = (rear + 1) % maxSize;
        data[rear] = obj;
    }
}
```

6）出队操作

此处实现接口中的 delete() 方法。将元素出队就是删除队首指示所对应的元素，其步骤如下。

（1）获取队首指示的元素。

（2）将队首指示 front 增值 1。

此外也应注意对队列是否为空进行判断，代码如下。

【代码 3-11】

```java
public Object delete() throws Exception{
    if(rear == front)
        return null;
    else{
        Object e = data[(front + 1) % maxSize];
        front = (front + 1) % maxSize;
        return e;
    }
}
```

7）打印队列中所有元素

此方法非接口中定义的功能，但可以在 CirQueue 类中进行扩展，代码如下。

【代码 3-12】

```java
public void print(){
    int i = front;
    while(i!= rear){
        System.out.print(data[(i + 1) % maxSize] + " ");
        i = (i + 1) % maxSize;
    }
    System.out.println();
}
```

要测试上述这些方法,可以编写如下测试端代码,相关结果如图 3-10 所示。

【代码 3-13】

```java
public static void main(String[] args)throws Exception{
    //创建一个循环队列
    CirQueue cq = new CirQueue();
    //判断队列是否为空
    System.out.println("队列是否为空" + cq.isEmpty());
    //入队操作,1～10 依次入队
    for(int i = 0;i < 10;i++){
        cq.append(i + 1);
    }
    //打印队中元素
    cq.print();
    //显示队首元素
    System.out.println("队首元素为" + cq.getFront());
    //出队 5 次,并显示每一次的出队元素
    for(int i = 0;i < 5;i++){
        System.out.println("出队元素:" + cq.delete());
    }
    //显示队列长度
    System.out.println("队列长度" + cq.size());
}
```

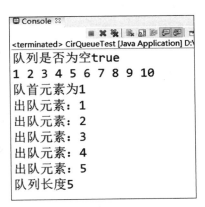

图 3-10　测试端代码运行结果

2. 循环队列的动手实践

1) 实训目的

掌握循环队列的入队、出队等操作,学会较为复杂问题的求解。

2) 实训内容

n 个人($1,2,3,\cdots,n$)围成一圈,从编号为 k 的人开始报数,报数报到 m 的人被淘汰(报数是 $1、2、\cdots、m$ 这样报的)。下次从出队的人之后开始重新报数,循环往复,当队伍中只剩最后一个人的时候,那个人就是胜利者。现在,给定 $n、k、m$,请你求出胜利者的编号。

相关测试用例如表 3-1 所示。

表 3-1 测试用例

示例 1	示例 2
输入：4 1 2	输入：5 1 3
输出：1	输出：4

请利用队列的特性，编写相关函数实现该功能。

3）实训思路

这道题目可以用循环队列实现，淘汰的过程就是出队的过程，如图 3-11 所示。假设采用示例 2 的输入，从 1 开始报数，第 3 个人首先被淘汰，数字 3 出队；接下来从 4 开始报数，数字 1 出队；接下来从 2 报数，数字 5 出队；还是数字 2 开始报数，数字 2 出队；最后的胜利者是数字 4。上述过程可以简化为这样一个过程：在一个循环队列中，让 k 排在最前面，然后每次 $m-1$ 个人回到队伍末尾，第 m 个人出队即可。

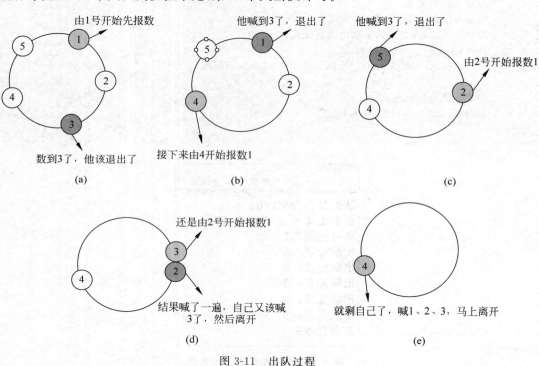

图 3-11 出队过程

4）关键代码

请读者理解以下代码并填空，运行得到相应结果。

【代码 3-14】

```
//创建一个循环队列
public static void josph(int n, int k, int m) throws Exception{
    CirQueue cq = new CirQueue();
    //数字 k～n 进栈
    for(int i = k; i <= n; i++)
        cq.append(i);
```

```
for(int i = 1;i < k;i++)                //数字 1~k-1 进栈
    cq.append(i);
cq.print();
//当队列中元素大于 1 时
while(cq.getSize()>1){
    //前面 m-1 个元素排在队伍后面
    for(int i = 1;i <= m-1;i++){
        _____①_____                   //将队首元素入队
        _____②_____                   //删除队首元素
    }
    //第 m 个元素出队
        _____③_____
}
cq.print();
}
```

参考答案：①cq.append(cq.getFront()); ②cq.delete(); ③cq.delete();
相关测试端代码如下。

【代码 3-15】

```
public static void main(String[] args)throws Exception {
    josph(5,1,3);
    josph(4,1,2);
}
```

5) 运行结果

运行结果如图 3-12 所示。

3.2.5 链式队列

由于顺序队列的实现需要按最大需求留足存储空间,这将导致存储空间使用的低效率。解决此问题的方法之一是采用队列的链式存储实现。

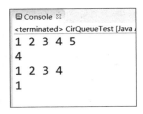

图 3-12 报数问题运行结果

1. 链式队列的定义

队列的链式存储结构也称为链式队列,它实际上就是一个既带链头指针(队首指针),又带链尾指针(队尾指针)的单链表,插入运算(进队)在队尾进行,删除运算(出队)在队首进行,即

链式队列 = 单链表 + 队首指针 + 队尾指针

图 3-13 形象地显示了链式队列的存储结构。

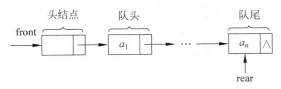

图 3-13 链式队列

出于对操作上方便性的考虑,在第一个结点之前附加一个"头结点",令该结点中指针域的指针指向第一个结点,并令队首指针 front 指向头结点,队尾指针 rear 指向尾结点。

具体地说,链式队列 LinkQueue 类同样要实现 IQueue 接口,代码如下。

【代码 3-16】

```
public class LinkQueue implements IQueue{
    Node front;                    //队首指针
    Node rear;                     //队尾指针
}
```

其中结点类 Node 符合单链表中结点类的设计思路,即由两个类成员组成:一个表示元素本身,另一个存储下一个结点的引用。代码如下。

【代码 3-17】

```
public class Node{
    Object data;                        //数据元素
    Node next;                          //表示下一个结点的对象引用
    Node(Node nextval){                 //用于头结点的构造函数 1
        next = nextval;
    }
    Node(Object obj,Node nextval){      //用于其他结点的构造函数 2
        data = obj;
        next = nextval;
    }
}
```

图 3-14 队空状态

需要说明的是,在 Java 语言的实现中没有指针的概念,我们常用对象引用表示。所以可以将 front 理解为指向队首结点 Node 的引用。空队列时,front 和 rear 都指向头结点,如图 3-14 所示。

链式队列进行上述存储表示时,不难得到以下队空条件:

font == rear

2. 链式队列的基本运算

根据链式队列的运算定义,可实现链式队列的以下操作。

1) 队列初始化

队列的初始化实现比较简单,通过添加一个构造函数即可实现。代码如下。

【代码 3-18】

```
public class LinkQueue implements IQueue{
    Node front;
    Node rear;
        //构造函数
    public LinkQueue() {
            front = rear = new Node(null);      //空队列
    }
}
```

2)判断队列是否为空

此处实现接口中的 isEmpty 方法。在判断队列是否为空时,只需将 font 和 rear 相比即可,算法实现代码如下。

【代码 3-19】

```
public boolean isEmpty(){
    return front == rear;
}
```

3)获取队首元素

此处实现接口中的 getFront 方法。根据队首指针 front,可以直接获取。应该注意的是:在进行读取之前,也要进行队空检查。

相关的算法实现代码如下。

【代码 3-20】

```
public Object getFront() throws Exception{
    if(front == rear)
        return null;
    else
        return front.next.data;
}
```

4)入队操作

此处实现接口中的 append 方法。假设元素 e 要入队,进栈过程如图 3-15 所示。

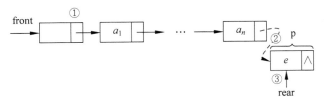

图 3-15 将元素入队

相关的操作可按以下步骤进行。

(1)形成元素 e 对应的结点 p。

```
Node p = new Node(obj,null);
```

(2)将 p 结点链到队尾结点上。

```
rear.next = p;
```

(3)队尾指针 rear 改而指向 p 结点。

```
rear = p;
```

队列插入结点代码如下。

【代码 3-21】

```
public void append(Object e) throws Exception{
    Node p = new Node(e,null);
    rear.next = p;
    rear = p;
}
```

5) 出队操作

此处实现接口中的 delete 方法。出队操作发生在队首，出队过程如图 3-16 所示。

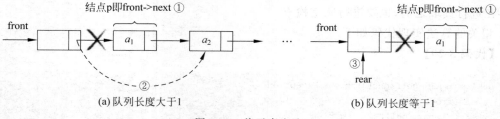

(a) 队列长度大于1　　　　　　　(b) 队列长度等于1

图 3-16　将元素出队

出队操作可按照以下步骤进行。
（1）将队首结点地址送某结点变量 p 中。

```
Node p = front.next;
```

（2）队首指针 front 沿链指向下一结点。

```
front.next = p.next;
```

（3）当队列中只有一个元素时，删除队列将使队列为空，此时需让队首和队尾指针重合。

```
if(p == rear)
    rear = front;
```

需要注意，在出队时，还需判断队列是否为空，同时记得获取之前的队首元素用于返回。代码如下。

【代码 3-22】

```
public Object delete() throws Exception{
    if(front == rear)
        throw new Exception("队列已空");
    else {
        Node p = front.next;
        front.next = p.next;
        Object e = p.data;
```

```
        if(p == rear)
            rear = front;
        return e;
    }
}
```

6）求队列长度

此处实现接口中的 getSize()方法。需要注意，在设计 LinkQueue 类时，并没有一个用于实时记录队列大小的 size 域，因此在统计队列长度时，需要进行遍历结点，这当然需要耗费一定时间。如果需要经常获取链式队列的长度，建议与之前链栈的方式一样，在类的设计时添加一个 size 成员，并在入队和出队操作时对其加 1 或减 1。代码如下。

【代码 3-23】

```
public int getSize(){
    int size = 0;
    Node p = front.next;
    while(p!= null){
        p = p.next;
        size++;
    }
    return size;
}
```

7）打印队中所有元素

此方法非接口中定义的功能，可参考求队长的遍历方式，遍历队列并进行输出，实现代码如下。

【代码 3-24】

```
public void print() {
    Node p = front.next;
    while(p!= null) {
        System.out.print(p.data + " ");
        p = p.next;
    }
    System.out.println();
}
```

要测试上述这些方法，可以使用如下语句。

【代码 3-25】

```
public static void main(String[] args) throws Exception{
    //创建一个链式队列
    LinkQueue lq = new LinkQueue();
    //判断队列是否为空
    System.out.println("队列是否为空" + lq.isEmpty());
```

```
        //入队操作,1~10依次入队
        for(int i = 0;i < 10;i++){
            lq.append(i + 1);
        }
        //打印队中元素
        lq.print();
        //显示队首元素
        System.out.println("队首元素为" + lq.getFront());
        //出队5次,并显示每一次的出队元素
        for(int i = 0;i < 5;i++){
            System.out.println("出队元素:" + lq.delete());
        }
        //显示队列长度
        System.out.println("队列长度" + lq.size());
    }
```

运行结果如图3-17所示。

3. 链式队列的动手实践

1)实训目的

掌握链式队列的入队、出队等操作,学会较为复杂问题的求解。

2)实训内容

队列q中存放了一批整数,试将该队列中的奇数和偶数分别存放在两条不同的链队列$q1$、$q2$中,并且$q1$、$q2$中的值要求保持原来的相对顺序。

相关测试用例如图3-18所示。

示例1
q:1 2 3 4 5 6 7 8 9 10 输出: $q1$:1 3 5 7 9 $q2$:2 4 6 8 10

图3-17 运行结果　　　　图3-18 链式队列的测试用例

请利用队列的特性,编写相关函数实现该功能。

3)实训思路

这道题目其实是一个非常简单的遍历过程。我们依次扫描队列q的每一个元素,判断其奇偶性。如果是奇数,则取出并将其加入队列$q1$;如果是偶数,将其取出并加入队列$q2$,直到队列q为空为止。

4)关键代码

请读者理解以下代码并填空,运行得到相应结果。

【代码3-26】

```
public static void main(String[] args) throws Exception {
    //创建三个队列
```

```
Object x;
LinkQueue lq = new LinkQueue();
LinkQueue lq1 = new LinkQueue();
LinkQueue lq2 = new LinkQueue();
//随机加入 10 个整数
Random rnd = new Random();
for(int i = 0;i < 10;i++)
    lq.append(rnd.nextInt(100));
System.out.println("原始队列:");
lq.print();

while(!lq.isEmpty()) {
    x = _____          //出队并将出队元素放入 x
    if((int)x % 2 == 0)
        _____          //x 入队 q1
    else
        _____          //x 入队 q2
}
System.out.println("奇数队列:");
lq1.print();
System.out.println("偶数队列:");
lq2.print();
}
```

5）运行结果

运行结果如图 3-19 所示。

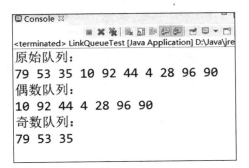

图 3-19　奇偶分队运行结果

3.3　项目实现

任务 1　用循环队列实现排队叫号器

本任务因为限制队列长度，所以用循环队列实现排队叫号功能。代码如下。

【代码 3-27】

```java
public class QueueAction extends BaseAction{
    //顺序循环队列
    private int listCount = 1;
    private SeqQueue seqQueue;
    private List<String> listStack;

    public ActionForward toSeqQueue(ActionMapping mapping,
            ActionForm form, HttpServletRequest request,
            HttpServletResponse response) throws Exception{
        listCount = 1;
        int length = Integer.valueOf(request.getParameter("length"));
        seqQueue = new SeqQueue(length);
        listStack = new ArrayList<String>();
        request.setAttribute("length", length);
        return new ActionForward("/pages/three/seqQueue.jsp");
    }

    public ActionForward ajaxUpdateLength(ActionMapping mapping,
            ActionForm form, HttpServletRequest request,
            HttpServletResponse response) throws Exception{
        listCount = 1;
        int length = Integer.valueOf(request.getParameter("length"));
        seqQueue = new SeqQueue(length);
        listStack = new ArrayList<String>();
        return null;
    }

    public ActionForward ajaxLoadList(ActionMapping mapping,
            ActionForm form, HttpServletRequest request,
            HttpServletResponse response) throws Exception{
        List<ShowBean> list = seqQueue.getObjs();
        for(String str:listStack){
            list.add(new ShowBean(str, true));
        }
        renderText(response, getJSON(list));
        return null;
    }

    public ActionForward ajaxPushList(ActionMapping mapping,
            ActionForm form, HttpServletRequest request,
            HttpServletResponse response) throws Exception{
        String obj = "人 " + listCount;
        try {
            seqQueue.push(obj);
        } catch (Exception e) {
            renderText(response, "1");
            return null;
        }
```

```
            listCount++;
            renderText(response, "0");
            return null;
    }
    public ActionForward ajaxPopList(ActionMapping mapping,
            ActionForm form, HttpServletRequest request,
            HttpServletResponse response) throws Exception{
        if(!seqQueue.notEmpty()){
            renderText(response, "1");
            return null;
        }
        String obj = seqQueue.pop() + "";
        listStack.add(obj);
        renderText(response, "0");
        return null;
    }
}
```

任务 2　用链式队列实现排队叫号器

由于在排队系统中，我们所学的队列结构都是通用的，所以在任务 2 中介绍另一个场景，让读者了解队列这个结构只要满足先进先出的条件，都能使用它来表示数据之间的关系。

学校食堂需要制作一个排队取饭的系统，请设计一个软件，模拟排队取饭的场景，如图 3-20 所示。

图 3-20　食堂打饭场景示意图

1．功能描述

具体系统功能需求如下。

（1）排队：排队取号后，先取号的排在队列最前面。

（2）打饭：打饭时，排在最前面的人先取饭。

（3）不限制打饭人数。

该打饭软件包括两个功能按钮和两个展示排队人和已打饭人的文本框。当用户单击"排队"按钮后,将把第 n 个人推入队列中,并放在第 $n-1$ 人的后面,此过程显示在排队人队列一栏;单击"打饭"按钮,则从排队人队列的最上方移动一人进入已打饭人队列,也放置在该队列的尾部,如图 3-21 所示。

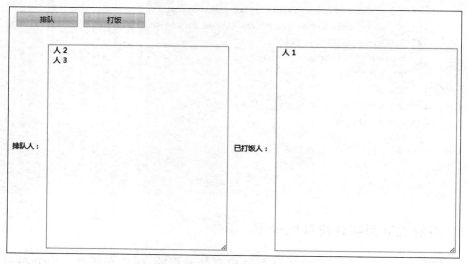

图 3-21　打饭软件界面

2. 设计思路

任务 2 要求不限制打饭人数,可以采用链式队列的方式解决。链式队列采用单链表的方式实现队列,因此理论上无须考虑队列的最大空间,其大小会随着链表的元素自动变化。用链式队列实现食堂打饭功能的代码如下。

【代码 3-28】

```java
public class QueueAction extends BaseAction{
    //链式队列
    private int linCount = 1;
    private LinQueue linQueue;
    private List<String> linList;

    public ActionForward toLinQueue(ActionMapping mapping,
            ActionForm form, HttpServletRequest request,
            HttpServletResponse response) throws Exception{
        linCount = 1;
        linQueue = new LinQueue();
        linList = new ArrayList<String>();
        return new ActionForward("/pages/three/linQueue.jsp");
    }

    public ActionForward ajaxLoadLin(ActionMapping mapping,
            ActionForm form, HttpServletRequest request,
```

```java
        HttpServletResponse response) throws Exception{
    List<ShowBean> list = linQueue.getObjs();
    for(String str:linList){
        list.add(new ShowBean(str, true));
    }
    renderText(response, getJSON(list));
    return null;
}

public ActionForward ajaxPushLin(ActionMapping mapping,
        ActionForm form, HttpServletRequest request,
        HttpServletResponse response) throws Exception{
    String obj = "人 " + linCount;
    try {
        linQueue.push(obj);
    } catch (Exception e){
        renderText(response, "1");
        return null;
    }
    linCount++;
    renderText(response, "0");
    return null;
}

public ActionForward ajaxPopLin(ActionMapping mapping,
        ActionForm form, HttpServletRequest request,
        HttpServletResponse response) throws Exception{
    if(!linQueue.notEmpty()){
        renderText(response, "1");
        return null;
    }
    String obj = linQueue.pop() + "";
    linList.add(obj);
    renderText(response, "0");
    return null;
}
}
```

3.4 小结

本模块介绍了队列的定义。队列的特点是先进先出，队头删除数据，队尾插入数据。接着介绍了顺序队列、循环队列和链式队列的存储结构和相应的运算。通过动手实践环节和医院叫号小程序的项目实施，加深了读者对队列概念的理解。

3.5 习题

1. 填空题

(1) 在队列中,入队操作在_____端进行,出队操作在_____端进行。

(2) 在一个循环队列 q 中,判断队空的条件为_____,判断队满的条件为_____。

(3) 设队列空间 $n=40$,队尾指示 rear$=6$,队头指示 front$=25$,则此循环队列中当前元素的数目是_____。

2. 选择题

(1) 一个队列的入队顺序为 abcd,则出队顺序为(　　)。

  A. abcd   B. dcba   C. abdc   D. dbac

(2) 经过下列队列操作后,队头元素是(　　),队尾元素是(　　)。

append(a); append (b); delete();append (c); delete (); append (d);

  A. a   B. b   C. c   D. d

(3) 假设循环队列 q 的队首指示为 front,队尾指示为 rear,则判断队空的条件为(　　)。

  A. q.front$+1==$q.rear   B. q.rear$+1==$q.front

  C. q.front$==$q.rear   D. q.front$==0$

(4) 假设循环队列 q 的队首指示为 front,队尾指示为 rear,则判断队满的条件为(　　)。

  A. (q.rear$+1$)%MaxSize$==$q.front$+1$ B. (q.rear)%MaxSize$==$q.front

  C. (q.rear$+1$)%MaxSize$==$q.front D. q.rear$==$q.front

(5) 循环队列用数组 $A[0,m-1]$ 存放其元素值。已知其头尾指针分别是 front 和 rear,则当前队列中的元素个数是(　　)。

  A. (rear$-$front$+$m)%m   B. rear$-$front$+1$

  C. rear$-$front-1 D. rear$-$front

(6) 栈和队列的共同点是(　　)。

  A. 都是先进后出   B. 都是先进先出

  C. 只允许在端点处插入和删除元素 D. 没有共同点

3. 简答题

(1) 请简述线性表、栈和队列之间的关系。

(2) 使用队列求解约瑟夫环问题。约瑟夫环是一个数学的应用问题:已知 n 个人(以编号 $1、2、3、\cdots、n$ 分别表示)围坐在一张圆桌周围。从编号为 k 的人开始报数,数到 m 的那个人出列;在他后面的一个人又从 1 开始报数,数到 m 的那个人又出列;依此规律重复下去,直到圆桌周围的人全部出列。

例如,$n=9,k=1,m=5$,出局人的顺序为 5、1、7、4、3、6、9、2、8。

模块 4　字符串——身份证信息的提取

 技能目标

- 理解主串、子串、空串的定义。
- 会使用字符串的线性存储结构解决问题。
- 能熟练运用串的基本算法。
- 理解串的模式匹配算法,并可以运用于实践中。

 思维导图

本模块思维导图请扫描右侧二维码。

字符串思维导图

字符串是一种特殊的线性表。计算机除了处理数值问题之外,还需要处理很多非数值的问题。随着计算机在各行各业应用的日益深入,计算机所处理的数据对象也由纯粹的数值型发展到字符、表格、图形、图像和声音等多种形式。计算机需要处理字符,于是就有了字符串的概念。

比如现在常用的搜索引擎,当在文本框输入要查的字符串时,往往包含它的一系列常用搜索用词已经展现在搜索栏里了,如图 4-1 所示。显然这是网站做了一个字符串查找匹配的工作。

图 4-1　搜索界面

本模块将介绍字符串的基本概念、运算和常见的模式匹配算法,并通过一个案例介绍字符串的应用。

4.1　项目描述

请编写一个程序,界面如图 4-2 所示。当用户单击字符串的某个功能按钮时,将展示运算结果。

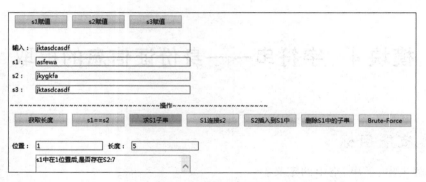

图 4-2　程序功能界面

1. 功能描述

(1) 定义 s1、s2、s3 三个字符串变量,并可对其赋值。
(2) 获取 s1、s2、s3 三个字符串的长度。
(3) 判断 s1 是否等于 s2。
(4) 输入子串的起始位置和长度,求出 s1 的子串。
(5) 将 s1 和 s2 连接。
(6) 将 s2 插入 s1。
(7) 删除 s1 中的某个子串。
(8) 使用 Brute Force 匹配 s1 与 s2。
(9) 错误提示:所有需要输入的输入项为空时,系统均要做相应提示。需要输入数字的输入框中如果输入了字符,系统需要做相应提示。

2. 设计思路

该程序利用数组存储字符串,字符串的相关运算被包含在各个方法中。当单击相关功能按钮后,调用相应方法即可。方法的实现可参考后续模块对顺序字符串的相关讲解。

4.2　相关知识

串是字符串的简称。在数据结构中,串是一种在数据元素的组成上具有一定约束条件的线性表,即要求组成线性表的所有数据元素都是字符,所以说串是一个有穷的字符序列。

4.2.1　串的定义

串是由零个或多个字符组成的有限序列,记作 $s = "a_1, a_2, \cdots, a_n"$ $(n \geqslant 0)$,其中 s 是串名,字符个数 n 称作串的长度,双引号括起来的字符序列是串的值。每个字符可以是字母、数字或任何其他的符号。零个字符的串称为空串(即""),空串不包含任何字符。值得注意以下几个问题。

(1) 长度为 1 个空格的串(" ")不等同于空串("")。

(2) 值为单个字符的字符串不等同于单个字符,如"a"与'a'。

(3) 串值不包含双引号,双引号是串的定界符。

串中任意个连续的字符组成的子序列称为该串的子串,而包含子串的串则称为主串。通常将字符在串中的序号称为该字符在串中的位置。子串在主串中的位置则以该子串在主串中的第一个字符位置来表示,如图 4-3 所示。

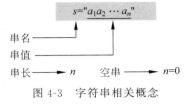

图 4-3 字符串相关概念

为了让大家更好地理解子串,举个简单的例子:

```
s = "I am from Canada.";
s1 = "am.";
s2 = "am";
s3 = "I am";
s4 = "I am ";
s5 = "I am";
```

s2、s3、s4、s5 都是 s 的子串,或者说 s 是 s2、s3、s4、s5 的主串,而 s1 不是 s 的子串。s3 等于 s5,s2 不等于 s4。s 的长度是 17,s3 的长度是 4,s4 的长度是 5。

4.2.2 串的基本运算

串的基本算法在串的应用中广泛使用,这些基本算法不仅加深了对串的理解,也简化了对串的应用。表 4-1 举例介绍串的常用基本算法。

表 4-1 常用的字符串运算

s1="I am a student";
s2="teacher";
s3="student";

运算	解释	举例
Assign(s,t)	将 t 的值赋给 s	用 Assign(s4,s3)后,s4="student"
Length(s)	求 s 的长度	Length(s1)=14 Length(s3)=7
Equal(s,t)	判断 s 与 t 值是否相等	Equal(s2,s3)=false Equal("student",s3)=true
Concat(s,t)	将 t 连接到 s 的末尾	Concat(s3,"number")="student number"
Substr(s,i,len)	求 s 中从第 i 个位置开始且长为 len 的子串	Substr(s1,7,7)="student" Substr(s1,10,0)="" Substr(s1,0,14)="I am a student"
Insert(s,i,t)	在 s 的第 i 个位置之前插入串 t	用 Insert(s3,0," good _ ")后,s3=" good _ student"
Delete(s,i,len)	在 s 的第 i 个位置删除长为 len 的子串	用 Delete(s1,0,5)后,s1="a student"

4.2.3 顺序串

1. 顺序串的定义

与线性表类似，串的存储结构也分为顺序存储结构和链式存储结构。顺序存储结构的字符串简称为顺序字符串，链式存储结构的栈称为链式字符串。

串的顺序存储结构是用一组地址连续的存储单元来存储串中的字符序列的。按照预定义的大小，为每个定义的串变量分配一个固定长度的存储区。一般是用定长数组来定义，存储结构如图 4-4 所示。

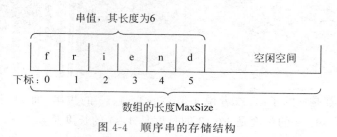

图 4-4　顺序串的存储结构

串的顺序存储代码如下。

【代码 4-1】

```java
public class SeqString {
    final int maxSize = 100;        //数组最大空间
    private char ch[] ;             //字符数组
    private int StrLength;          //字符串实际长度
}
```

2. 顺序串的基本运算

根据顺序串的运算定义，可实现顺序串的以下操作。

1) 字符串初始化

字符串的初始化实现比较简单，通过添加两个构造函数即可完成。第一个构造函数为默认无参构造函数，初始化字符数组并置字符串长度为 0 即可；第二个构造函数需要接收外来的字符数组参数对 ch 进行赋值，使用的 Assign() 方法在后面实现。

【代码 4-2】

```java
public class SeqString {
    final int MaxSize = 100;
    private char ch[] ;
    private int StrLength;
    //构造函数1
    public SeqString() {
        ch = new char[maxSize];
        StrLength = 0;
```

```
    }
    //构造函数 2
    public SeqString(char[] str) {
        Assign(str);
    }
}
```

2)字符串的赋值运算

字符串的赋值运算就是通过传入一个字符数组,对该数组逐一给成员 ch 进行赋值,同时将表示长度的成员 StrLength 自增。代码如下。

【代码 4-3】

```
public void Assign(char[] str) {
    ch = new char[maxSize];
    StrLength = 0;
    for(int j = 0;j< str.length;j++){
        ch[j] = str[j];
        StrLength ++;
    }
}
```

3)求串的长度

串的长度即返回成员 StrLength 的值。代码如下。

【代码 4-4】

```
public int Length(){
    return StrLength;
}
```

4)判断两个串是否相等

判断两个串是否相等,要求串的长度以及串的每个字符所在的位置都要相等。代码如下。

【代码 4-5】

```
public boolean Equal(SeqString t){
    if (StrLength != t.StrLength)
        return false;
    for (int i = 0; i < StrLength; i++){
        if (ch[i] != t.ch[i])
            return false;
    }
    return true;
}
```

5)串值的连接

以两串连接为例,已知 s 串和 t 串,串的连接就是将 s 串和 t 串的首尾相连,变成一个长度为 s.StrLength+t.StrLength 的新串。代码如下。

【代码 4-6】

```java
public SeqString Concat(SeqString t) {
    for (int i = 0; i < t.StrLength; i++) {
        ch[StrLength + i] = t.ch[i];
    }
    StrLength = StrLength + t.StrLength;
    return this;
}
```

6）求子串

求子串的实现思路是在已知的串里寻找串的第 i 个位置之后长度为 len 的字符串。代码如下。

【代码 4-7】

```java
public SeqString SubString(Integer i, Integer len)throws Exception {
    SeqString t = new SeqString();
    if (i < 0 || len < 0 || i + len - 1 >= StrLength) {
        throw new Exception("参数错误");
    }
    for (int k = i; k < i + len; k++)
        t.ch[k - i] = ch[k];
    t.StrLength = len;
    return t;
}
```

7）插入子串

插入子串的实现思路是找到插入的位置 i，把第 i 个以后的字符分别往后移动 t.StrLength 的位置，修改串的长度。代码如下。

【代码 4-8】

```java
public SeqString Insert(int i, SeqString t) throws Exception {
    if (i < 0 || i > StrLength){
    throw new Exception("参数错误");
    }
    for (int k = StrLength - 1; k >= i; k--)
        ch[k + t.StrLength] = ch[k];
    for (int k = i; k < i + t.StrLength; k++)
        ch[k] = t.ch[k - i];
    StrLength = StrLength + t.StrLength;
    return this;
}
```

8）删除子串

删除子串的实现思路是在已知串 s 中，从第 i 个字符以后把第 $i+len$ 个字符覆盖第 $i+1$ 个字符，第 $i+len+1$ 个覆盖第 $i+2$ 个；最后修改串的长度。代码如下。

【代码4-9】

```
public SeqString Delete(int i, int len) throws Exception{
    if (i < 0 || i + len - 1 >= StrLength) {
        throw new Exception("参数错误");
    } else {
        for (int k = i + len; k < StrLength; k++)
            ch[k - len] = ch[k];
        StrLength = StrLength - len;
        return this;
    }
}
```

9）打印字符串

代码如下。

【代码4-10】

```
public void print() {
    for(int i = 0;i < count;i++)
        System.out.print(value[i]);
    System.out.println();
}
```

要测试上述这些方法，可以使用如下代码，相关结果如图4-5所示。

【代码4-11】

```
public static void main(String[] args) throws Exception {
    //创建一个字符串 ss = "abcd",显示长度,打印
    SeqString ss = new SeqString(20);
    ss.Assign(new char[] {'a','b','c','d'});
    System.out.print("ss = ");
    ss.print();
    System.out.println("长度" + ss.Length());
    //创建一个字符串 tt = "123",显示长度,打印
    SeqString tt = new SeqString();
    tt.Assign(new char[] {'1','2','3'});
    System.out.print("tt = ");
    tt.print();
    System.out.println("长度" + tt.Length());
    //将 ss 和 tt 相连,ss = "abcd123",显示长度,打印
    System.out.print("ss + tt = ");
    ss.Concat(tt).print();
    System.out.println("长度" + ss.Length());
    //取 ss 的子串 sub,sub = "cd12",打印
    SeqString sub = ss.SubString(2, 4);
    System.out.print("sub = ");
    sub.print();
    //将 sub 插入 ss 中,得 ss = "cd12abcd123"
    System.out.print("将 sub 插入后 ss = ");
```

```
        ss.Insert(0, sub).print();
        //将 ss 产出部分子串,得 ss = "cd1bcd123"
        System.out.print("取出部分子串后 ss = ");
        ss.Delete(3, 2).print();
    }
```

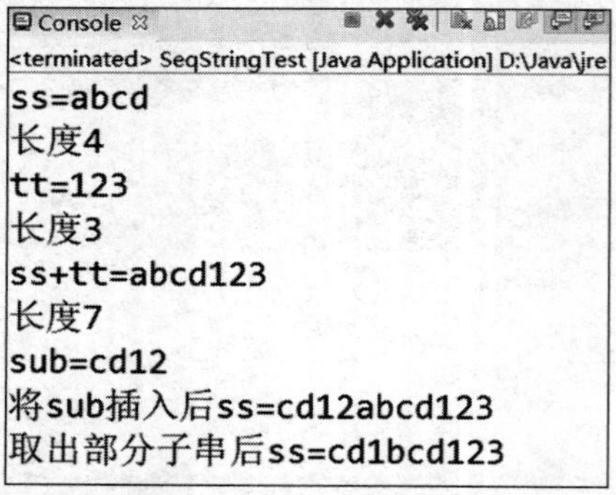

Console
<terminated> SeqStringTest [Java Application] D:\Java\jre
ss=abcd
长度4
tt=123
长度3
ss+tt=abcd123
长度7
sub=cd12
将sub插入后ss=cd12abcd123
取出部分子串后ss=cd1bcd123

图 4-5 运行结果

大家可能注意到,在一些高级语言如 Java 中,上述的字符串函数是无须实现的,只需要使用 Java 中的 String 类的字符串函数即可快速调用这些功能。但是,掌握基本的字符串运算原理和方法,对理解高级语言中的字符串,提高我们的编程能力非常有帮助,这也是我们将字符串列为数据结构中重要部分的初衷。

3. 顺序串的动手实践

1)实训目的

掌握顺序字符串的基本操作,学会较为复杂问题的求解。

2)实训内容

利用前面介绍的 SeqString 类,输入身份证号码并自动计算出数字长度,再获取该身份证各业务字段代码的值,效果如图 4-6 所示。

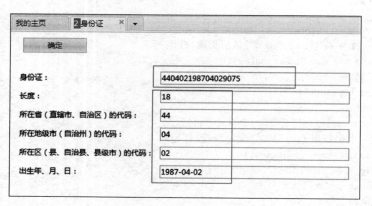

图 4-6 运行效果

3)实训思路

通过观察上述运行效果可以发现,首先获取身份证号,此处可用 Assign()方法;对于身份证长度,只需调用 Length()方法即可;对于身份证的地区代码,可以通过 SubString()方法取相应的子串;对于出生日期,可以先用 SubString()方法获取年月日信息后,再用 Concat()方法进行连接即可。

注意题目要求不能使用 Java 的 String 类,全程使用 SeqString 类表示字符串,大家可以挑战一下。

4）关键代码

关键代码如下。

【代码 4-12】

```
public static void main(String[] args) throws Exception {
    Scanner input = new Scanner(System.in);
    System.out.println("请输入身份证:");
    char[] id = input.next().toCharArray();
    SeqString sid = new SeqString(18);
    sid.Assign(id);
    SeqString joinStr = new SeqString(1);
    joinStr.Assign(new char[]{'-'});
    System.out.println("长度:" + sid.Length());
    System.out.print("所在省代码:");
    sid.SubString(0, 2).print();
    System.out.print("所在市代码:");
            ①
    System.out.print("所在区代码:");
            ②
    System.out.print("出生年月日:");
            ③
}
```

参考答案：①sid.SubString(2,2).print()；②sid.SubString(4,2).print()；③sid.SubString(6,4).Concat(joinStr).Concat(sid.SubString(10,2)).Concat(joinStr).Concat(sid.SubString(12,2)).print();

5）运行结果

运行结果如图 4-7 所示。

图 4-7　运行结果

4.2.4　串的模式匹配算法

设 S 和 T 是给定的两个串,在主串 S 中找到模式串 T 的过程称为字符串匹配。如果在主串 S 中找到模式串 T,则称匹配成功,函数返回 T 在 S 中首次出现的位置；否则匹配不成功,返回-1。

在图 4-8 中,我们试图找到模式串 T＝baab 在主串 S＝abcabaabcabac 中第一次出现的位置,即为阴影部分,T 第一次在 S 中出现的位置下标为 4

微课 4-1　求子串

(字符串的首位下标是 0),所以返回 4。如果模式串 T 没有在主串 S 中出现,则返回-1。

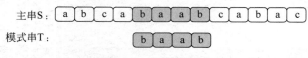

图 4-8 字符串匹配

解决上面问题的算法为字符串匹配算法。

朴素的模式串匹配算法的基本思想是穷举法,是模式串匹配中最简单、最直观的算法。下面用图 4-9 来说明 Brute-Force 算法匹配的过程。

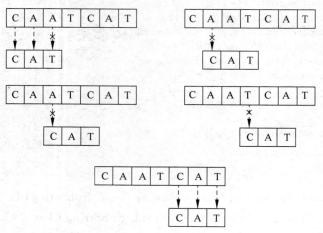

图 4-9 Brute-Force 算法匹配过程

通过图 4-9 可以发现,比较过程如下。

第一轮:子串中的第一个字符与主串中的第一个字符进行比较,若相等,则继续比较主串与子串的第二个字符;若不相等,则进行第二轮比较。

第二轮:子串中的第一个字符与主串中第二个字符进行比较。

第 N 轮:依次比较下去,直到全部匹配。

根据上面的过程,可以得出该算法的基本思想是:从主串 S 的第 pos 个字符起和模式 T(要检索的子串)的第 0 个字符比较,如果相等,则逐个比较后续字符;比较过程中一旦发现不相等的情况,则回溯到主串的第 pos+1 个字符位置,重新和模式 P 的字符进行比较。算法实现思路如下。

(1) 分别利用计数指针 i 和 j 指示主串 S 和模式 T 中当前正待比较的字符位置,i 初值为 pos,j 的初值为 0。

(2) 如果 2 个字符串均未比较到串尾,即 i 和 j 均小于或等于 S 和 T 的长度时,则循环执行以下的操作:

① S[i]和 T[j]比较,若相等,则 i 和 j 分别指示串中下一个位置,继续比较后续的字符。

② 若不相等,指针后退重新开始匹配。从主串的下一个字符串"i = i - j + 1"起再重新和模式第一个字符"j = 0"比较。

③ 如果 j >= T.length,说明模式 T 中的每个字符串依次和主串 S 中的一个连续字符序列相等,则匹配成功,返回和模式 T 中第一个字符的字符在主串 S 中的序号"i-T.

length"；否则匹配失败，返回 −1。

代码如下。

【代码 4-13】

```
public int BFIndex(SeqString t, int pos) {
    int i = pos;
    int j = 0;
    while (i <= StrLength && j < t.StrLength) {
        if (ch[i] == t.ch[j]) {
            ++i;
            ++j;
        } else {
            i = i - j + 1;  /* i 退回到上次匹配首位的下一位 */
            j = 0;
        }
    }
    if (j >= t.StrLength)
        return i - t.StrLength;
    else
        return -1;
}
```

算法的时间复杂度：若 n 为主串长度，m 为子串长度，则串的 Brute-Force 匹配算法最坏的情况下需要比较字符的总次数为 $(n-m+1) \times m = O(n \times m)$。

最好的情况是：只要比较就能匹配成功，只比较了 m 次。

最坏的情况是：主串前面 $n-m$ 个位置都部分匹配到子串的最后一位，即 $n-m$ 位比较了 m 次，最后 m 位也各比较了 1 次，还要加上 m。所以总次数为 $(n-m) \times m + m = (n-m+1) \times m$。

4.2.5 链表串

链表串就是用链表存储串，也称为串的链式存储结构，与线性表是相似的。但由于串结构的特殊性，结构中的每个元素数据是一个字符，如果也简单地应用链表存储串值，一个结点对应一个字符，就会存在很大的空间浪费。因此，一个结点可以存放一个字符，也可以考虑存放多个字符，最后一个结点若是未被占满时，可以用 ♯ 或其他非串值字符补全，如图 4-10 所示。

图 4-10 字符串链式存储

当然，这里一个结点存多少个字符才合适就变得很重要，这会直接影响着串处理的效率，需要根据实际情况做出选择。但串的链式存储结构除了在连接串与串操作时有一定方便之外，总的来说不如顺序存储灵活，性能也不如顺序存储结构好。这里就不详细介绍其具体实现了。

4.3 项目实现

用顺序字符串实现的程序代码如下。

【代码 4-14】

```java
public class StringAction extends BaseAction {
    private SeqString s1,s2,s3;
    private SeqString id;
    public ActionForward toId(ActionMapping mapping,
        ActionForm form, HttpServletRequest request,
        HttpServletResponse response) throws Exception {
        return new ActionForward("/pages/four/id.jsp");
    }
    public ActionForward asSfz(ActionMapping mapping,
        ActionForm form, HttpServletRequest request,
        HttpServletResponse response) throws Exception {
        String sfz = request.getParameter("id").trim();
        id = new SeqString(sfz.toCharArray());
        int lengTh = id.Length();
        String sheng = id.Substr(0, 2).toString().trim();
        String shi   = id.Substr(2, 2).toString().trim();
        String xian  = id.Substr(4, 2).toString().trim();
        String csrq  = id.Substr(6, 8).toString().trim();
        String json = "{\"len\": \"" + lengTh + "\",\"sheng\": \"" + sheng + "\",\"shi\": \""
            + shi + "\",\"xian\": \"" + xian + "\",\"rq\": \"" + csrq + "\"}";
        renderText(response, json);
        //return new ActionForward("/pages/four/id.jsp");
        return null;
    }
    public ActionForward toString(ActionMapping mapping,
        ActionForm form, HttpServletRequest request,
        HttpServletResponse response) throws Exception {
        s1 = new SeqString();
        s2 = new SeqString();
        s3 = new SeqString();
        return new ActionForward("/pages/four/string.jsp");
    }
    //数据加载
    public ActionForward ajaxLoad(ActionMapping mapping,
        ActionForm form, HttpServletRequest request,
        HttpServletResponse response) throws Exception {
        List<String> list = new ArrayList<String>();
        list.add(new String(s1.getCh()).trim());
        list.add(new String(s2.getCh()).trim());
        list.add(new String(s3.getCh()).trim());
```

```java
            renderText(response, getJSON(list));
            return null;
    }
    //赋值运算
    public ActionForward ajaxUpdateValue(ActionMapping mapping,
        ActionForm form, HttpServletRequest request,
        HttpServletResponse response) throws Exception {
        String type = request.getParameter("type");
        String val = request.getParameter("val");
        if("1".equals(type)){
            s1.Assign(val.toCharArray());
        }else if("2".equals(type)){
            s2.Assign(val.toCharArray());
        }else if("3".equals(type)){
            s3.Assign(val.toCharArray());
        }
        return null;
    }
    public ActionForward ajaxGetLength(ActionMapping mapping,
        ActionForm form, HttpServletRequest request,
        HttpServletResponse response) throws Exception {
        List < Integer > list = new ArrayList < Integer >();
        list.add(s1.Length());
        list.add(s2.Length());
        list.add(s3.Length());
        renderText(response, getJSON(list));
        return null;
    }
    public ActionForward ajaxEqual(ActionMapping mapping,
        ActionForm form, HttpServletRequest request,
        HttpServletResponse response) throws Exception {
        renderText(response, s1.Equal(s2) + "");
        return null;
    }
    public ActionForward ajaxSubstr(ActionMapping mapping,
        ActionForm form, HttpServletRequest request,
        HttpServletResponse response) throws Exception {
        String wz = request.getParameter("wz");
        String cd = request.getParameter("cd");
        SeqString seqString = s1.Substr(Integer.valueOf(wz), Integer.valueOf(cd));
        if(seqString.Length()< = 0){
            renderText(response, "输入参数错误!");
            return null;
        }
        renderText(response, "所得子串为:" + new String(seqString.getCh()));
        return null;
    }
    public ActionForward ajaxConcat(ActionMapping mapping,
        ActionForm form, HttpServletRequest request,
        HttpServletResponse response) throws Exception {
```

```java
            String wz = request.getParameter("wz");
            SeqString seqString = s1.Concat(s2);
            renderText(response, "s1 连接 s2 所得到的字符串为:" + new String(seqString.getCh()));
            return null;
    }
    public ActionForward ajaxInsert(ActionMapping mapping,
        ActionForm form, HttpServletRequest request,
        HttpServletResponse response) throws Exception {
            Integer wz = Integer.valueOf(request.getParameter("wz"));
            if(wz > s1.Length()){
                renderText(response, "s1 中不存在" + wz + "个位置!");
                return null;
            }
            SeqString seqString = new SeqString(new String(s1.getCh()).trim().toCharArray());
            seqString.Insert(wz, s2);
            renderText(response, "s2 插入 s1 中的" + wz + "个位置后,所得到的字符串为:\n" + new String(seqString.getCh()));
            return null;
    }
    public ActionForward ajaxDelete(ActionMapping mapping,
        ActionForm form, HttpServletRequest request,
        HttpServletResponse response) throws Exception {
            Integer wz = Integer.valueOf(request.getParameter("wz"));
            Integer cd = Integer.valueOf(request.getParameter("cd"));
            if(wz + cd > s1.Length()){
                renderText(response, "参数错误");
                return null;
            }
            SeqString seqString = new SeqString(new String(s1.getCh()).trim().toCharArray());
            seqString.Delete(wz, cd);
            renderText(response, "删除 s1 中的" + wz + "个位置后的" + cd + "长度,所得到的字符串为:\n" + new String(seqString.getCh()));
            return null;
    }
    public ActionForward ajaxBFIndex(ActionMapping mapping,
        ActionForm form, HttpServletRequest request,
        HttpServletResponse response) throws Exception {
            Integer wz = Integer.valueOf(request.getParameter("wz"));
            renderText(response, "s1 中在" + wz + "位置后,是否存在 S2:" + s1.BFIndex(s2, wz));
            return null;
    }
}
```

4.4 小结

本模块主要介绍了以下基本概念。

字符串：简称串，是由零个或多个字符组成的有限序列。
子串：串中任意一个连续的字符组成的子序列。
主串：包含子串的串。
串的顺序存储结构：用一组地址连续的存储单元存储串值的字符序列的存储方式。

除此之外，还介绍了串的基本运算，字符串的赋值，连接，求串的长度，子串查询，字符串比较，串的顺序存储结构的表示。

4.5 习题

1. 填空题

（1）一个字符串相等的充要条件是_____和_____。

（2）串是指_____。

（3）空串是指_____。

（4）空格串是指_____。

（5）在计算机软件系统中，有两种处理字符串长度的方法：一种是采用_____，另一种是采用_____。

2. 选择题

（1）串是一种特殊的线性表，其特征体现在（　　）。
   A. 可以顺序存储   B. 数据元素是一个字符
   C. 数据元素可以是多个字符 D. 以上都不对

（2）有两个串 P 和 Q，求 P 在 Q 中首次出现的位置的运算称为（　　）。
   A. 链接   B. 模式匹配   C. 求串长   D. 求子串

（3）设字符串 S1="ABCDEFG"，S2="PQRST"，则进行运算"S= Concat(Substr(S1,1,LEN(S2)),Substr(S1,LEN(S2),2));"后的串值为（　　）。
   A. BCDEF   B. BCDEFG
   C. BCDPQRST   D. BCDEFFG

3. 简答题

（1）空串和空格串有何区别？字符串中的空格符有何意义？空串在串处理中有何作用？

（2）设 s='I AM A STUDENT'，t='GOOD'，q='WORKER'，求 StrLength(s)、StrLength(t)、SubString(s,8,7)、SubString(t,2,1)、Index(s,'A')、Index(s,t)。

（3）编写实现字符串类的比较成员函数 compare(str)，要求比较当前对象串的串值和 str 的串值是否相等，相等则返回 1，不相等则返回 0。

模块 5　数组与矩阵——图片压缩小软件

- 理解一维、二维、多维数组的定义。
- 理解上三角矩阵、下三角矩阵、对角矩阵、稀疏矩阵的定义。
- 会使用数组的顺序存储结构解决问题。
- 会使用三元组的表示方式和三元组的顺序存储。
- 会使用三元组压缩存储稀疏矩阵。

本模块思维导图请扫描右侧二维码。

数组与矩阵思维导图

在日常工作和生活中,我们经常需要运用图片,一幅图像实际上就是一个矩阵,当这幅图像的背景所占的比重较大时,图片文件中包含大量的连续重复的数据,经过压缩后,大大减少了存储空间。那么如何压缩图片呢?本模块将介绍数组的相关知识并解决这个问题。

5.1　项目描述

1. 功能描述

我们经常见到格式为.bmp 的图片,如图 5-1 所示。

图 5-1　项目需压缩图片样例

它们都有一个特点,这些图像的像素颜色有很多重复出现的,利用三元组对重复出现的像素信息进行压缩存储,以实现图片压缩。

2. 设计思路

首先,读取 .bmp 图片文件,并将图片信息以三元组结构存储。其次,对存储的三元组压缩存储,以实现图片压缩功能。最后,将压缩后的数据读取,解码,得到原始图片数据,并保存到文件中。

5.2 相关知识

数组是数据结构中最常用的类型,是存储同一类数据的数据结构。本模块介绍一维数组、二维数组、多维数组的定义,以及数组的存储结构和运用三元组实现稀疏矩阵的压缩存储。

数组其实可以看成是一种扩展的线性数据结构,其特殊性不像栈和队列那样表现在对数据元素的操作受限制,也不像字符串那样对数据元素的类型有限制,而是反映在数据的构成上。在线性表中,每个数据元素都是不可再分的原子类型,而数组中的数据元素可以推广到具有特定结构的数据。

5.2.1 数组的定义

数组中的每一个元素都属于同一个数据类型,用一个统一的数组名和下标来唯一地确定数组中的元素。从逻辑结构上来说,数组是采用顺序存储结构的定长线性表。

二维数组可以看成是由多个一维数组组成的线性表,二维数组中的每个数据元素都是相同类型的一维数组。对于 m 行 n 列的二维数组,记为 $A_{m \times n}$,如图 5-2 所示的二维数组 $a_{m \times n}$:

$$\begin{bmatrix} a_{00} & a_{01} & a_{02} & & a_{0j} & & a_{0,n-1} \\ a_{10} & a_{11} & a_{12} & & a_{1j} & & a_{1,n-1} \\ \vdots & \vdots & \vdots & & \vdots & & \vdots \\ a_{i0} & a_{i1} & a_{i2} & \cdots & a_{ij} & \cdots & a_{i,n-1} \\ \vdots & \vdots & \vdots & & \vdots & & \vdots \\ a_{m-1,0} & a_{m-1,1} & a_{m-1,2} & & a_{m-1,j} & & a_{m-1,n-1} \end{bmatrix}$$

图 5-2 二维数组

把二维数组 $a_{m \times n}$ 中的每一行 $\alpha_i (0 \leqslant i < m)$ 作为一个元素,可以把数组看成 m 个元素 $(\alpha_0, \alpha_1, \alpha_2, \cdots, \alpha_i, \cdots, \alpha_{m-1})$ 组成的线性表。其中 $\alpha_i (0 \leqslant i < m)$ 本身也是一个线性表,$\alpha_i = (\alpha_{i0}, \alpha_{i1}, \alpha_{i2}, \cdots, \alpha_{ij}, \cdots, \alpha_{i,n-1})$ 是一维数组。同理,把二维数组中的每一列 $\beta_j (0 \leqslant j < n)$ 作为一个元素,可以把数组看作 n 个元素 $(\beta_0, \beta_1, \beta_2, \cdots, \beta_j, \cdots, \beta_{n-1})$ 组成的线性表,其中 $\beta_j (0 \leqslant j < n)$ 本身也是一个线性表,$\beta_j = (\beta_{0j}, \beta_{1j}, \beta_{2j}, \cdots, \beta_{ij}, \beta_{m-1,j})$ 是一个一维数组,如图 5-3 所示。

由此,数组结构可以简单定义为:若线性表中的每个数据元素都是非结构的简单元素,则称为一维数组。若一维数组中的元素又是一维数组,则称为二维数组;若二维数组中的元素又是一个一维数组结构,则称为三维数组。其他以此类推。

数组是一个具有固定格式和数量的数据有序集,每一个数据元素有唯一的下标来表示。

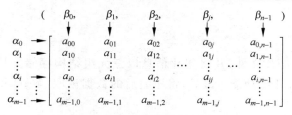

图 5-3 行列向量表示的数组

二维数组中的数据元素可以表示成"a[下标表达式 1][下标表达式 2]",如 $a[i][j]$。

1. 一维数组

相同类型的数据按照线性次序顺序地排列,所组成的集合称为一维数组。一维数组记为 $A[n]$ 或 $A=(a_0,a_1,\cdots,a_i,\cdots,a_{n-1})$。例如:

```
int a[3];
```

一维数组的定义格式如下:

类型说明符　数组名[常量表达式]

例如,"int a[10];"表示数组名为 a,此数组有 10 个元素。系统会在内存分配连续的 10 个 int 空间给此数组。

若有数组 $(a_0,a_1,a_2,\cdots,a_{n-2},a_{n-1})$,假设 a_0 在内存的地址是 $LOC(a_0)$,并假设每一元素占用 c 个单元,那么任一元素 a_i 的地址为

$$LOC(a_i)=LOC(a_0)+i\times c \quad (0\leqslant i \leqslant n-1) \tag{5-1}$$

2. 二维数组

当数组中的每个元素带有两个下标时,称这样的数组为二维数组,其中存放的是有规律地按行、列排列的同一类型数据。所以二维数组中的两个下标:一个是行下标,另一个是列下标。二维数组的定义格式如下:

类型说明符　数组名[常量表达式][常量表达式];

例如:

```
float a[3][4],b[5][10];
```

该代码定义 a 为 3×4(3 行 4 列)的数组,b 为 5×10(5 行 10 列)的数组。

若有二维数组 a_{mn},假设 a_{00} 在内存的地址是 $LOC(a_{00})$,并假设每一元素占用 c 个单元,那么任一元素 a_{ij} 的地址如下。

按行存储时为

$$LOC(a_{ij})=LOC(a_{00})+(i\times n+j)\times c \quad (0\leqslant i \leqslant m-1, 0\leqslant j \leqslant n-1) \tag{5-2}$$

按列存储时为

$$LOC(a_{ij})=LOC(a_{00})+(j\times m+i)\times c \quad (0\leqslant i \leqslant m-1, 0\leqslant j \leqslant n-1) \tag{5-3}$$

【例】 对 C 语言的二维数组 float a[5][4],计算:

(1) 数组 a 中的元素数目;

(2) 若数组 a 的起始地址为 2000,且每个数据元素长度是 32 位(4 字节),数据 a[3][2] 的地址。

数组 a 是一个 5 行 4 列的二维数组,所以其元素数目是:$5 \times 4 = 20$。由于 C 语言数组使用按行存储方式,a_{32} 的地址按如下公式计算:

$$LOC(a_{32}) = LOC(a_{00}) + (i \times n + j) \times c = 2000 + (3 \times 4 + 2) \times 4 = 2056$$

3. 多维数组

多维数组的定义格式如下:

存储类型 数据类型 数组名 1[长度 1][长度 2]...[长度 k]

以三维数组为例,任一元素 a_{ijk} 的地址(按行存储时或低下标优先存储)为

$$LOC(a_{ijk}) = LOC(a_{000}) + (i \times n \times p + j \times p + k) \times c$$
$$(0 \leqslant i \leqslant m-1, 0 \leqslant j \leqslant n-1, 0 \leqslant k \leqslant p-1) \tag{5-4}$$

5.2.2 数组的顺序存储结构

数组一旦建立,则结构中的数据元素个数和元素间的关系就不再发生变动,因此对数组一般不做插入或删除操作,所以采用顺序存储结构存储数组是很合适的。

在数据存储中,由于内存的结构是一维的,当我们用一维表示多维时,就必须按照某种次序将数组元素排成一个线性序列,然后存入存储器中。比如二维数组的顺序存储可以有两种:一种是按行存储,而另一种是按列存储。以下设计的数组存储均为按行存储。

假设二维数组 a_{nm},每个元素占 c 个存储单元,以按行存储,元素 a_{ij} 的地址计算公式为

$$LOC(a_{ijk}) = LOC(a_{00}) + (i \times n + j) \times c \quad (0 \leqslant i \leqslant m-1, 0 \leqslant j \leqslant n-1) \tag{5-5}$$

二维数组的两种存储方式,分别为按行存储和按列存储,按行存储如图 5-4 所示,按列存储如图 5-5 所示。

| a_{00} |
| a_{01} |
| $\wedge$ |
| $a_{0,n-1}$ |
| a_{10} |
| a_{11} |
| $\wedge$ |
| $a_{1,n-1}$ |
| $a_{m-1,0}$ |
| $a_{m-1,1}$ |
| $\wedge$ |
| $a_{m-1,n-1}$ |

| a_{00} |
| a_{10} |
| $\wedge$ |
| $a_{m-1,0}$ |
| a_{01} |
| a_{11} |
| $\wedge$ |
| $a_{m-1,1}$ |
| $a_{0,n-1}$ |
| $a_{1,n-1}$ |
| $\wedge$ |
| $a_{m-1,n-1}$ |

图 5-4 按行存储   图 5-5 按列存储

5.2.3 特殊矩阵的压缩存储

在用高级语言编程中,通常用二维数组来表示矩阵。然而在实际应用中会遇到一些特殊矩阵,所谓特殊矩阵是指矩阵中值相同的元素或者零元素的分布有一定规律。如对称矩阵、三角矩阵和对角矩阵等。

1. 对称矩阵

对于一个 n 阶矩阵 A 中的元素满足:$a_{ij}=a_{ji}(0 \leqslant i \leqslant n, 0 \leqslant j \leqslant n)$,则称 A 为对称矩阵,如图 5-6 所示。

$$\begin{bmatrix} a_{00} & a_{01} & a_{02} & \cdots & a_{0j} & \cdots & a_{0,n-1} \\ a_{10} & a_{11} & a_{12} & \cdots & a_{1j} & \cdots & a_{1,n-1} \\ \vdots & \vdots & \vdots & & \vdots & & \vdots \\ a_{i0} & a_{i1} & a_{i2} & \cdots & a_{ij} & \cdots & a_{i,n-1} \\ \vdots & \vdots & \vdots & & \vdots & & \vdots \\ a_{n-1,0} & a_{n-1,1} & a_{n-1,2} & \cdots & a_{n-1,j} & \cdots & a_{n-1,n-1} \end{bmatrix} \quad a_{ij}=a_{ji}(0 \leqslant i \leqslant n, 0 \leqslant j \leqslant n)$$

图 5-6 对称矩阵

因为对称矩阵中有大量相同的元素,如果给矩阵中每一个元素都分配存储空间,显然浪费了存储空间。根据对称矩阵的特点,可为对称矩阵中的每一对元素分配存储空间,这样对于 n 阶方阵的 n^2 个元素,可以压缩到 $n \times (n+1)/2$ 个元素存储空间。假设用一个一维数组 $B[n(n+1)/2]$ 来存储 n 阶对称矩阵 A 的压缩存储结构,其存储对应关系如表 5-1 所示。

表 5-1 对称矩阵的压缩存储结构

下标	0	1	2	3	4	$\cdots$	$n(n-1)/2$	$\cdots$	$n(n+1)/2-1$
$B[k]$	a_{00}	a_{01}	a_{11}	a_{20}	a_{21}	$\cdots$	$a_{n-1,0}$	$\cdots$	$a_{n-1,n-1}$
隐含的元素		a_{10}		a_{02}	a_{12}		$a_{0,n-1}$		

假设,我们按行存储对称矩阵 A 中的元素 a_{ij} 到一维数组 $B[k]$ 中,A 中的元素 a_{ij} 与 B 的下标 k 存在着某种对应关系,具体关系如下:

$$k = \begin{cases} \dfrac{i(i+1)}{2}+j, & (i \geqslant j; i,j=0,1,2,\cdots,n-1) \\ \dfrac{j(j+1)}{2}+i, & (i < j; i,j=0,1,2,\cdots,n-1) \end{cases} \tag{5-6}$$

2. 三角矩阵

当一个方阵 $A_{n \times n}$ 的主对角线以上或以下的所有元素皆为常数时,该矩阵称为三角矩阵。三角矩阵有上三角矩阵和下三角矩阵两种。上三角矩阵的特点是对角线下方(不包括主对角线)的元素均为常数 C,如图 5-7 所示;下三角矩阵的特点是对角线上方(不包括主对角线)的元素均为常数 C,如图 5-8 所示。

三角矩阵与对称矩阵的压缩存储类似,根据三角矩阵的特点,对于上三角矩阵而言,应先存储完对角线上方的元素后,再存储对角线下方常量,因为是同一个常量,只需划分一个存储空间。如把上三角矩阵 $A_{n \times n}$ 存储在一维数组 B 中,其存储结构如表 5-2 所示。

$$\begin{bmatrix} a_{00} & a_{01} & \cdots & a_{0,n-1} \\ C & a_{11} & & a_{1,n-1} \\ \vdots & \vdots & \ddots & \vdots \\ C & C & \cdots & a_{n-1,n-1} \end{bmatrix} \qquad \begin{bmatrix} a_{00} & C & \cdots & C \\ a_{10} & a_{11} & & C \\ \vdots & \vdots & \ddots & \vdots \\ a_{n-1,0} & a_{n-1,1} & \cdots & C \end{bmatrix}$$

图 5-7　上三角矩阵　　　　　　　　　　图 5-8　下三角矩阵

表 5-2　上三角矩阵存储结构表

下标	0	1	⋯	n	$n+1$	$n+2$	⋯	$n(n+1)/2-1$	$n(n+1)/2$
$B[k]$	a_{00}	a_{01}	⋯	$a_{0,n-1}$	a_{11}	a_{12}	⋯	$a_{n-1,n-1}$	C

数组 $B[k]$ 与上三角矩阵的元素下标对应的关系如下：

$$k = \begin{cases} \dfrac{i(2n-i)}{2} + j - i, & (i \leqslant j; i,j = 0,1,2,\cdots,n-1) \\ \dfrac{n(n+1)}{2}, & (i > j; i,j = 0,1,2,\cdots,n-1) \end{cases} \tag{5-7}$$

同理，下三角矩阵 $A_{n \times n}$ 存储在一维数组 B 中，其存储结构如表 5-3 所示。

表 5-3　下三角矩阵存储结构表

下标	0	1	2	3	4	⋯	$n(n-1)/2$	⋯	$n(n+1)/2-1$	$n(n+1)/2$
$B[k]$	a_{00}	a_{10}	a_{11}	a_{20}	a_{21}	⋯	$a_{n-1,0}$	⋯	$a_{n-1,n-1}$	C

数组 $B[k]$ 与下三角矩阵的元素下标对应的关系如下：

$$k = \begin{cases} \dfrac{i(i+1)}{2} + j, & (i \geqslant j; i,j = 0,1,2,\cdots,n-1) \\ \dfrac{n(n+1)}{2}, & (i < j; i,j = 0,1,2,\cdots,n-1) \end{cases} \tag{5-8}$$

3. 对角矩阵

还有一类矩阵是对角矩阵，在这种矩阵中所有非零元素集中在主对角线为中心的带状区域中，如图 5-9 是一个三对角矩阵。

$$\begin{bmatrix} a_{00} & a_{01} & 0 & 0 & & 0 & 0 \\ a_{10} & a_{11} & a_{12} & 0 & & 0 & 0 \\ 0 & a_{21} & a_{22} & a_{23} & 0 & 0 & 0 \\ 0 & 0 & a_{32} & a_{33} & a_{34} & & 0 & 0 \\ & & & & \vdots & \ddots & \vdots \\ 0 & 0 & 0 & 0 & & a_{n-1,n-2} & a_{n-1,n-1} \end{bmatrix}$$

图 5-9　三对角矩阵

以三对角矩阵为例，按行存储，除第 0 行和第 $n-1$ 行是两个元素外，其他每行均为 3 个非零元素，因此需要存储的元素个数为 $2+2+3(n-2)=3n-2$。将其压缩后存储在 B 数组中，存储结构如表 5-4 所示。

表 5-4　三角矩阵压缩存储表

下标	0	1	2	3	⋯	$2i+j$	⋯	⋯	$3n-3$
$B[k]$	a_{00}	a_{01}	a_{10}	a_{11}	⋯	a_{ij}	⋯	⋯	$a_{n-1,n-1}$

数组 $B[k]$ 与三对角矩阵的元素下标对应的关系如下：
$$k = 2 + 3 \times (i-1) + j + (i-1) = 2i + j \qquad (5\text{-}9)$$

由于这些特殊的矩阵元素有一定的规律，在存储的时候为了节省存储空间，可以对这些矩阵进行压缩存储。所谓压缩存储就是为多个值相同的元素分配一个存储空间，对零元素不分配存储空间。

5.2.4 稀疏矩阵

当一个 $m \times n$ 的矩阵 A 中有 k 个非零元素，若 $k < m \times n$，且这些非零元素在矩阵中的分布又没有一定的规律，则称这种矩阵为稀疏矩阵。图 5-10 为 6×5 阶的稀疏矩阵，在矩阵中只有 7 个非零元素。

按照压缩存储的概念，只需存储稀疏矩阵的非零元素。但为了实现矩阵的各种运算，除了存储非零元素外，还要记录该非零元素所在的行和列。这样，我们需要一个三元组 (i, j, a_{ij}) 来唯一确定矩阵中的一个非零元素，其中 i、j 分别表示非零元素的行号和列号，a_{ij} 表示非零元素的值。用三元组表示 M 矩阵则为：$(0,0,4)(0,3,11)(1,2,15)(2,0,7)(2,2,10)(2,4,26)(4,2,3)$。

$$M = \begin{bmatrix} 4 & 0 & 0 & 11 & 0 & 0 \\ 0 & 0 & 15 & 0 & 0 & 0 \\ 7 & 10 & 0 & 26 & 0 & 0 \\ 0 & 0 & 0 & 0 & 0 & 0 \\ 0 & 0 & 3 & 0 & 0 & 0 \end{bmatrix}$$

图 5-10 稀疏矩阵

1. 三元组顺序存储表

假设以顺序存储结构来表示三元组表，则可得到稀疏矩阵的一种压缩存储方式，即三元组顺序表，简称三元组表。三元组顺序表的类代码如下。

微课 5-1 稀疏矩阵的三元组表示

【代码 5-1】

```
class Triple
{
    public final static int MaxSize = 100;
    public int r, c;
    public Object d;
}
class TSMatrix
{
    int rows, cols, nums;
    Triple[] data = new Triple[Triple.MaxSize];
}
```

2. 稀疏矩阵的赋值运算

在三元组中将指定位置元素的值赋给变量，假设有三元组表 t，在 t 中找到指定位置，将该处元素的值赋给变量 x，代码如下。

【代码 5-2】

```
class Triple
{
```

```
public int Get(Object x, int rr, int cc)
{
    int k = 0;
    if (rr >= rows || cc >= cols)
        return 0;
    while (k < nums && rr < data[k].r)
        k++;
    if (rr == data[k].r)
    {
        while (k < nums && cc < data[k].c)
            k++;
        if (data[k].c == cc)
        {
            x = data[k].d;
            return 1;
        }
    }
    return 0;
}
```

在三元组中将指定位置元素的值赋给变量,假设有三元组表 t ,在 t 中找到指定位置,将该处元素的值赋给变量 x ,代码如下。

【代码 5-3】

```
class TSMatrix
{
    public int Assign(Object x, int rr, int cc)
    {
        int k = 0;
        if (rr >= rows || cc >= cols)
            return (0);
        while (k < nums && rr < data[k].r)
            k++;
        if (rr == data[k].r)
        {
            while (k < nums && cc < data[k].c)
                k++;
            if (data[k].c == cc)                    /*存在该元素,重新赋值*/
            {
                data[k].d = x;
                return (1);
            }
        }
        for (int i = nums - 1; i >= k; i--)         /*不存在该元素,插入值*/
            data[i + 1] = data[i];
        data[k].d = x;
        data[k].r = rr;
        data[k].c = cc;
```

```
            nums++;
            return (1);
        }
    }
```

3. 稀疏矩阵的转置运算

稀疏矩阵的转置运算就是变换元素位置,即把位于(i,j)的元素换到(j,i)位置上。对于一个$m \times n$的矩阵M,它的转置矩阵是一个$n \times m$的矩阵N,且$N[i][j]=M[j][i]$,其中$0 \leqslant i \leqslant n, 0 \leqslant j \leqslant m$。代码如下。

【代码 5-4】

```
class TSMatrix
{
    public void Reverse(TSMatrix rt)
    {
        int rtindex = 0;
        rt.rows = cols;
        rt.cols = rows;
        rt.nums = nums;
        if (nums != 0)
        for (int c = 0; c < cols; c++)
            for (rtindex = 0; rtindex < nums; rtindex++)
                if (data[rtindex].c == c)
                {
                    rt.data[rtindex].r = data[rtindex].c;
                    rt.data[rtindex].c = data[rtindex].r;
                    rt.data[rtindex].d = data[rtindex].d;
                    rtindex++;
                }
    }
}
```

4. 稀疏矩阵的加法运算

稀疏矩阵的加法运算是采用三元组顺序表存储,两个矩阵按照对应的位置,把数值相加。

三元组类代码如下。

【代码 5-5】

```
class Triple
{
    public final static int MaxSize = 100;
    public int r, c;
    public float d;
```

```
}
class TSMatrix
{
    int rows, cols, nums;
    Triple[] data = new Triple[Triple.MaxSize];
}
```

创建矩阵的三元组顺序表代码如下。

【代码 5-6】

```
class TSMatrix
{
    int rows, cols, nums;
    Triple[] data = new Triple[Triple.MaxSize];
    public static TSMatrix Create()
    {
        TSMatrix t = new TSMatrix();
        int m, n, i, j;
        float x;
        Scanner input = new Scanner(System.in);
        System.out.println("请输入矩阵行数：");
        m = input.nextInt();
        System.out.println("请输入矩阵列数：");
        n = input.nextInt();
        t.rows = m;
        t.cols = n;
        t.nums = 0;
        System.out.println("请输入用三元组表示的矩阵：");
        i = input.nextInt();
        j = input.nextInt();
        x = input.nextFloat();
        while (x != -9999.0)
        {
            t.data[t.nums] = new Triple();
            t.data[t.nums].r = i;
            t.data[t.nums].c = j;
            t.data[t.nums].d = x;
            t.nums++;
            System.out.println("请继续输入：");
            i = input.nextInt();
            j = input.nextInt();
            x = input.nextFloat();
        }
        return t;
    }/*Create*/
}
```

实现三元组表示的稀疏矩阵加法运算的代码如下。

【代码 5-7】

```
class TSMatrix
{
    int rows, cols, nums;
    Triple[] data = new Triple[Triple.MaxSize];
    public static TSMatrix Add(TSMatrix ma, TSMatrix mb)
    {
        TSMatrix mc = new TSMatrix();
        int pa, pb, pc;
        float val;
        pa = 0; pb = 0; pc = 0;
        mc.rows = ma.rows;
        mc.cols = ma.cols;
        mc.nums = 0;
        while (pa < ma.nums && pb < mb.nums)
            if (ma.data[pa].r == mb.data[pb].r)              //行值相等
                if (ma.data[pa].c == mb.data[pb].c)          //行、列值相等
                {
                    val = ma.data[pa].d + mb.data[pb].d;
                    if (val != 0)
                    {
                        mc.data[pc] = new Triple();
                        mc.data[pc].r = ma.data[pa].r;
                        mc.data[pc].c = ma.data[pa].c;
                        mc.data[pc].d = val;
                        pa++; pb++; pc++;
                    }
                    else
                    {
                        pa++; pb++;
                    }
                }
                else if (ma.data[pa].c < mb.data[pb].c)
                {
                    mc.data[pc] = new Triple();
                    mc.data[pc].r = ma.data[pa].r;
                    mc.data[pc].c = ma.data[pa].c;
                    mc.data[pc].d = ma.data[pa].d;
                    pa++; pc++;
                }
                else
                {
                    mc.data[pc] = new Triple();
                    mc.data[pc].r = mb.data[pb].r;
                    mc.data[pc].c = mb.data[pb].c;
                    mc.data[pc].d = mb.data[pb].d;
                    pb++; pc++;
                }
            else
```

```
            if (ma.data[pa].r < mb.data[pb].r)
            {
                mc.data[pc] = new Triple();
                mc.data[pc].r = ma.data[pa].r;
                mc.data[pc].c = ma.data[pa].c;
                mc.data[pc].d = ma.data[pa].d;
                pa++; pc++;
            }
            else
            {
                mc.data[pc] = new Triple();
                mc.data[pc].r = mb.data[pb].r;
                mc.data[pc].c = mb.data[pb].c;
                mc.data[pc].d = mb.data[pb].d;
                pb++; pc++;
            }
        while (pa < ma.nums)              //插入 ma 中剩余的元素
        {
            mc.data[pc] = new Triple();
            mc.data[pc] = ma.data[pa];
            pa++; pc++;
        }
        while (pb < mb.nums)              //插入 mb 中剩余的元素
        {
            mc.data[pc] = new Triple();
            mc.data[pc] = mb.data[pb];
            pb++; pc++;
        }
        mc.nums = pc;
        return mc;
    }
}
```

5．稀疏矩阵的动手实践

1) 实训目的

掌握稀疏矩阵的三元组表示。

2) 实训内容

利用三元组实现压缩存储，并完成二维数组相加。

3) 实训思路

(1) 建立稀疏矩阵的三元组顺序表，依行序为主序、列序为辅序输入稀疏矩阵的非零元(三元组格式)，创建稀疏矩阵的三元组顺序表。对应函数为 Create()。

(2) 矩阵相加，和矩阵中每个元素的值是两个稀疏矩阵相应位置的元素相加得到的。对应函数为 Add()。

(3) 输出三元组顺序表对应函数为 print()。

(4) 主函数 main() 中依次调用上述三个函数 Create()、Add()、Print() 即可。

4）关键代码

关键代码需填空。

【代码 5-8】

```java
import java.util.*;
class Triple
{
    public final static int MaxSize = 100;
    public int r, c;
    public float d;
}
class TSMatrix
{
    int rows, cols, nums;
    Triple[] data = new Triple[Triple.MaxSize];
    public static TSMatrix Create()
    {
        TSMatrix t = new TSMatrix();
        int m, n, i, j;
        float x;
            ①
            ②

            ③
        System.out.println("请输入矩阵列数：");
        n = input.nextInt();
        t.rows = m;
        t.cols = n;
        t.nums = 0;

        System.out.println("请输入用三元组表示的矩阵：");
        i = input.nextInt();
        j = input.nextInt();
        x = input.nextFloat();

        while (x != -9999.0)
        {
            t.data[t.nums] = new Triple();
                     ④
            t.data[t.nums].c = j;
            t.data[t.nums].d = x;
            t.nums++;
            System.out.println("请继续输入：");
            i = input.nextInt();
            j = input.nextInt();
            x = input.nextFloat();
        }
        return t;
    }/*Create*/
```

```
public static TSMatrix Add(TSMatrix ma, TSMatrix mb)
{
    TSMatrix mc = new TSMatrix();
    int pa, pb, pc;
    float val;
    pa = 0; pb = 0; pc = 0;
    mc.rows = ma.rows;
    mc.cols = ma.cols;
    mc.nums = 0;
    while (_____⑤_____)
        if (ma.data[pa].r == mb.data[pb].r)            //行值相等
            if (ma.data[pa].c == mb.data[pb].c)        //行、列值相等
            {
                _____⑥_____
                if (val != 0)
                {
                    mc.data[pc] = new Triple();
                    mc.data[pc].r = ma.data[pa].r;
                    mc.data[pc].c = ma.data[pa].c;
                    mc.data[pc].d = val;
                    pa++; pb++; pc++;
                }
                else
                {
                    _____⑦_____
                }
            }
            else if (_____⑧_____)
            {
                mc.data[pc] = new Triple();
                mc.data[pc].r = ma.data[pa].r;
                mc.data[pc].c = ma.data[pa].c;
                mc.data[pc].d = ma.data[pa].d;
                pa++; pc++;
            }
            else
            {
                mc.data[pc] = new Triple();
                mc.data[pc].r = mb.data[pb].r;
                mc.data[pc].c = mb.data[pb].c;
                mc.data[pc].d = mb.data[pb].d;
                pb++; pc++;
            }
        else
            if (ma.data[pa].r < mb.data[pb].r)
            {
                mc.data[pc] = new Triple();
                mc.data[pc].r = ma.data[pa].r;
                mc.data[pc].c = ma.data[pa].c;
                mc.data[pc].d = ma.data[pa].d;
```

```
                    pa++; pc++;
                }
                else
                {
                    mc.data[pc] = new Triple();
                    mc.data[pc].r = mb.data[pb].r;
                    mc.data[pc].c = mb.data[pb].c;
                    mc.data[pc].d = mb.data[pb].d;
                    pb++; pc++;
                }
            while (pa < ma.nums)  //插入ma中剩余的元素
            {
                mc.data[pc] = new Triple();
                mc.data[pc] = ma.data[pa];
                pa++; pc++;
            }
        //插入mb中剩余的元素
                    ⑨
    }

    public static void Print(TSMatrix t)
    {
        int i;
        System.out.println("(");
        for (i = 0; i < t.nums; i++)
                    ⑩
        System.out.println(")");
    }

    public static void main(String[] args)
    {
        TSMatrix ma, mb, mc;
        ma = Create();
        mb = Create();
                    ⑪
        System.out.println("矩阵ma如下:");
        Print(ma);
        System.out.println("矩阵mb如下:");
        Print(mb);
        System.out.println("合并后的矩阵mc如下:");
        Print(mc);
    }
}
```

参考答案:

① Scanner input = new Scanner(System.in);

② System.out.println("请输入矩阵行数:");

③ m = input.nextInt();

④ t.data[t.nums].r = i;

⑤ pa < ma.nums && pb < mb.nums
⑥ val = ma.data[pa].d + mb.data[pb].d;
⑦ pa++; pb++;
⑧ ma.data[pa].c < mb.data[pb].c
⑨ while(pb < mb.nums)   //插入 mb 中剩余的元素
        {
            mc.data[pc] = new Triple();
            mc.data[pc] = mb.data[pb];
            pb++; pc++;
        }
        mc.nums = pc;
        return mc;
⑩ System.out.println(t.data[i].r +","+ t.data[i].c +","+ t.data[i].d);
⑪ mc = Add(ma,mb);

5）运行结果

运行结果如图 5-11 所示。由于篇幅关系，运行结果输入的三元组较少。读者可自行输入更多的三元组数据进行测试。

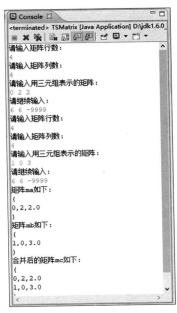

图 5-11 稀疏矩阵相加程序运行结果

5.3 项目实现

本项目所处理的 bmp 图像信息我们用矩阵表示，重复的信息我们用压缩矩阵的方式完成。当然，图像压缩是一个很复杂的问题，后续还可以从改进压缩比和图像的清晰程度不断深入下去,代码如下。

【代码 5-9】

```java
//构建 bmp 压缩图片信息类
import java.io.FileOutputStream;
import java.io.IOException;

public class ImgCompressed {
    private int imgHeight;
    private int imgWidth;
    private byte[] redRLCompressed; //ByteArray for compressed Red Level [colourValue, runLength, ..]
    private byte[] greenRLCompressed; //ByteArray for compressed Green Level [colourValue, runLength, ..]
    private byte[] blueRLCompressed; //ByteArray for compressed Blue Level [colourValue, runLength, ..]

    private int totalByteSize = -1; //Total Size of Red + Green + Blue in Bytes
    private int compressLevel = -1; //Level of compression
    /*
     * Constructor for a compressed image that is stored in memory.
     * Created by the Compression Algorithm
     * @param width Image Width
     * @param height Image Height
     * @param redRL Red Compressed ByteArray
     * @param greenRL Green Compress ByteArray
     * @param blueRL Blue Compress Byte Array
     * @param compresslevel What the range limit for the compression was.
     */
    public ImgCompressed(int width, int height, byte[] redRL, byte[] greenRL, byte[] blueRL, int compresslevel)
    {
        imgHeight = height;
        imgWidth = width;
        redRLCompressed = redRL;
        greenRLCompressed = greenRL;
        blueRLCompressed = blueRL;
        compressLevel = compresslevel;
        totalByteSize = redRL.length + greenRL.length + blueRL.length;
        System.out.println("A compressed image object was created in memory. Total Size of Image (Bytes): " + totalByteSize);
    }
    public byte[] getRedCompressed() { return redRLCompressed; }
    public byte[] getGreenCompressed() { return greenRLCompressed; }
    public byte[] getBlueCompressed() { return blueRLCompressed; }
    public int getImgWidth()
    {
        return imgWidth;
```

```java
        }
        public int getImgHeight()
        {
            return imgHeight;
        }
        public int getTotalByteSize()
        {
            return totalByteSize;
        }
        public int getCompressLevel() { return compressLevel; }
        /*
         * Output the compressed image as a 'ckcomp' file.
         * @param toPath Where the compressed image should be outputted.
         */
        public void outputToFile(String toPath)
        {
            try {
                FileOutputStream fos = new FileOutputStream(toPath + "CompressedOutput.ckcomp");
                fos.write(Integer.toString(imgWidth).getBytes());
                fos.write(",".getBytes());
                fos.write(Integer.toString(imgHeight).getBytes());
                fos.write(",".getBytes());
                fos.write(Integer.toString(compressLevel).getBytes());
                fos.write(",".getBytes());
                fos.write(Integer.toString(redRLCompressed.length + 1).getBytes());
                fos.write(",".getBytes());
                fos.write(Integer.toString(greenRLCompressed.length + 1).getBytes());
                fos.write(",".getBytes());
                fos.write(Integer.toString(blueRLCompressed.length + 1).getBytes());
                fos.write("\n".getBytes());
                fos.write(redRLCompressed);
                fos.write("\n".getBytes());
                fos.write(greenRLCompressed);
                fos.write("\n".getBytes());
                fos.write(blueRLCompressed);
                fos.close();
                System.out.println("压缩文件已保存到磁盘 (" + toPath + "CompressedOutput.ckcomp" + ")");
            }
            catch (IOException e) {
                System.out.println("An error occurred during picture export..." + e);
            }
        }
}}
```

主函数代码,读取图片文件,若图片在内存中,通过compressImage()读取;若图片在硬盘中,通过loadImageFromDisk()读取。代码如下。

【代码 5-10】

```java
import com.sun.media.jai.codec.ImageCodec;
import com.sun.media.jai.codec.ImageDecoder;
import java.awt.*;
import java.awt.image.BufferedImage;
import javax.imageio.ImageIO;
import javax.media.jai.*;
import javax.swing.*;
import java.io.*;
import java.util.Scanner;
public class MainApplication {
    public static void main(String[] args) {
        //Ask user to compress an image or load a compressed image.
        System.out.println("图片压缩和解压缩");
        System.out.print("\n\t 1. 执行压缩 & 解压缩 Process (从内存加载) \n\t 2. 加载文件 & 解压缩（从磁盘加载）" + "\n 请选择: ");
        Scanner scanner = new Scanner(System.in);
        int uChoice = scanner.nextInt();
        switch (uChoice) {
            case 1:
                compressImage();
                break;
            case 2:
                loadImageFromDisk("D:\coding\github\RunLength-Image-Compression\res\output\CompressedOutput.ckcomp");
                break;
            default:
                System.out.println("No option selected, exiting...");
                break;
        }
    }
    /*
     * Runs the compression, information and decompression algorithms.
     */
    private static void compressImage() {
        ImgCompressed compressedImage;
        File imgPath;
        boolean isPPM = false; //Different way of reading a PPM file. Other files can just use the Java Library.
        FileDialog fd = new FileDialog(new JFrame(), "Choose a file", FileDialog.LOAD);
        //Windows dialog to select file
        fd.setDirectory("D:\coding\github\RunLength-Image-Compression\res\");
        fd.setVisible(true);
        if (fd.getFile() == null) {
            System.out.println("No file was selected, exiting...");
            return;
        } else
            imgPath = new File(fd.getDirectory() + fd.getFile());
```

```java
if (fd.getFile().contains("ppm")) //crude and highly unreliable way to check if its PPM
(improve in future)
    isPPM = true;
System.out.println("The File Selected: " + imgPath + " | PPM: " + isPPM);
BufferedImage img = null;
try {
    if (isPPM)
    {
        ImageDecoder ppmImgDecoder = ImageCodec.createImageDecoder("PNM", new File
        (String.valueOf(imgPath)), null);
        img = new
        RenderedImageAdapter(ppmImgDecoder.decodeAsRenderedImage()).getAsBufferedImage();
    }
    else {
        img = ImageIO.read(imgPath);
    }
} catch (IOException e) {
    e.printStackTrace();
}

/* Ask user to choose a compression rate. Where 0 is lossless, beyond is high
compression */
System.out.print("请选择压缩级别 (0 = 最小 TO 10(+) = 高压缩比,低质量: ");
Scanner scanner = new Scanner(System.in);
int compressRate = scanner.nextInt();
compressedImage = Compression.runCompressionAlg ( img, compressRate ); //Run
Compression Algorithm
compareImageSize(imgPath, compressedImage); //Show the compression ration
compressedImage.outputToFile(fd.getDirectory() + "output\\");
//Output the compressed image to a file (ckcomp file)
System.out.println("--------------------------------------------------");
System.out.println("按任意键开始从内存解压...");
Scanner pauser = new Scanner(System.in);
pauser.nextLine();
pauser.close();
Decompression.runDecompressAlg(fd.getDirectory() + "\\output\\", compressedImage);
//Run Decompression Algorithm
}
/*
 * Outputs information regarding size of original and compress image size.
 * @param originalImagePath The original image path
 * @param compressedImage The compressed image in memory
 */
private static void compareImageSize ( File originalImagePath, ImgCompressed
compressedImage)
{
    long originalImgSize = originalImagePath.length();
    long compressedImgSize = compressedImage.getTotalByteSize();
    System.out.println("**************************************************");
```

```java
        System.out.println("压缩信息:");
        System.out.println("\t 压缩级别 (0 最小,数字越大则压缩率越高,但质量越差 : " +
            compressedImage.getCompressLevel());
        System.out.println("\t 原始图片大小 (Bytes): " + originalImgSize);
        System.out.println("\t 压缩后图片大小 (Bytes): " + compressedImgSize);
        double percentageSaved = (double) Math.round(((double) (originalImgSize -
            compressedImgSize) / originalImgSize) * 100 * 100) / 100;
        System.out.println("\t 节省的百分比 (2dp): " + percentageSaved + "%");
        System.out.println("*******************************************");
    }
    /*
     * Load a compressed file from the disk
     * @param compressedImgPath Path to compressed Image file
     * @return A Compressed Image Memory Object (not used however)
     */
    private static ImgCompressed loadImageFromDisk(String compressedImgPath) {
    /* IMPORANT TO NOTE: Potential off-by-ones. Make sure when read to increment lengths by
    1 to ensure correct byte is read!!! */
    BufferedReader firstLineReader;
    ImgCompressed compressedImg = null;
    byte[] redArray;
    byte[] greenArray;
    byte[] blueArray;
    try {
        firstLineReader = new BufferedReader(new FileReader(compressedImgPath));
        String firstLineText = firstLineReader.readLine();
        String[] picOptionsArr = firstLineText.split(","); //Gives first line of file in
            array: [width, height, compressLevel, redLen, greenLen, blueLen]

        int imgWidth = Integer.parseInt(picOptionsArr[0]);
        int imgHeight = Integer.parseInt(picOptionsArr[1]);
        int compressLevel = Integer.parseInt(picOptionsArr[2]);
        redArray = new byte[Integer.parseInt(picOptionsArr[3])];
        greenArray = new byte[Integer.parseInt(picOptionsArr[4])]; //Set length of colour-
            level byte arrays from the pic options.
        blueArray = new byte[Integer.parseInt(picOptionsArr[5])];

        FileInputStream fis = new FileInputStream(compressedImgPath); //Create Byte Stream
            Array Reader
        long skip = fis.skip(firstLineText.getBytes().length + 1); //Ignore the first-
            line (skip the byte length), since we have the picOptions already
        /* Read each colour level byte array */
        fis.read(redArray);
        fis.read(greenArray);
        fis.read(blueArray);
        compressedImg = new ImgCompressed(imgWidth, imgHeight, redArray, greenArray,
            blueArray, compressLevel);
        Decompression.runDecompressAlg("D:\\coding\\github\\RunLength-Image-Compression
            \\res\\output", compressedImg);
```

```
        } catch (FileNotFoundException e) {
            e.printStackTrace();
        } catch (IOException e) {
            e.printStackTrace();
        }
        return compressedImg;
    }
}
```

压缩图片关键代码如下。

【代码 5-11】

```java
import java.awt.*;
import java.awt.image.BufferedImage;
import java.io.ByteArrayOutputStream;

public class Compression {
    private static int rangeLimit = 5;

    /*
     * Constructor for the compression functions
     * @param img - A Java BufferedImage already loaded from disk
     * @param rangelimit Maximum colour difference allowed between next pixel (default 5)
     * @return A compressed image object in memory
     */
    public static ImgCompressed runCompressionAlg(BufferedImage img, int rangelimit) {
        System.out.println("Running Compression Algorithm...");

        int imgWidth = img.getWidth();
        int imgHeight = img.getHeight();
        rangeLimit = rangelimit;
        /* Compress each colour stream (Red, Green, Blue) */
        System.out.println("-------------------------------------");
        ByteArrayOutputStream redArr = compressToByteArr(img, 'R', imgWidth, imgHeight);
        ByteArrayOutputStream greenArr = compressToByteArr(img, 'G', imgWidth, imgHeight);
        ByteArrayOutputStream blueArr = compressToByteArr(img, 'B', imgWidth, imgHeight);
        System.out.println("-------------------------------------");

        //Create compress image in memory with the compress colour streams
        ImgCompressed resImg = new ImgCompressed(imgWidth, imgHeight, redArr.toByteArray(),
        greenArr.toByteArray(), blueArr.toByteArray(), rangelimit);
            System.out.println("Compression Algorithm Completed!");
        return resImg;
    }
    private static ByteArrayOutputStream compressToByteArr(BufferedImage img, char colourCode,
    int imgWidth, int imgHeight) {
        ByteArrayOutputStream output = new ByteArrayOutputStream();
```

```java
        for (int y = 0; y < imgHeight; y++) { //Iterate over each Y column in the image.
            for (int x = 0; x < imgWidth; x++) {
                int runCounter = 1; //Run Length Counter
                int pixelColourCounter = getColourLevel(img, colourCode, x, y);
                //Keep count of pixel values (for mean value)
                byte curPixelValue = getColourLevel(img, colourCode, x, y);
                //Used to compare the next pixel colour value with this.

                for (int ix = x + 1; ix < imgWidth + 1; ix++) {
                //For each next pixel from x -> imgwidth or to runlength.
                    if (ix == imgWidth) {
                        x = imgWidth; //Break row if its reached the end of image width.
                        break;
                    } else {
                        byte nextPixelValue = getColourLevel(img, colourCode, ix, y);

                        /* Compare next pixel colour value, if its within range limit then
                        include it.
                         * BUGFIX: Limit runCounter to maximum 200 (prevent exceeding image
                        boundaries)
                         */
                        if ((Math.abs(curPixelValue - nextPixelValue) <= rangeLimit) &&
                        runCounter < 200) {
                            runCounter++; //Increment the run length counter
                            pixelColourCounter += nextPixelValue;
                            //Add this pixel to colour counter
                        }
                        else { //Else Next Pixel is not within range limit, so start next break and
                        start new..
                            x = ix - 1;
                            break;
                        }
                    }
                }

                //Write to 'ByteStream Array': [meanColourValue, runLength, meanColourValue,
                runLength...]
                output.write((int) Math.floor(pixelColourCounter / runCounter));
                //Calculate and Write Mean Value then RunLength
                output.write((byte) runCounter);
            }
        }

        System.out.println("Completed Compression on colour: " + colourCode + " | Size: " +
        output.size());
        return output;
    }

    /*
     * Gets the value of a colour level (0 - 255)
```

```
 * @param img A Java BufferedImage loaded already from disk
 * @param getWhichRGB Specify character: R = Red, B = Blue, G = Green
 * @param x X Corrd
 * @param y Y Corrd
 * @return Byte range 0 - 255 for colour level at x,y
 */
private static byte getColourLevel(BufferedImage img, char getWhichRGB, int x, int y) {
    Color getColour = new Color(img.getRGB(x, y));

    switch (getWhichRGB) {
        case 'R':
            return (byte) getColour.getRed();
        case 'G':
            return (byte) getColour.getGreen();
        case 'B':
            return (byte) getColour.getBlue();
        default:
            return (byte) 0;
    }
}
```

解压图片代码如下。

【代码 5-12】

```
import javax.imageio.ImageIO;
import java.awt.*;
import java.awt.image.BufferedImage;
import java.io.File;
import java.io.IOException;
public class Decompression {
    /*
     * Converts compressed Red, Green, Blue Levels into RGB value for each pixel.
     * @param outputPath Path where decompressed image should be outputted.
     * @param objCompressedImage A compressed image memory object.
     */
    public static void runDecompressAlg(String outputPath, ImgCompressed objCompressedImage)
    {
        System.out.println("开始解压");
        int imgWidth = objCompressedImage.getImgWidth();
        int imgHeight = objCompressedImage.getImgHeight();
        /* Decompress each colour level (from colour -> runlength */
        int[][] redDecompressed = decompressColourLevel(objCompressedImage.getRedCompressed(),
            imgWidth, imgHeight);
        int[][] greenDecompressed = decompressColourLevel(objCompressedImage.getGreenCompressed(),
            imgWidth, imgHeight);
```

```java
        int[][] blueDecompressed = decompressColourLevel(objCompressedImage.
        getBlueCompressed(), imgWidth, imgHeight);
        int[][] rgbDecompressed = new int[imgWidth][imgHeight];
        //Create a new image with RGB Values

        for (int cY = 0; cY < imgHeight; cY++) //For each pixel, combine the red, green and blue.
        {
            for (int cX = 0; cX < imgWidth; cX++)
            {
                Color test = new Color(redDecompressed[cX][cY], greenDecompressed[cX][cY],
                blueDecompressed[cX][cY]);
                rgbDecompressed[cX][cY] = test.getRGB();
            }
        }

        outputToFile(outputPath, rgbDecompressed, imgWidth, imgHeight);
        System.out.println("解压完成");
    }

    /*
     * Decompressed a compressed colour level byte array.
     * @param compressedColourArray A red/green/blue compressed array [colourValue, runLength, ...]
     * @param imgWidth The Image Width
     * @param imgHeight The Image Height
     * @return
     */
    private static int[][] decompressColourLevel(byte[] compressedColourArray, int imgWidth, int imgHeight)
    {
        int[][] decompressedColourLevel = new int[imgWidth][imgHeight];
        int curSelectedByte = 0;
        for (int ypos = 0; ypos < imgHeight; ypos++) {
            for (int xpos = 0; xpos < imgWidth; ) { //For each pixel in the image
                int colourValue = compressedColourArray[curSelectedByte++];
                //Read the colour level value
                int runLength = Byte.toUnsignedInt(compressedColourArray[curSelectedByte++]);
                //Read the run length

                for (int rx = 0; rx < runLength; rx++) {
                //Up to the run length, set the colour level
                    decompressedColourLevel[xpos++][ypos] = colourValue & 0xFF;
                }
            }
        }
    }
```

```java
        return decompressedColourLevel;
    }

    /*
     * Outputs the decompressed image to a file on the disk
     * @param outputPath Where the file should be outputted to
     * @param rgbDecompressed An array with RGB values (decompressed from each colour level)
     * @param imgWidth The Image Width
     * @param imgHeight The Image Height
     */
    private static void outputToFile(String outputPath, int [ ] [ ] rgbDecompressed, int imgWidth, int imgHeight) {
        File outputFile = new File(outputPath + "DecompressedOut.bmp");
        BufferedImage imgOutput = new BufferedImage(imgWidth, imgHeight, BufferedImage.TYPE_INT_RGB);
        for (int y = 0; y < imgHeight; y++) {
            for (int x = 0; x < imgWidth; x++) { //For each pixel x,y write the mean RGB value
                imgOutput.setRGB(x, y, rgbDecompressed[x][y]);
            }
        }
        try {
            ImageIO.write(imgOutput, "bmp", outputFile); //Write file and open it.
            Desktop dt = Desktop.getDesktop();
            dt.open(outputFile);
            System.out.println("解压出来的图片已保存到磁盘 (" + outputFile.getPath() + ")");
        } catch (IOException e) {
            e.printStackTrace();
        }
    }
}
```

项目实现需要找真实图片进行压缩,每台计算机的图片文件路径不太一样,运行过程有几个步骤,所以我们精选了 3 张图片来说明结果,如图 5-12～图 5-14 所示。

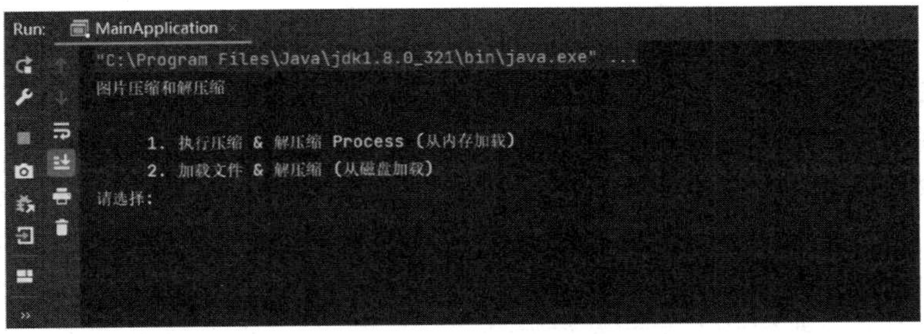

图 5-12 运行后的命令行选择

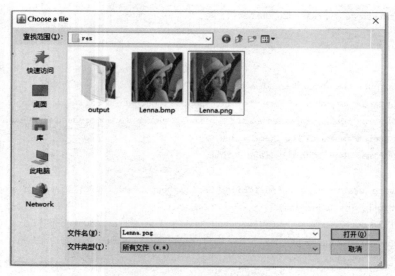

图 5-13　选择压缩前的图片

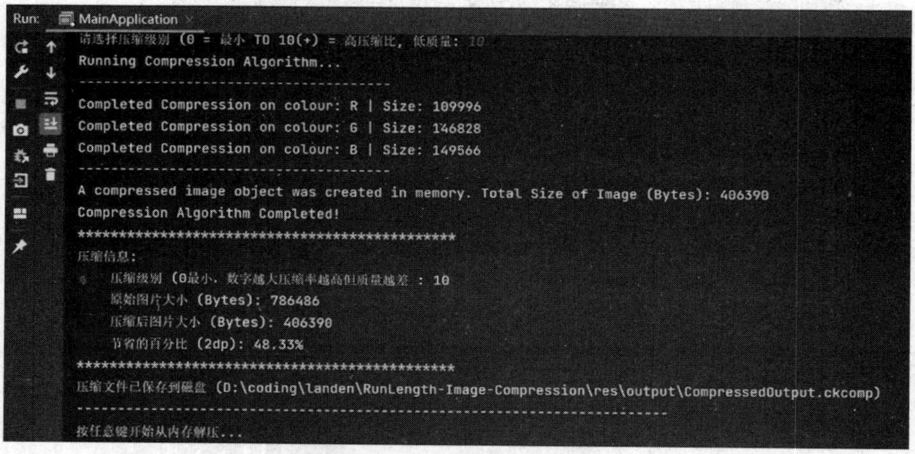

图 5-14　图片压缩完成后存入硬盘

5.4　小结

本模块主要知识点如下。

多维数组在计算机中有两种存放方式：按行存储和按列存储。

对称矩阵关于主对角线对称。为节省存储空间，可以进行压缩存储，对角线以上的元素和对角线以下的元素可以共用存储空间。所以 $n \times n$ 的对称矩阵只需要 $n(n+1)/2$ 个存储单元。

三角矩阵有上三角矩阵和下三角矩阵之分，为节省空间，也可以采用元素存储。$n \times n$ 的三角矩阵只需要 $n(n+1)/2+1$ 个存储单元。

稀疏矩阵的非零元素排列无任何规律，为节约存储空间，进行压缩存储时，可以采用三元组表示方法，即存储非零元素的行号、列号和数值。若干个非零元素有若干个三元组，若干个三元组称为三元组表。

5.5 习题

1. 填空题

（1）一维数组的逻辑结构是_____，存储结构是_____。对于二维数组或多维数组，分为_____和_____两种不同的存储方式。

（2）对于一个二维数组 a[m][n]，每个数组元素占用 k 个存储单元，第一个元素的存储地址为 Loc(a[0][0])。若按列存储，则任一元素 a[i][j] 相对 a[0][0] 的地址为_____。

（3）一个稀疏矩阵为 $\begin{bmatrix} 0 & 0 & 2 & 0 \\ 3 & 0 & 0 & 0 \\ 0 & 0 & -1 & 5 \\ 0 & 0 & 0 & 0 \end{bmatrix}$，则对应的三元组线性表为_____。

（4）一个 $n \times n$ 的对称矩阵，如果以按行存储存入内存，相同元素只存储 1 次，则其所需存储容量为_____。

（5）设有一个 10 阶的对称矩阵 A，采用压缩存储方式以按行顺序存储，a_{00} 为第一个元素，其存储地址为 0。每个元素占有一个存储地址空间，则 a_{85} 的地址为_____。

2. 选择题

（1）数组的基本操作主要包括（　　）。
   A. 建立与删除　　　B. 索引与修改　　　C. 访问和修改　　　D. 访问与索引

（2）稀疏矩阵一般的压缩存储方法有两种，即（　　）。
   A. 二维数组和三维数组　　　　　　B. 三元组和散列
   C. 三元组和十字链表　　　　　　　D. 散列和十字链表

（3）设矩阵 A 是一个对称矩阵，为了节省空间，将其下三角矩阵按行存储存放在一个一维数组 $B[1, n(n+1)/2]$ 中，对下三角部分中任一元素 $a_{ij}(i \geqslant j)$，在一维数组 B 中下标 k 的值是（　　）。
   A. $i(i-1)/2+j-1$　　　　　　　　B. $i(i-1)/2+j$
   C. $i(i+1)/2+j-1$　　　　　　　　D. $i(i+1)/2+j$

3. 简答题

（1）假设有二维数组 $A_{6 \times 8}$，每个元素用相邻的 6 个字节存储，存储器按字节编址。已知数组 A 的起始存储位置（基地址）为 1000，计算：
   ① 数组 A 的存储量；
   ② 数组 A 的最后一个元素 a_{57} 的第一个字节的地址；
   ③ 按行存储时，元素 a_{14} 的第一个字节的地址；

④ 按列存储时，元素 a_{47} 的第一个字节的地址。

（2）设有一个二维数组 $A[m][n]$，假设 $A[0][0]$ 存放位置在 $644(10)$，$A[2][2]$ 存放位置在 $676(10)$。每个元素占一个空间，问 $A[3][3](10)$ 存放在什么位置？脚注 (10) 表示用十进制表示。

（3）设计矩阵类的删除全部数据元素的成员函数。

模块 6　树——哈夫曼编码

- 会使用树的模型找到现实的例子，理解树的相关概念。
- 掌握二叉树的定义、性质。
- 会使用顺序存储方式存储二叉树。
- 会使用链表存储方式存储二叉树。
- 掌握先根、中根和后根三种遍历方式。
- 掌握哈夫曼树的建立和应用。

本模块思维导图请扫描右侧二维码。

树思维导图

《愚公移山》中早有名句：子又生孙，孙又生子，子又有子，子又有孙，子子孙孙，无穷匮也……表示父母辈和子孙辈的关系，只能用树结构。树结构在客观世界中广泛存在，如家族的家谱、各种社会组织机构都可以用树来形象地表示。在计算机领域中，编译系统中源程序的语法结构、数据库系统中信息的组织形式也用到树结构。树结构是一种应用十分广泛的非线性结构，其中以二叉树最为常用，它是以分支关系定义的层次结构。

6.1　项目描述

树结构在现实世界中有很多实例，家族的图谱、单位的行政机构、计算机资源管理器文件夹的布局等，都是树结构的典型例子。树的操作比较复杂，但树可以转换为二叉树进行处理，二叉树可以还原为一般树。所以本项目主要针对二叉树的操作和实现。

1. 功能描述

根据二叉树的性质，输入顺序二叉树的数值，即可生成二叉树；实现二叉树的链式存储：输入二叉树结点的数值，即可生成二叉树。输入的值无法生成二叉树时需要提示相关错误原因；分别使用先根、中根、后根遍历方式，遍历二叉树，并把遍历结果输出；输入结点的权值，即可生成相对应的哈夫曼树，输入的值无法生成哈夫曼树的，需要提示相关错误原因。项目实现界面如图 6-1 所示。

2. 设计思路

实现本项目需要掌握二叉树的 5 个性质、二叉树的顺序存储、二叉树的链表存储、二叉

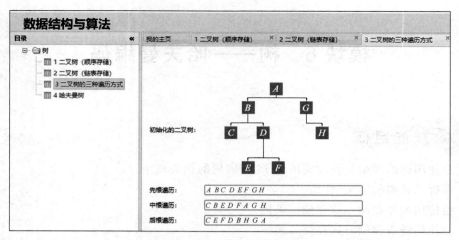

图 6-1 项目界面示意图

树的遍历算法,以及哈夫曼树的生成和哈夫曼编码等知识。

6.2 相关知识

6.2.1 一般树

日常生活中,经常遇到具有层次关系的例子。例如,一所大学由若干个学院组成,每个学院又有若干个专业。学校、学院和专业可以看作一个三级的层次关系。经常用到的操作系统下的文件系统,根目录下包含很多子目录和文件,子目录下再包含子目录和文件,这也是一个典型的层次关系。

1. 树的定义

树(tree)是由 $n(n \geqslant 0)$ 个结点构成的有限集合 T,当 $n=0$ 时,T 称为空树;否则,在任一非空树 T 中:

(1) 有且仅有一个特定的结点,它没有前驱结点,称其为根(root)结点;

(2) 剩下的结点可分为 $m(m \geqslant 0)$ 个互不相交的子集 $T1,T2,\cdots,Tm$,其中每个子集本身又是一棵树,并称其为根的子树(subtree)。

注意:树的定义具有递归性,即"树中还有树"。树的递归定义揭示出了树的固有特性。树的形状如图 6-2 所示,图 6-2(a)是只含有一个根结点的树,图 6-2(b)是含有多个结点的树。

注意:由于子树的互不相交性,树中每个结点只属于一棵树(子树),且树中的每一个结点都是该树中某一棵子树的根。

2. 树的表示方法

在不同的应用场合,可以用不同的方法来表示树。常用的表示方法如下。

(1) 直观(普通树、倒置树)表示法。这种表示方法非常形象,树结构的形状就像一棵倒

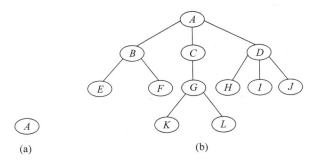

图 6-2 树的示例图

立的植物树。

(2) 嵌套集合(文氏图)表示法。该表示法用集合表示结点之间的层次关系,对于其中任意两个集合,或者不相交,或者一个集合包含另一个集合,如图 6-3(a)所示。

(3) 凹入表(缩进)表示法。该表示法类似于书的目录,用结点逐层缩进的方法表示树中各结点之间的层次关系,如图 6-3(b)所示。

(4) 广义表(嵌套括号)表示法。该表示法用括号的嵌套表示结点之间的层次关系,主要用于树的理论的描述,如图 6-3(c)所示。

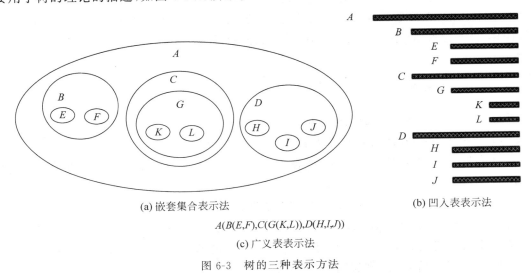

(a) 嵌套集合表示法

(b) 凹入表表示法

$A(B(E,F),C(G(K,L)),D(H,I,J))$

(c) 广义表表示法

图 6-3 树的三种表示方法

3. 树的常用术语

(1) 结点。结点表示一个数据元素和若干指向其子树的分支。例如,图 6-2(b)所示的树中,A、B、C、D、E、F、G、H、I、J、K、L 都是树中的结点。

(2) 结点的度。结点的度指一个结点拥有的子树个数。图 6-2(b)所示的树中,A 的度为 3,C 的度为 1,F 的度为 0。

(3) 树的度。树的度指树中结点的最大度数。图 6-2(b)中树的度为 3。

(4) 叶子。度为 0 的结点称为叶子。图 6-2(b)所示的树中,E、F、H、I、J、K、L 都是树的叶子结点。

(5) 分支结点。度不为 0 的结点即为分支结点。一棵树除了叶子结点外,其余都是分支结点。

(6) 孩子和双亲。结点子树的根称为该结点的孩子,相应地,该结点称为孩子的双亲。图 6-2(b)所示的树中,A 结点是 B、C、D 结点的双亲,而 B、C、D 结点是 A 结点的孩子。

(7) 兄弟。同一个双亲的孩子之间互称为兄弟。图 6-2(b)所示的树中,H、I、J 互为兄弟。

(8) 祖先和子孙。结点的祖先是指从根到该结点所经分支上的所有结点。相应地,以某一结点为根的子树中的任一结点称为该结点的子孙。图 6-2(b)所示的树中,A 是所有结点的祖先,A、C 结点是 G、K、L 的祖先,K、L 结点是 A、C、G 结点的子孙。

(9) 结点的层次。结点的层次从根开始定义,根结点的层次为 1,其孩子结点的层次为 2,以此类推。任意结点的层次为双亲结点层次加 1。

(10) 堂兄弟。双亲在同一层的结点互为堂兄弟。图 6-2(b)所示的树中,G 与 E、F、H、I、J 互为堂兄弟。

(11) 树的深度。树中结点的最大层次称为树的深度。图 6-2(b)所示的树的深度为 4。

(12) 有序树和无序树。将树中每个结点的各子树看成从左到右有次序的(即位置不能互换),则称该树为有序树,否则称为无序树。

(13) 森林。森林是 $m(m\geqslant 0)$ 棵互不相交的树的有限集合。对树中每个结点而言,其子树的集合即为森林;反之,若给森林中的每棵树的根结点都赋予同一个双亲结点,便得到一棵树。

4. 树的基本操作

树是一种应用非常广泛的数据结构,树的基本操作如下。

(1) 初始化 InitTree(T):将树 T 初始化为一棵空树。

(2) 判断树空 TreeEmpty(T):判断一棵树 T 是否为空,若为空则返回真,否则返回假。

(3) 求根结点 Root(T):返回树 T 的根结点。

(4) 求双亲结点 Parent(T,x):返回 x 的双亲结点,如果 x 为根结点,则返回空。

(5) 求孩子结点 Child(T,x,i):求树 T 中结点 x 的第 i 个孩子结点,若结点 x 是叶子结点,或者无第 i 个孩子结点,则返回空。

(6) 插入子树 InsertChild(T,x,i,y):将根为 y 的子树置为树 T 中结点 x 的第 i 棵子树。

(7) 删除子树 DeleteChild(T,x,i):删除树 T 中结点 x 的第 i 棵子树。

(8) 遍历树 Traverse(T):从根结点开始,按照一定的次序访问树中所有的结点。

5. 树的存储结构

树的存储方式同样有顺序存储和链式存储两种方式。

用一段地址连续的存储单元依次存储线性表的数据元素是很自然的,但怎样存储一对多的树的结点呢?如果采用顺序存储,地址连续的存储方式是无法直接反映结点之间的逻辑关系的,需要进行一定的处理。这里介绍三种不同的表示方法:双亲表示法、孩子表示法、孩子兄弟表示法。

1)双亲表示法

树是一种非线性结构,为了存储树,不仅要存储树中各结点本身的数据信息,还要能唯一地反映树中各结点之间的逻辑关系。某个人可以没有孩子,但一定有且仅有一个双亲,树结构中的结点也是一样。下面介绍常用的顺序存储树的方式:双亲(数组)表示法。双亲(数组)表示法是树的一种顺序存储结构,这种表示法用一维数组来存储树的有关信息,将树中的结点按照从上到下、从左到右的顺序存放在一个一维数组中,每个数组元素中存放一个结点的信息。

每个结点除了保存自己的数据值外,还增加一个指示器指示它的双亲结点在数组中的位置,结点结构如图 6-4 所示。

data	parent

图 6-4　树的双亲表示法的结点基本结构

其中 data 是数据域,存储结点的数据信息,而 parent 是指针域,存储该结点的双亲在数组中的下标,即双亲的下标值。

如图 6-5 给出了一棵树及其双亲表示法,用这种表示法要求出某个结点的双亲结点是非常容易的,例如,求 D 结点的双亲,从它对应的 parent 域中找到,是序号为 0 的结点,即为 A。根结点是唯一没有双亲的结点,在它对应的 parent 域中记为 -1,表示其双亲不存在。但这种表示法求某个结点的孩子结点比较困难,需要遍历整棵树。

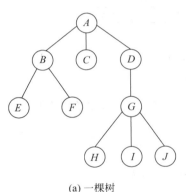

(a) 一棵树

	data	parent
0	*A*	–1
1	*B*	0
2	*C*	0
3	*D*	0
4	*E*	1
5	*F*	1
6	*G*	3
7	*H*	6
8	*I*	6
9	*J*	6

(b) 树的双亲数组表示法

图 6-5　树的双亲数组表示法

2)孩子表示法

前面指出用树的双亲表示法找出某个结点的双亲很容易,但求结点的孩子比较困难,下面就来介绍孩子表示法。

由于树中每个结点可能有多棵子树,考虑每个结点有多个指针域,其中每个指针指向一棵子树的根结点。树的每个结点的度是不同的,也就是孩子个数不同,所以可设计两种方案来解决。

(1)结点同构。此种方案中,结点的指针个数相等,都为树的度 D,孩子指针域的个数等于树的度,结构如图 6-6 所示,其中 data 表示数据域;child1～child$D$ 是指针域,用来指向该结点的孩子结点。

这种方案对于树中各结点的度相差很大时，显然是很浪费空间的，因为有很多指针域是空的。

（2）结点不同构。该方案指的是各个结点指针个数不等，每个结点指针为自身结点的度 D，专门设置一个存储单元来存储结点指针域的个数，结构如图 6-7 所示，其中 data 为数据域；degree 为度域，即存储该结点的孩子结点的个数；child1～child$D$ 为指针域，指向该结点的各个孩子结点。

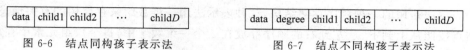

图 6-6　结点同构孩子表示法　　　　　图 6-7　结点不同构孩子表示法

结点不同构方案克服了浪费空间的缺点，对空间利用率提高了，但是由于各个结点的链表是不相同的结构，加上要维护结点的度的数值，在运算上就会带来时间上的损耗。有没有一种表示方法，既可以减少空指针的浪费，又能使结点结构相同呢？为了要遍历整棵树，把每个结点放到一个顺序存储结构的数组中，但每个结点有多少孩子不能确定，所以应再对每个结点的孩子建立一个单链表体现关系，这就是孩子表示法。孩子表示法的具体办法是：把每个结点的孩子结点排列起来，以单链表做存储结构，则 n 个结点有 n 个孩子链表。如果是叶子结点，则此单链表为空，然后 n 个头指针又组成一个线性表，采用顺序存储结构，存放进一个一维数组中。图 6-5（a）的树用孩子表示法如图 6-8 所示。

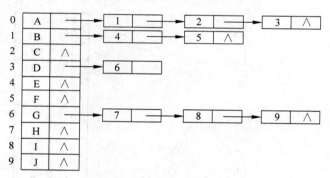

图 6-8　树的孩子链表表示法

为此，设计两种结点结构，一个是孩子链表的孩子结点，如图 6-9 所示，其中 child 是数据域，用来存储某个结点在表头数组中的下标；next 是指针域，用来存储指向某结点的下一个孩子结点的指针。

另一个是表头数组的表头结点，如图 6-10 所示，其中 data 代表数据域，存储结点的数据信息；firstchild 是头指针域，存储该结点的孩子链表的头指针。

图 6-9　孩子结点结构　　　　　图 6-10　表头结点结构

这样的结构对于要查找某个结点的某个孩子，只需查找这个结点的孩子单链表即可，遍历整棵树也很方便，即只需要对头结点的数组循环即可。

但这种孩子表示法找双亲比较困难，所以需要把双亲表示法和孩子表示法结合起来，这种改进结构请读者自行设计。

3）孩子兄弟表示法

上面两种表示法分别从双亲的角度和从孩子的角度来表示树的存储结构，可以很方便地找到结点的双亲或孩子，但找结点的兄弟就会比较困难。如果从树结点兄弟的角度考虑，应该怎么设计树的存储结构呢？因为树的结构本质是层级结构，不能只研究结点的兄弟，而应把孩子和兄弟的存储放在一起设计。

任意一棵树的结点，如果它的第一个孩子和它的右兄弟存在，必定是唯一的，因此可设置两个指针，分别指向该结点的第一个孩子和此结点的右兄弟。结点结构如图 6-11 所示，其中 data 是数据域，firstchild 存储该结点第一个孩子结点的存储地址，rightsibling 存储该结点的右兄弟结点的存储地址。

data	firstchild	rightsibling

图 6-11　孩子兄弟表示法的结点结构

对于图 6-5(a)的树，用孩子兄弟表示法如图 6-12 所示。

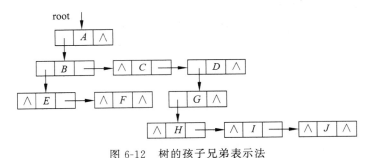

图 6-12　树的孩子兄弟表示法

这种孩子兄弟表示法方便了查找结点的孩子和兄弟，缺点是破坏了树的层次。

6.2.2　二叉树

二叉树是树结构中一种最典型、最常用的结构，处理起来比一般树简单，而且树可以很容易地转换成二叉树，所以二叉树是本章介绍的重点。

1. 二叉树的定义

二叉树(binary tree)是 $n(n\geqslant 0)$ 个结点的有限集合 BT，它或者是空集，或者由一个根结点和两棵分别称为左子树和右子树的互不相交的二叉树组成。

其特点是每个结点至多有两棵子树(即不存在度大于 2 的结点)。二叉树的子树有左、右之分，且其次序不能任意颠倒，因此二叉树有 5 种基本形态，如图 6-13 所示。

2. 二叉树的基本操作

(1) 初始化的函数 InitTree(BT)：将二叉树 BT 初始化为一棵空树。

(2) 判断二叉树是否为空的函数 TreeEmpty(BT)：判断一棵树 BT 是否为空，若为空，返回真，否则返回假。

(a) 空二叉树　(b) 只有根的二叉树　(c) 只有左子树的二叉树　(d) 只有右子树的二叉树　(e) 左、右子树均非空的二叉树

图 6-13　二叉树的五种基本形态

(3) 求根结点的函数 Root(BT)：返回树 BT 的根结点。

(4) 求双亲结点的函数 Parent(BT,x)：返回二叉树 BT 中 x 的双亲结点。如果 x 为根结点，则返回空。

(5) 求二叉树的高度的函数 Depth(BT)：返回二叉树 BT 的高度(深度)。

(6) 求结点的左孩子的函数 LChild(BT,x)：返回二叉树 BT 中结点 x 的左孩子结点。若结点 x 为叶子结点或 x 不在二叉树 BT 中，则返回值为"空"。

(7) 求结点的右孩子的函数 RChild(BT,x)：返回二叉树 BT 中结点 x 的右孩子结点。若结点 x 为叶子结点或 x 不在二叉树 BT 中，则返回值为"空"。

(8) 遍历二叉树的函数 Traverse(BT)：从根结点开始，按照一定的次序访问二叉树 BT 中所有的结点。

3. 二叉树的性质

性质 1　在二叉树的第 i 层上至多有 2^{i-1} 个结点($i \geqslant 1$)。

用归纳法可证明此性质。

证明：当 $i=1$ 时，是二叉树的第一层，只有一个根结点，而 $2^{i-1}=2^0=1$，故命题成立。

假设对所有的 $j(1 \leqslant j < i)$ 命题成立，即第 j 层上至多有 2^{j-1} 个结点，那么可以证明 $j=i$ 时命题也成立。

由归纳假设，第 $i-1$ 层上至多有 2^{i-2} 个结点。由于二叉树的每个结点至多有两个孩子，故第 i 层上的结点数，至多是第 $i-1$ 层上的最大结点数的 2 倍，即 $j=i$ 时，该层上至多有 $2 \times 2^{i-2}$(即 2^{i-1})个结点，故命题成立。

性质 2　深度(高度)为 k 的二叉树至多有 $2^k-1(k \geqslant 1)$ 个结点。

证明：深度为 k 的二叉树的最大结点数应为每一层最大结点数之和，根据性质 1，最大结点数为

$$2^0 + 2^1 + \cdots + 2^{k-1} = 2^k - 1 \tag{6-1}$$

性质 3　对任意一棵二叉树 BT，如果其叶子结点个数为 n_0，度为 2 的结点个数为 n_2，则 $n_0 = n_2 + 1$。

证明：设二叉树中度为 1 的结点个数为 n_1，二叉树的结点总数为 n，因为二叉树中所有结点的度均小于或等于 2，所以二叉树中结点总数 $n = n_0 + n_1 + n_2$。另外，在二叉树中度为 1 的结点有 1 个孩子，度为 2 的结点有 2 个孩子，故二叉树中孩子结点的总数为 $n_1 + 2n_2$。而二叉树中只有根结点不是任何结点的孩子，故二叉树中的结点总数又可表示为：$n = n_1 + 2n_2 + 1$，即 $n = n_0 + n_1 + n_2 = n_1 + 2n_2 + 1$，可得

$$n_0 = n_2 + 1 \tag{6-2}$$

以上三个性质是一般二叉树都具有的,为研究二叉树的其他性质,下面介绍两种特殊形式的二叉树,即完全二叉树和满二叉树。

满二叉树指深度为 k 且有 2^k-1 个结点的二叉树,如图 6-14 所示。其特点是每一层上的结点数都是最大结点数。

完全二叉树指深度为 k,有 n 个结点的二叉树当且仅当其每一个结点都与深度为 k 的满二叉树中编号为 $1 \sim n$ 的结点一一对应,如图 6-15 所示。其特点是叶子结点只可能在层次最大的两层上出现。对任一结点,若其右分支下子孙的最大层次为 L,则其左分支下子孙的最大层次必为 L 或 $L+1$。

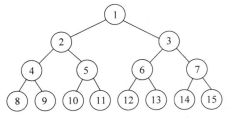 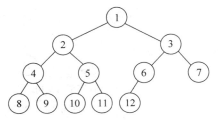

图 6-14　满二叉树示例图　　　　　　图 6-15　完全二叉树示例图

注意:满二叉树必为完全二叉树,而完全二叉树不一定是满二叉树。

性质 4　具有 n 个结点的完全二叉树的深度为: $\lfloor \log_2 n \rfloor + 1$。

证明:由性质 2 和完全二叉树的定义可知,对于有 n 个结点的深度为 k 的完全二叉树有

$$2^{k-1} - 1 < n \leqslant 2^k - 1 \tag{6-3}$$

对于左边的不等式,$n > 2^{k-1} - 1$,因为 n 是 k 层完全二叉树,n 至少应比上一层的满二叉树多 1 个叶子结点,即 n 最小值应为 2^{k-1},即

$$n \geqslant 2^{k-1} \tag{6-4}$$

两边取对数

$$\log_2 n \geqslant k - 1 \tag{6-5}$$

已知结点数 n,求树的深度,移项得

$$k \leqslant \log_2 n + 1 \tag{6-6}$$

另外,k 作为树的深度,只能是整数,所以 k 的取值为 $\lfloor \log_2 n \rfloor + 1$。其中,$\lfloor \log_2 n \rfloor$ 为向下取整。

性质 5　如果对一棵有 n 个结点的完全二叉树(其深度为 $\lfloor \log_2 n \rfloor + 1$)的结点按层序编号,其中根结点为第 1 层,按层次从上到下,同层从左到右,则对任意编号为 $i(1 \leqslant i \leqslant n)$ 的结点有以下性质:

如果 $i=1$,则结点 i 是二叉树的根,无双亲;如果 $i>1$,则其双亲是 $\lfloor i/2 \rfloor$。

如果 $2i > n$,则结点 i 无左孩子,即该结点为叶子结点;如果 $2i \leqslant n$,则其左孩子是 $2i$。

如果 $2i+1 > n$,则结点 i 无右孩子;如果 $2i+1 \leqslant n$,则其右孩子

微课 6-1　创建二叉树

是 $2i+1$。

4. 二叉树的顺序存储结构

二叉树的顺序存储结构就是用一维数组存储二叉树的数据元素,数组的下标要能体现结点之间的逻辑关系,包括双亲与孩子的关系、左右兄弟的关系等。具体的做法是将完全二叉树上编号为 i 的结点元素存储在一维数组下标为 i 的元素中,二叉树及其顺序存储结构如图 6-16 所示。

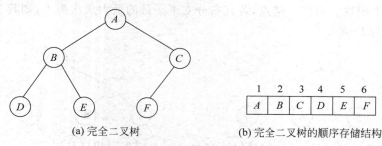

(a) 完全二叉树　　　　(b) 完全二叉树的顺序存储结构

图 6-16　完全二叉树及其顺序存储结构

这种顺序存储结构按满二叉树的结点层次编号,把二叉树中的数据元素依次存放在一个一维数组中。结点间的关系蕴含在其存储位置中,按照性质 5 可确定结点间的关系,如下标为 i 的结点如果有双亲,其双亲的下标为 $i/2$;如果有左孩子,左孩子的下标为 $2i$;如果有右孩子,其右孩子的下标为 $2i+1$,如图 6-16(b) 所示。

对完全二叉树来说,这种顺序存储结构简单,存储效率高;但对于一棵一般的二叉树,要通过结点的下标反映结点之间的逻辑关系,就必须按完全二叉树的形式来存储二叉树的结点,即将其每个结点与完全二叉树上的结点相对应。如图 6-17(a) 所示的一棵一般二叉树,该二叉树只有 3 个结点,但要用顺序存储方式存储它,必须补成同样深度的含 5 个结点的完全二叉树,即添上一些并不存在的"虚结点",使它成为图 6-17(b) 所示的完全二叉树,其顺序存储结构如图 6-17(c) 所示,浪费了两个存储空间。极端情况下,对一棵深度为 k 的左单支树或右单支树,k 个结点需要 2^k-1 个存储空间,空间的浪费最严重。

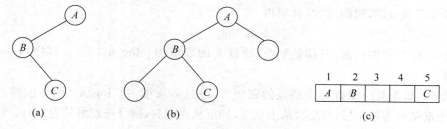

(a)　　　　　(b)　　　　　(c)

图 6-17　一般二叉树及其顺序存储结构

5. 二叉树的链式存储结构

二叉树的顺序存储结构比较浪费存储空间,可以考虑链式存储结构。二叉树每个结点最多有两个孩子,所以为它设计一个数据域和两个指针域,这样的链表叫作二叉链表。其结点结构如图 6-18 所示,其中 data 是数据域;lchild 和 rchild 都是指针域,分别存放指向左孩子和右孩子的指针。

图 6-18 二叉链表结点结构

二叉树的实现有两种方法:一种方法是首先设计二叉树结点类,然后在结点类的基础上,用 static 成员函数实现二叉树的操作;另一种方法是在二叉树结点类的基础上,再设计二叉树类。本节讨论第一种设计方法,6.2.3 小节讨论第二种设计方法。

以下是二叉链表的结点类定义的代码。

【代码 6-1】

```
//二叉树的二叉链表结点类定义
public class BTNode{
    public BTNode leftChild;        //左孩子
    public BTNode rightChild;       //右孩子
    public Object data;             //数据域
    BTNode (){
        leftChild = null;
        rightChild = null;
    }
    public BTNode (Object item, BTNode left, BTNode right){
        data = item;
        leftChild = left;
        rightChild = right;
    }
    public BTNode getLeft(){
        return leftChild;
    }
    public BTNode getRight(){
        return rightChild;
    }
    public Object getData(){
        return data;
    }
}
    public BTNode getLeft(){
        return leftChild;
    }
    public BTNode getRight(){
        return rightChild;
    }
    public Object getData(){
        return data;
    }
}
```

与单链表有带头结点和不带头结点两种情况类似,二叉树也有带头结点和不带头结点两种情况。上面代码设计了两个构造函数,第一个可用于带头结点结构中结点对象的创建,第二个可用于常规结点对象的创建。

二叉链表的结构示意图如图 6-19 所示。

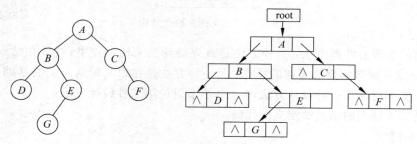

图 6-19 二叉树及其二叉链表

如果有需要,可以再增加一个指向其双亲的指针域,称为三叉链表,与树所讨论的存储结构类似。

6.2.3 二叉树的遍历

在二叉树的应用中,常常需要在树中查找具有某种特征的结点,或者对树中全部结点进行处理,这就要求对二叉树进行遍历。二叉树的遍历操作是其他许多操作实现的基础,所以专门用一小节介绍。

遍历二叉树(traversing binary tree)是指从根结点出发,按一定的次序访问二叉树的所有结点,使得每个结点被访问一次,且仅被访问一次。

微课 6-2 遍历二叉树

"访问"的含义很广,在遍历过程中,每个结点的数据域可以读取、修改或进行其他操作,如输出结点的信息等。遍历问题对于线性结构来说很容易实现;但对于二叉树这种非线性结构来说,就不那么容易了,因为从二叉树的任意结点出发,既可以向左走,也可以向右走,所以必须找到一种规律,以便使二叉树上的结点能排列在一个线性队列上,即得到二叉树各结点的线性排序,使非线性的二叉树线性化。

从二叉树的定义可知,二叉树是由三个基本单元组成:根结点、左子树和右子树。假如以 L、D、R 分别表示遍历左子树、访问根结点和遍历右子树,则有 DLR、LDR、LRD、DRL、RDL、RLD 6 种遍历二叉树的方案。若限定先左后右,则二叉树遍历的常用方法有:DLR、LDR 和 LRD,分别称作先根次序(或叫前序、先序)遍历、中根次序(或叫中序)遍历和后根次序(或叫后序)遍历。除先根、中根和后根遍历算法之外,二叉树还有层序遍历。

在介绍常用的 4 种遍历算法之前,先介绍一下遍历的具体方法。例如有一棵二叉树,如图 6-20 所示,它有 4 个结点,为了便于理解遍历思想,给二叉树中每个没有子树的结点均补充上相应的空子树,用 φ 表示。设想有一条搜索路线,它从根结点的左支开始,自上而下、自左至右搜索,最后由根结点右支向上出去。恰好搜索线途经每个有效结点都是三次。把第一次经过就访问的结点列出,分别是 A、B、D、C,这就是先根遍历的结果。第二次经过才访问的则是中根遍历,其遍历结果是 B、D、A、C。第三次经过才访问的则是后根遍历,其结果是 D、B、C、A。而二叉树的层序遍历,是按二叉树从根结点层到叶结点层,同一层中按先左子树再右子树的次序遍历二叉树,此二叉树层序遍历的结果是 A、B、C、D。

下面分别介绍这四种遍历算法,算法中采用二叉链表作为二叉树的存储结构。

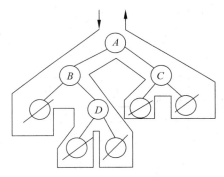

图 6-20 要遍历的二叉树

1. 二叉树的先根遍历

先根遍历二叉树的递归定义为:若二叉树为空,则返回,否则依次执行以下操作。

(1) 访问根结点。
(2) 先根遍历根结点的左子树。
(3) 先根遍历根结点的右子树。
(4) 返回。

先根遍历递归代码如下。

【代码 6-2】

```
//先根遍历认 bt 为根的二叉树
public static void preOrder(BTNode bt)
{
    if (bt!= null)
    {
        System.out.print(bt.getData()) ;        //访问根结点
        preOrder(bt. getLeft ());               //先序遍历左子树
        preOrder(bt.getRight());                //先序遍历右子树
    }
}/* preOrder */
```

为了进一步理解递归算法,结合图 6-20 中的二叉树,对以上先根遍历算法的执行情况进行分析,如图 6-21 所示。

从图 6-21 中可知,在访问根结点之后,先对其左子树进行先根遍历,即进入下一层递归调用。当返回本层调用时,仍以本层根结点为基础,对其右子树进行先根遍历。当从下层递归调用再次返回本层时,接着就从本层调用返回到上一层调用。以此类推,最终返回主程序。此外,图 6-19 二叉的深度为 3,但递归调用的深度要为 4 层,因为在遇到空子树时,仍要调用一次 Preorder()函数,只不过因为子树的根为空则立即返回而已。

如果要把上面的递归算法写成一个等价的非递归算法,则需要使用一个堆栈,用来暂存某些需要的信息。

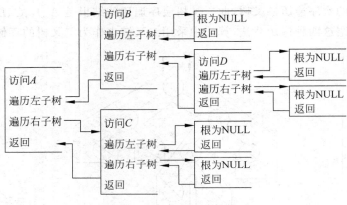

图 6-21 先根遍历递归调用

对于先根遍历二叉树而言,在访问根结点之后,可以直接找到这个根的左子树进行遍历;但是当左子树遍历完毕后,还必须沿着已经走过的路线返回到根结点,再通过根结点才能找到它的右子树。因此,在从根结点走向它的左孩子之前,必须把根结点的地址送入堆栈中暂存起来。左子树遍历完后,再按后进先出的原则取回栈顶元素,才能得到根结点的地址,最后遍历根的右子树。

根据如上思想,先根遍历二叉树的非递归算法代码如下。

【代码 6-3】

```
//非递归先根遍历二叉树,S是链表存储的堆栈
public static void preOrder2(BTNode bt)throws Exception{
    BTNode p = bt;
    //SeqStack s = new SeqStack (100);        //初始化堆栈,置栈空
    LinStack s = new LinStack();              //定义链表堆栈对象
    while ((p!= null)||(!s.isEmpty()))
    {
        if (p!= null)
        {
            System.out.print(p.getData());    //访问根结点
            s.push(p);                        //根指针进栈
            p = p.getLeft();                  //p移向左孩子
        }
        else{                                 //栈非空
            p = (BTNode)s.pop();              //双亲结点出栈
            p = p.getRight();                 //p移向右孩子
        }
    }                                         //二叉树空且栈空
}
```

上面代码中的 s 是链表存储的堆栈,LinStack 代码参见代码 1-13。对照图 6-20 中的二叉树,在先根非遍历过程中,堆栈 s 的内容变化如图 6-22 所示。

对比递归和非递归算法,递归算法无疑更加简练。但递归算法如果层次过深,系统堆栈就会溢出,所以在二叉树结点非常多,事先估计到层次很深的情况下,可以考虑使用非递归算法。

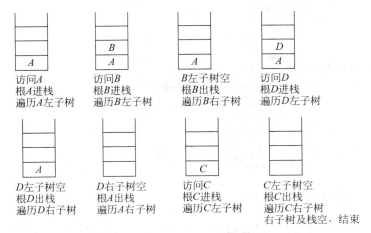

图 6-22 先根非递归遍历中堆栈 s 的内容变化

2. 二叉树的中根遍历

中根遍历二叉树的递归定义为：若二叉树为空，则返回，否则依次执行以下操作。
(1) 中根遍历根结点的左子树。
(2) 访问根结点。
(3) 中根遍历根结点的右子树。
(4) 返回。
中根遍历递归代码如下。

【代码 6-4】

```java
//中根遍历树
public static void inOrder(BTNode t){
    if(t != null){
        inOrder(t.getLeft());              //中根遍历左子树
        System.out.print(t.getData());     //访问根结点
        inOrder(t.getRight());             //中根遍历右子树
    }
}/* InOrder */
```

现在介绍中根遍历的非递归算法，它与先根遍历的非递归算法 Preorder2 相似，只是输出语句位置不同，即访问根结点的时机不同，代码如下。

【代码 6-5】

```java
//中根遍历二叉树 bt 的非递归算法,s 是链表存储的堆栈
public static void inOrder2(BTNode bt)throws Exception{
    BTNode p = bt;
    LinStack s = new LinStack();           //定义链表堆栈对象
    while ((p!= null)||(!s.isEmpty())){
        if(p!= null) {
            s.push(p);
```

```
            p = p.getLeft();
        }
        else {
            p = (BTNode)s.pop();
            System.out.print(p.getData()); //访问根结点
            p = p.getRight();
        }
    }
}
```

3. 二叉树的后根遍历

后根遍历的递归定义为:若二叉树为空,则返回,否则依次执行以下操作。
(1) 后根遍历根结点的左子树。
(2) 后根遍历根结点的右子树。
(3) 访问根结点。
(4) 返回。
后根遍历递归代码如下。

【代码 6-6】

```
//后根遍历树
public static void postOrder(BTNode bt){
    if(bt != null){
        postOrder(bt.getLeft());
        postOrder(bt.getRight());
        System.out.print(bt.getData());
    }
}/* PostOrder */
```

后根遍历的非递归算法较为复杂。在访问一个结点之前,要两次历经这个结点。第一次,由该结点沿着其左链前进,遍历左子树。遍历完左子树之后,返回到这个结点。第二次,再由该结点沿着其右链遍历右子树。遍历完右子树之后才能访问这个结点。一个结点的指针值需要两次进栈及两次出栈。只有在其第二次出栈后,才能访问这个结点。因此,需要再设一个辅助栈来记录结点的指针出栈的次数,由此决定是否访问栈顶结点。

三种遍历算法的不同之处仅在于访问根结点和遍历左右子树的先后次序。若在算法中暂时抹去和递归无关的输出语句,则三种遍历算法基本上相同,这说明这三种遍历算法的搜索路线相同,从递归执行过程的角度来看三种遍历算法也是完全相同的。图 6-23 显示了相应二叉树的三种遍历的搜索路线。

4. 二叉树的层序遍历

层序遍历算法是从根结点到叶子结点,同一层中按先左子树再右子树的次序遍历二叉树,其特点是,在所有未被访问的结点集合中,排列在已访问结点集合中最前面结点的左子

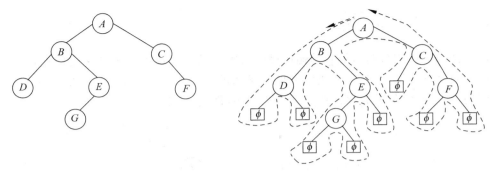

图 6-23 二叉树及其三种遍历路径

树的根结点将最先被访问,然后访问该结点右子树的根结点。如果把已访问的结点放在一个队列中,那么,未被访问结点的访问次序就可以由存放在队列中的已访问结点的出队次序决定。因此,实现层序遍历可以借助队列。

二叉树的层序遍历算法如下。
（1）初始化设置一个队列。
（2）把根结点指针入队列。
（3）当队列非空时,循环执行步骤①到步骤③。
① 出队列取得一个结点指针,访问该结点。
② 若该结点的左子树非空,则将该结点的左子树指针入队列。
③ 若该结点的右子树非空,则将该结点的右子树指针入队列。
（4）结束。

二叉树的层序代码如下。

【代码 6-7】

```java
//层序遍历
public static void levelOrder(BTNode t) throws Exception{
    LinQueue q = new LinQueue();
    if(t == null) return;
    BTNode curr;
    q.append(t);
    while(! q.isEmpty()){
        curr = (BTNode)q.delete();
        System.out.print(curr.getData());
        if(curr.getLeft() != null)
            q.append(curr.getLeft());
        if(curr.getRight() != null)
            q.append(curr.getRight());
    }
}
```

二叉树遍历算法中的基本操作是访问根结点,不论按哪种次序遍历,都要访问所有的结点,对含 n 个结点的二叉树,其时间复杂度均为 $O(n)$。所需辅助空间为遍历过程中所需的栈空间,最多等于二叉树的深度 k 乘以每个结点所需空间数,最坏情况下树的深度为结点的个数 n,因此,其空间复杂度也为 $O(n)$。

5. 遍历序列与二叉树的结构

对一棵二叉树进行遍历得到的遍历序列是唯一的。但仅由一个二叉树的遍历序列(先根或中根或后根或层序)是不能决定一棵二叉树的。例如,图 6-24 中(a)和(b)所示的是两棵不同的二叉树,它们的先序遍历序列是相同的,都是 ABDECFG。

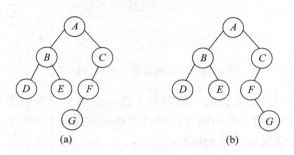

图 6-24 两棵不同的二叉树

可以证明,如果同时知道一棵二叉树的先根序列和中根序列,或者同时知道一棵二叉树的中根序列和后根序列,就能确定唯一的这棵二叉树。例如,知道一棵二叉树的先根序列和中根序列,如何构造二叉树呢?由定义可知,二叉树的先根遍历是先访问根结点 D,然后遍历根的左子树 L,最后遍历根的右子树 R。因此,在先根序列中的第一个结点必是根结点 D。另外,中根遍历是先遍历根的左子树 L,然后访问根结点 D,最后遍历根的右子树 R,于是根结点 D 把中根序列分成两部分:在 D 之前的是由左子树中的结点构成的中根序列,在 D 之后的是由右子树中的结点构成的中根序列。反过来,根据左子树的中根序列的结点个数,又可将先根序列除根以外的结点分成左子树的先根序列和右子树的先根序列。以此类推,即可递归得到整棵二叉树。

例如,已知一棵二叉树的先根序列为 $ABDGCEF$,中根序列为 $DGBAECF$,构造其对应的二叉树。首先由先根序列得知二叉树的根为 A,则其左子树的中根序列必为 DGB,右子树的中根序列为 ECF。反过来得知其左子树的先根序列必为 BDG,右子树的先根序列为 CEF。类似地分解下去,过程如图 6-25 所示,最终就可得到整棵二叉树,如图 6-26 所示。

6. 二叉树遍历的动手实践

1) 实训目的

会创建二叉树,会对二叉树进行先根、中根、后根和层序四种遍历。

2) 实训内容

建立如图 6-19 左图所示的不带头结点的二叉链表存储结构的二叉树,分别输出先根、中根、后根和层序遍历序列。

3) 实训思路

需要先在内存中创建一棵二叉树,才有遍历操作的基础。建立二叉树的方法有很多种,大致可分为两类:一类是根据二叉树的性质 5,用顺序存储的方式存储二叉树;另一类是用二叉链表的方式,利用二叉树各结点的逻辑关系像搭积木一样创建二叉树。因为后一种方

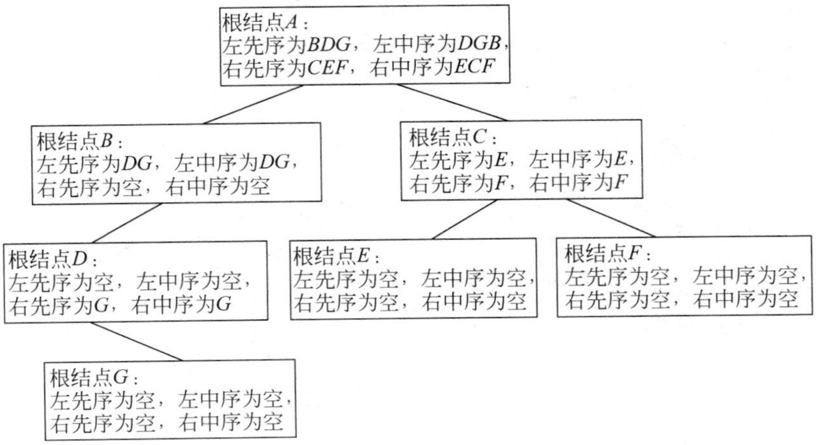

图 6-25 由先根序列和中根序列构造二叉树的过程

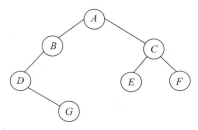

图 6-26 由先根序列和中根序列构造的二叉树

法最为简单,我们采用这种方法写出源代码。

4) 关键代码

请读者理解以下代码,运行得到相应结果。

【代码 6-8】

```
public class LinStack implements Stack{
    Node head;                              //堆栈头
    int size;                               //结点个数
    public void LinStack(){                 //构造函数
        head = null;
        size = 0;
    }
    public void push(Object obj){           //入栈
        head = new Node(obj, head);         //新结点作为新栈顶
        size ++;
    }
    public Object pop() throws Exception{   //出栈
        if(size == 0){
            throw new Exception("堆栈已空!");
```

```
            }
            Object obj = head.data;        //原栈顶数据元素
            head = head.next;              //原栈顶结点脱链
            size -- ;
            return obj;
        }
        public boolean isEmpty(){          //非空否
            return head == null;
        }
        public Object getTop(){
            return head.data;
        }
}
```

用到的链表存储的队列代码如下。

【代码 6-9】

```
public class LinQueue{
    Node front;                    //队头
    Node rear;                     //队尾
    int count;                     //结点个数
    public LinQueue(){
        initiate();
    }

    public LinQueue(int sz){
        initiate();
    }
    private void initiate(){
        front = rear = null;
        count = 0;
    }
    public void append(Object obj){
        Node newNode = new Node(obj,null);

        if(rear != null)
            rear.next = newNode;
        rear = newNode;
        if(front == null)
            front = newNode;
        count ++;
    }
    public Object delete() throws Exception{
        if(count == 0)
            throw new Exception("队列已空!");
        Node temp = front;
        front = front.next;
        count -- ;
        return temp.getElement();
```

```
    }
    public Object getFront() throws Exception{
        if(count == 0)
            throw new Exception("队列已空!");
        return front.getElement();
    }

    public boolean isEmpty(){
        return count == 0;
    }
}
```

用到的链表结点 Node 代码如下。

【代码 6-10】

```
public class Node{
    Object data;                    //数据域
    Node next;                      //指针域
    Node(Object obj,Node nextval){
        data = obj;
        next = nextval;
    }
    Node(Node nextval){
        next = nextval;
    }
}
```

程序设计了一个遍历类 Traverse,把所有遍历方法放入这个类中。这里需要读者利用所学知识填空。

【代码 6-11】

```
public class Traverse{
    public static void preOrder(BTNode bt)
    {
        if (bt!= null)
        {
            _____(1)_____        //访问根结点
            _____(2)_____        //先序遍历左子树
            _____(3)_____        //先序遍历右子树
        }
    }//preOrder

    public static void preOrder2(BTNode bt)throws Exception{
        BTNode p = bt;
        _____(4)_____            //定义链表堆栈对象
        while ((p!= null)||(!s.isEmpty()))
        {
            if (p!= null)
```

```
                    (5)                    //访问根结点
                    (6)                    //根指针进栈
                    (7)                    //p 移向左孩子
        }
        else{                              //栈非空
                    (8)                    //双亲结点出栈
            p = p.getRight();              //p 移向右孩子
        }
    }
}                                          //二叉树空且栈空

//中根遍历
public static void inOrder(BTNode bt){
                    (9)                    //写出完整中根遍历过程
}
//非递归中根遍历算法
public static void inOrder2(BTNode bt)throws Exception{
                    (10)                   //写出完整非递归中根遍历过程
}
//后根遍历
public static void postOrder(BTNode bt){
                    (11)                   //写出完整后根遍历过程
}
//层序遍历
public static void levelOrder(BTNode bt) throws Exception{
                    (12)                   //写出完整层序遍历过程
}
```

参考答案:

(1) System.out.print(bt.getData());

(2) preOrder(bt.getLeft());

(3) preOrder(bt.getRight());

(4) LinStack s=new LinStack();

(5) System.out.print(p.getData());

(6) s.push(p);

(7) p=p.getLeft();

(8) p=(BTNode)s.pop();

(9) if(bt != null){
    inOrder(bt.getLeft());
    System.out.print(bt.getData());
    inOrder(bt.getRight());
}

(10) BTNode p=bt;
    LinStack s=new LinStack();   //定义链表堆栈对象
    while((p!=null)||(!s.isEmpty())){
        if(p!=null) {

```
                s.push(p);
                p=p.getLeft();
            }
            else {
                p=(BTNode)s.pop();
                System.out.print(p.getData());        //访问根结点
                p=p.getRight();
            }
        }
```
(11) `if(bt != null){`
```
        postOrder(bt.getLeft());
        postOrder(bt.getRight());
        System.out.print(bt.getData());
    }
```
(12) `LinQueue q = new LinQueue();`
```
    if(t == null) return;
    BTNode curr;
    q.append(t);
    while(!q.isEmpty()){
        curr = (BTNode)q.delete();
        System.out.print(curr.getData());
        if(curr.getLeft() != null)
            q.append(curr.getLeft());
        if(curr.getRight() != null)
            q.append(curr.getRight());
    }
```

测试端代码如下所示。

【代码 6-12】

```java
public class Test1 {
    public static BTNode getTreeNode(Object item, BTNode left, BTNode right){
        BTNode temp = new BTNode(item,left,right);
        return temp;
    }
    public static BTNode makeTree(){
        BTNode a,b,c,d,e,f,g;
        g = getTreeNode(new Character('G'), null, null);
        d = getTreeNode(new Character('D'), null, null);
        e = getTreeNode(new Character('E'), g, null);
        f = getTreeNode(new Character('F'), null, null);
        b = getTreeNode(new Character('B'), d, e);
        c = getTreeNode(new Character('C'), null, f);
        return getTreeNode(new Character('A'), b, c);
```

```java
        }
        public static void main(String[] args)throws Exception{
            BTNode root1;
            BTNode temp;
            root1 = makeTree();
            System.out.print("前序遍历结点序列为:");
            //Traverse.preOrder(root1);
            Traverse.preOrder2(root1);
            System.out.println();
            System.out.print("中序遍历结点序列为:");
            //Traverse.inOrder(root1);
            Traverse.inOrder2(root1);
            System.out.println();
            System.out.print("后序遍历结点序列为:");
            Traverse.postOrder(root1);
            System.out.println();
            System.out.print("层序遍历结点序列为:");
            try{
                Traverse.levelOrder(root1);
            }
            catch(Exception e){
                e.printStackTrace();
            }
            System.out.println();
        }
}
```

5）运行结果

建立如图 6-19 所示的二叉树后，四种遍历结果如图 6-27 所示。

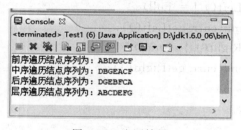

图 6-27　遍历结果

7. 二叉树类表示

二叉树设计还有第二种方法，即在二叉树结点类的基础上再设计一个二叉树类的方法。为简单起见，本节设计的二叉树类只实现基本的创建二叉树和四种遍历二叉树的操作，代码如下。

【代码 6-13】

```java
public class BTree {
    public BTNode root; //定义树的根结点
    //构造函数
    BTree(){
        root = null;
```

```java
}
BTree(Object item, BTree left, BTree right){
    BTNode l, r;
    if(left == null)
        l = null;
    else
        l = left.root;
    if(right == null)
        r = null;
    else
        r = right.root;
    root = new BTNode(item, l, r);
}
//先根遍历
public void preOrder(BTNode bt){
    if(bt != null){
        System.out.print(bt.data);
        preOrder(bt.getLeft());
        preOrder(bt.getRight());
    }
}
//中根遍历
public void inOrder(BTNode bt){
    if(bt != null){
        inOrder(bt.getLeft());
        System.out.print(bt.data);
        inOrder(bt.getRight());
    }
}
//后根遍历
public void postOrder(BTNode bt){
    if(bt != null){
        postOrder(bt.getLeft());
        postOrder(bt.getRight());
        System.out.print(bt.data);
    }
}
//层序遍历
public void levelOrder(BTNode bt) throws Exception{
    LinQueue q = new LinQueue();
    if(bt == null) return;
    BTNode curr;
    q.append(bt);
    while(! q.isEmpty()){
        curr = (BTNode)q.delete();
        System.out.print(curr.getData());
        if(curr.getLeft() != null)
            q.append(curr.getLeft());
        if(curr.getRight() != null)
            q.append(curr.getRight());
    }
}
}
```

建立如图 6-19 左图所示的二叉树,用二叉树类对象进行先根、中根、后根、层序四种方式的遍历,测试端代码如下。

【代码 6-14】

```java
public class Test2 {
    public static void main(String[] args)throws Exception{
        BTree g = new BTree(new Character('G'), null, null);
        BTree d = new BTree(new Character('D'), null, null);
        BTree e = new BTree(new Character('E'), g, null);
        BTree f = new BTree(new Character('F'), null, null);
        BTree b = new BTree(new Character('B'), d, e);
        BTree c = new BTree(new Character('C'), null, f);
        BTree a = new BTree(new Character('A'), b, c);
        System.out.print("前序遍历结点序列为:");
        a.preOrder(a.root);
        //Traverse.preOrder2(root1);
        System.out.println();
        System.out.print("中序遍历结点序列为:");
        a.inOrder(a.root);
        //Traverse.inOrder2(root1);
        System.out.println();
        System.out.print("后序遍历结点序列为:");
        a.postOrder(a.root);
        System.out.println();
        System.out.print("层序遍历结点序列为:");
        try{
            a.levelOrder(a.root);
        }
        catch(Exception ex){
            ex.printStackTrace();
        }
        System.out.println();
    }
}
```

建立如图 6-19 的二叉树后,遍历结果如图 6-28 所示。

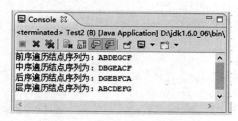

图 6-28 遍历结果

8. 线索二叉树

当按某种规则遍历二叉树时,保存遍历时得到的结点的后继结点信息和前驱结点信息的最常用的方法是建立线索二叉树。

对二叉链存储结构的二叉树分析可知，在有 n 个结点的二叉树中必定存在 $n+1$ 个空链域。当某结点的左指针为空时，令该指针指向按某种方法遍历二叉树时得到的该结点的前驱结点；当某结点的右指针为空时，令该指针指向按某种方法遍历二叉树时得到的该结点的后继结点。仅仅这样做会使我们不能区分左指针指向的结点到底是左孩子结点还是前驱结点，右指针指向的结点到底是右孩子结点还是后继结点，因此我们再在结点中增加两个线索标志位来区分这两种情况。

线索标志位定义如下：

$$\text{leftTag} = \begin{cases} 0 & (\text{leftTag 指向结点的左孩子结点}) \\ 1 & (\text{leftTag 指向结点的前驱结点}) \end{cases} \tag{6-7}$$

$$\text{rightTag} = \begin{cases} 0 & (\text{rightTag 指向结点的右孩子结点}) \\ 1 & (\text{rightTag 指向结点的后继结点}) \end{cases} \tag{6-8}$$

每个结点的结构如图 6-29 所示。

leftTag	leftChild	data	rightChild	rightTag

图 6-29　线索二叉树结点结构

结点中指向前驱结点和后继结点的指针称为线索。在二叉树的结点上加上线索的二叉树称作线索二叉树。对二叉树以某种方法（如前序、中序或后序方法）遍历，使其变为线索二叉树的过程，称作按该方法对二叉树进行的线索化。

如何把一棵二叉树变为一棵线索二叉树呢？方法是在遍历二叉树的过程中给每个结点添加线索。例如，要建立一棵中根线索二叉树，方法就是在中根遍历二叉树的过程中给每个结点添加中序线索。以图 6-19 二叉树为例，中根线索树生成如图 6-30 所示。

要建立一棵先根线索二叉树，方法就是在先根遍历二叉树的过程中给每个结点添加前序线索。读者可自行创建图 6-30 中二叉树的先根及后根线索二叉树。

一旦建立了某种方式的线索二叉树后，用户程序就可以像操作双向链表一样操作该线索二叉树。例如，一旦建立了中根线索二叉树后，用户程序就可以设计一个正向循环结构，来遍历该二叉树的所有结点，循环初始定位在中根线索二叉树的第一个结点位置，每次循环使当前结点等于其中根遍历的后继结点，若当前结点等于中序线索二叉树的最后一个结点（即等于头结点时）则循环过程结束。

6.2.4　树、森林与二叉树的转换

一般树的结构比较复杂，一个结点可以有任意多个孩子。显然对树的处理要复杂得多，研究关于树的性质和算法并不简单，没有规律。但在二叉树中，二叉树结点的孩子最多只有 2 个，非常有规律。二叉树是一种特殊的树，由于它的特殊性，很多性质和算法都被研究出来了，很多操作也比较容易实现。如果能把一般树转换为二叉树，许多操作都可以简化。为了更为简便地操作一般树，需要把它转换为二叉树，转换后的二叉树也应该能还原为一般树。

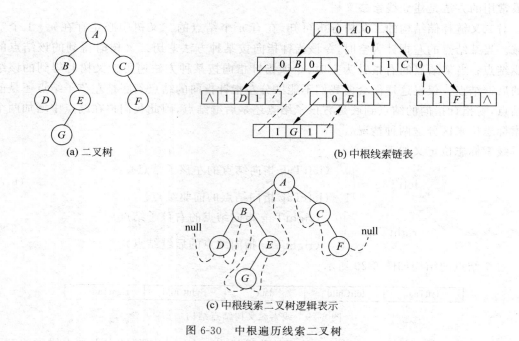

图 6-30 中根遍历线索二叉树

1. 一般树转换为二叉树

将一般树转换为二叉树的步骤如图 6-31 所示,转换步骤如下。

(1) 加线。在各兄弟结点之间用虚线相连。可理解为每个结点的兄弟指针指向它的一个兄弟。

(2) 抹线。对每个结点仅保留它与其最左一个孩子的连线,抹去该结点与其他孩子之间的连线。可理解为每个结点仅有一个孩子指针,让它指向自己的第一个孩子。

(3) 旋转。把虚线改为实线,从水平方向向下旋转 45°,成右斜下方向;原树中实线成左斜下方向,这样就形成一棵二叉树。

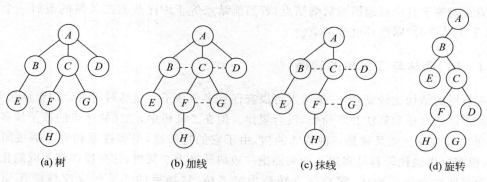

图 6-31 一般树转换为二叉树

2. 二叉树还原为一般树

二叉树还原为一般树时,该二叉树必须是由某一树转换而来的没有右子树的二叉树,其还原过程如图 6-32 所示,分为以下三个步骤。

(1) 加线。若某结点 i 是双亲结点的左孩子,则将该结点 i 的右孩子以及当且仅当连续地沿着右孩子的右链不断搜索到所有右孩子,都分别与结点 i 的双亲结点用虚线连接。

(2) 抹线。把原二叉树中所有双亲结点与其右孩子的连线抹去。这里的右孩子实质上是原一般树中结点的兄弟,抹去的连线是兄弟间的关系。

(3) 整理。把虚线改为实线,把结点按层次排列。

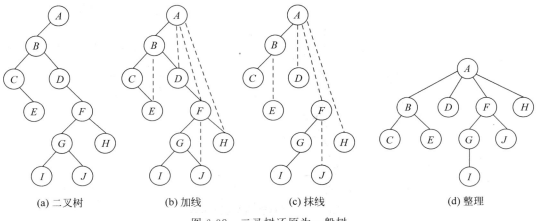

图 6-32 二叉树还原为一般树

3. 森林转换为二叉树

森林由若干棵树组成,是树的有限集合。森林转换为二叉树的步骤如图 6-33 所示,分为以下三个步骤。

(1) 将森林中每棵子树转换成相应的二叉树,形成有若干二叉树的森林。

(2) 按森林中树的先后次序,依次将后边一棵二叉树作为前边一棵二叉树根结点的右子树,这样整个森林就生成了一棵二叉树。

(3) 第一棵树的根结点便是生成后的二叉树的根结点。

4. 二叉树还原为森林

判断一棵二叉树能够转换成一棵树还是森林,就是看这棵二叉树的根结点有没有右孩子,有右孩子就可以还原为森林,没有右孩子就只能还原为一棵树。二叉树还原为森林,如图 6-34 所示,分为以下三个步骤。

(1) 抹线。将二叉树的根结点与其右孩子的连线以及当且仅当连续地沿着右链不断地搜索到的所有右孩子的连线全部抹去,这样就得到包含若干棵二叉树的森林。

(2) 还原。将每棵二叉树按二叉树还原为一般树的方法还原为一般树,即得到森林。

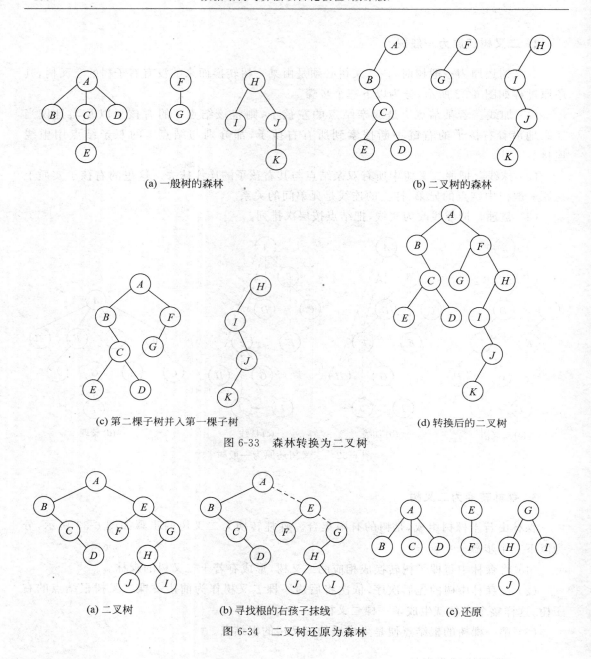

图 6-33　森林转换为二叉树

图 6-34　二叉树还原为森林

5. 树与森林的遍历

树的遍历分为两种方式：一种是先根遍历树，即先访问树的根结点，然后依次先根遍历树的每棵子树；另一种是后根遍历，即先依次后根遍历每棵子树，然后访问根结点。树的先根遍历序列与其转换后对应的二叉树的先根遍历序列相同，树的后根遍历序列与其转换后对应的二叉树的中根遍历序列相同，如图 6-34 所示。图 6-31(a)中的一般树的先根遍历序列为 $ABECFHGD$，等价于图 6-31(b)中的二叉树的先根遍历序列 $ABECFHGD$。同理，图 6-31(a)中的一般树的后根遍历序列为 $EBHFGCDA$，等价于图 6-31(b)中的二叉树的中

根遍历序列 $EBHFGCDA$。

森林的遍历也分为两种方式：一种是先序遍历的方式，另一种是后序遍历方式。

森林的先序遍历是先访问森林中第一棵树的根结点，然后依次先根遍历根的每棵子树，再依次用同样方式遍历除去第一棵树的剩余树构成森林。比如，图 6-33（a）森林的先序遍历序列为 $ABCEDFGHIJK$，等价于图 6-31（d）二叉树的先根遍历序列 $ABCEDFGHIJK$。

森林的后序遍历是先访问森林中第一棵树。后根遍历的方式是遍历每棵子树，然后访问根结点，再按同样方式遍历除去第一棵树的剩余树构成的森林。比如，图 6-33（a）森林的后序遍历序列为 $BECDAGFIKJH$，等价于 6-33（d）二叉树的中根遍历序列 $BECDAGFIKJH$。

6.2.5 二叉树的应用——哈夫曼树

大家都会用压缩和解压缩软件来处理文件，以减少占用磁盘的存储空间和提高网络传输文件的效率。但是大家有没有考虑过，把文件压缩而又能正确还原是如何做到的呢？其实压缩文件的原理就是将压缩的文本或二进制代码重新编码，以减少不必要的空间，尽管现在的编码解码技术已经非常强大，但这一切都来源于最基本的压缩编码方法——哈夫曼编码。

美国数学家哈夫曼（David Huffman）在 1952 年发明了哈夫曼编码，为了纪念他的成就，把他在编码中用到的特殊二叉树称为哈夫曼树，他的编码方法就叫作哈夫曼编码。

哈夫曼树又称最优二叉树，是一类带权路径长度最短的二叉树，有着广泛的应用。

1. 哈夫曼树的定义

由于二叉树有五种基本形态，当给定若干元素后，可构造出不同深度、不同形态的多种二叉树。如给定元素 A、B、C、D、E，可以构造出如图 6-35 所示的两棵二叉树。

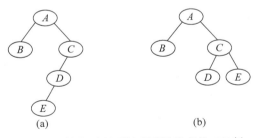

图 6-35　给定元素可组成不同形态的二叉树

在这两棵不同的二叉树中，如果要访问结点 E，所进行的比较次数是不同的，在图 6-35（a）中，需要比较 4 次才能找到 E，而图 6-35（b）中仅需比较 3 次。由此可见，对树中任意元素的访问时间取决于该结点在树中的位置。在实际应用中，有些元素经常被访问，而有些元素偶尔才被访问一次，所以，相关算法的效率不仅取决于元素在二叉树中的位置，还与元素的访问频率有关。若能使访问频率高的元素有较少的比较次数，则可提高算法的效率，这正是哈夫曼树要解决的问题。下面给出几个基本概念。

（1）路径。树中一个结点到另一个结点之间的分支构成这两个结点的路径。并不是树中所有结点之间都有路径,如兄弟结点之间就没有路径,但从根结点到任意一个结点之间都有一条路径。

(2) 路径长度。路径上的分支数目称为两结点之间的路径长度。在图 6-35(a)中,结点 C、E 之间的路径长度为 2;而在图 6-35(b)中,结点 C、E 之间的路径长度为 1。

(3) 树的路径长度。从根结点到树中每一结点的路径长度之和。在图 6-35(a)中,树的路径长度为 7;而在图 6-35(b)中,树的路径长度为 6。显然,在结点数目相同的二叉树中,完全二叉树的路径长度最短。

(4) 结点的权。给树中结点赋予一个有某种意义的数,称为该结点的权。

(5) 结点的带权路径长度。从该结点到树根之间的路径长度与结点上权的乘积。

(6) 树的带权路径长度。树中所有叶子结点的带权路径长度之和,通常记为

$$WPL = \sum_{i=1}^{n} w_i l_i \tag{6-9}$$

式中,n 表示叶子结点的数目;w_i 和 l_i 分别表示叶子结点 i 的权值和根到叶子结点 i 之间的路径长度。

在权为 $w_1, w_2, \cdots, w_n$ 的 n 个叶子结点的所有二叉树中,带权路径长度 WPL 最小的二叉树称为最优二叉树或哈夫曼树。

例如,给定 4 个叶子结点 a、b、c 和 d,分别带权 7、5、2 和 3,可以构造出不同的二叉树。图 6-36 所示的是其中的三棵,它们的带权路径长度分别如下。

图 6-36(a): $\qquad WPL = 7 \times 2 + 5 \times 2 + 2 \times 2 + 3 \times 2 = 34$

图 6-36(b): $\qquad WPL = 7 \times 3 + 5 \times 3 + 2 \times 1 + 3 \times 2 = 44$

图 6-36(c): $\qquad WPL = 7 \times 1 + 5 \times 2 + 2 \times 3 + 3 \times 3 = 32$

其中,图 6-36(c)所示的二叉树的 WPL 最小,其实它就是哈夫曼树。

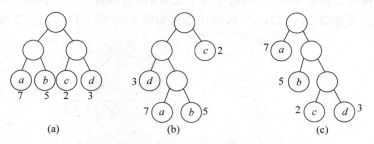

图 6-36 具有不同带权路径长度的二叉树

2. 哈夫曼树的构造

根据给定的 n 个权值 $\{w_1, w_2, \cdots, w_i, \cdots, w_n\}$ 构造哈夫曼树的过程如下。

(1) 根据给定的 n 个权值 $\{w_1, w_2, \cdots, w_i, \cdots, w_n\}$ 构造 n 棵二叉树的森林 $F = \{BT_1, BT_2, \cdots, BT_i, \cdots, BT_n\}$,其中每棵二叉树 BT_i 中都只有一个权值为 w_i 的根结点,其左右子树均为空。

(2) 在森林 F 中选出两棵根结点的权值最小的二叉树(当这样的二叉树不止两棵时,可以从中任选两棵),将这两棵二叉树合并成一棵新的二叉树,此时,需要增加一个新结点作为新二叉树的根,并将所选的两棵二叉树的根分别作为新二叉树的左、右孩子(谁左、谁右无关

紧要），将左、右孩子的权值之和作为新二叉树根的权值。

（3）在森林 F 中删除作为左、右子树的两棵二叉树，并将新建立的二叉树加入森林 F 中。

（4）对新的森林 F 重复步骤（2）和步骤（3），直到森林 F 中只剩下一棵二叉树为止，这棵二叉树便是所求的哈夫曼树。

图 6-37 给出了前面提到的叶子结点权值集合为 $W=\{7,5,2,3\}$ 的哈夫曼树的构造过程。

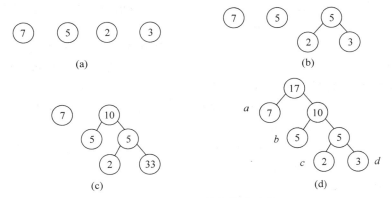

图 6-37 哈夫曼树的构造过程

对于同一组给定的叶子结点的权值所构造的哈夫曼树，树的形状可能不同，但带权路径长度值是相同的，一定是最小的。

3．哈夫曼树算法的实现

根据二叉树性质 3，有 n 个叶子结点的哈夫曼树中共有 $2n-1$ 个结点，用一个大小为 $2n-1$ 的数组来存储哈夫曼树中的结点。在哈夫曼树算法中，对每个结点，既需要知道其双亲结点的信息，又需要知道其孩子结点的信息，因此，其存储结构代码如下。

【代码 6-15】

```
public class HaffNode{              //哈夫曼树的结点类
    int weight;                      //权值
    int flag;                        //标记是否已经成为哈夫曼树结点
    int parent;                      //双亲结点下标
    int leftChild;                   //左孩子下标
    int rightChild;                  //右孩子下标
    public HaffNode(){
    }
}
```

根据以上设计，每个结点包含 5 个域，如图 6-38 所示。

weight	leftChild	rightChild	parent	flag

图 6-38 哈夫曼树结点结构图

根据哈夫曼树的构造,可得到哈夫曼树的算法思想如下。

(1) 初始化。将 node[$0..m-1$] 中每个结点的 leftChild、rightChild、parent 域全置为 -1,标记 flag 设为 0,表示该结点尚未加入哈夫曼树中,其中 $m=2n-1$。

(2) 输入。读入 n 个叶子结点的权值,存放于 node 数组的前 n 个位置的 weight 域中,它们是初始森林中 n 个孤立的根结点的权值。

(3) 合并。对初始森林中的 n 棵二叉树进行 $n-1$ 次合并,每合并一次产生一个新结点,所产生的新结点依次存放到数组 node 的第 $i(n \leqslant i < m)$ 个位置。每次合并分为以下两步。

① 在当前森林 node[$0..n-1$] 的所有结点中,选择权值最小的两个根结点 node[$x1$] 和 node[$x2$] 进行合并,$0 \leqslant p1, p2 \leqslant n-1$;

② 将根为 node[$x1$] 和 node[$x2$] 的两棵二叉树作为左右子树,合并为一棵新的二叉树,新二叉树的根存放在 node[$n+i$] 中,因此,将 node[$x1$] 和 node[$x2$] 的双亲域置为 $n+i$,并且新二叉树根结点的权值应为其左、右子树权值的和,即 node[$n+i$].weight = node[$x1$].weight + node[$x2$].weight,新二叉树根结点的左、右孩子分别为 $x1$ 和 $x2$,即 node[i].leftChild = $x1$, node[i].rightChild = $x2$。

由于合并后,node[$x1$] 和 node[$x2$] 的标志域 flag 不再是 0,这说明它们已不再是根,已经进入二叉树中,在下一次合并时不会被选中。

构造哈夫曼树的类的代码如下。

【代码 6-16】

```
public class HaffmanTree{
    static final int maxValue = 10000;          //最大权值
    private int nodeNum;                         //叶结点个数
    public HaffmanTree(int n){
        nodeNum = n;
    }
    public void haffman(int[] weight, HaffNode[] node){
        //构造权值为 weight 的哈夫曼树 haffTree
        int m1, m2, x1, x2;
        int n = nodeNum;
        //哈夫曼树 haffTree 初始化.n 个叶结点的哈夫曼树共有 2n-1 个结点
        for(int i = 0; i < 2 * n - 1; i++){
            HaffNode temp = new HaffNode();
            if(i < n)
                temp.weight = weight[i];
            else
                temp.weight = 0;
            temp.parent = 0;
            temp.flag = 0;
            temp.leftChild = -1;
            temp.rightChild = -1;
            node[i] = temp;
        }
        //构造哈夫曼树 haffTree 的 n-1 个非叶结点
        for(int i = 0; i < n - 1; i++){
            m1 = m2 = maxValue;
```

```
            x1 = x2 = 0;
            for(int j = 0; j < n + i; j ++){
                if(node[j].weight < m1 && node[j].flag == 0){
                    m2 = m1;
                    x2 = x1;
                    m1 = node[j].weight;
                    x1 = j;
                }
                else if(node[j].weight < m2 && node[j].flag == 0){
                    m2 = node[j].weight;
                    x2 = j;
                }
            }
            //将找出的两棵权值最小的子树合并为一棵子树
            node[x1].parent = n + i;
            node[x2].parent = n + i;
            node[x1].flag = 1;
            node[x2].flag = 1;
            node[n + i].weight = node[x1].weight + node[x2].weight;
            node[n + i].leftChild = x1;
            node[n + i].rightChild = x2;
        }
    }
}
```

上述算法中的函数 haffman(int[] weight,HaffNode[] node)是按权值和哈夫曼结点参数来构建哈夫曼树。

对于图 6-36 所示的构造哈夫曼树的过程和结果,如表 6-1～表 6-4 所示。

表 6-1 哈夫曼树的初始化

下标	weight	leftChild	rightChild	parent	flag
0	7	−1	−1	−1	0
1	5	−1	−1	−1	0
2	2	−1	−1	−1	0
3	3	−1	−1	−1	0
4	0	−1	−1	−1	0
5	0	−1	−1	−1	0
6	0	−1	−1	−1	0

表 6-2 哈夫曼树第一次合并

下标	weight	leftChild	rightChild	parent	flag
0	7	−1	−1	−1	0
1	5	−1	−1	−1	0
2	2	−1	−1	−4	1
3	3	−1	−1	−4	1
4	5	2	3	−1	0
5	0	−1	−1	−1	0
6	0	−1	−1	−1	0

表 6-3 哈夫曼树第二次合并

下标	weight	leftChild	rightChild	parent	flag
0	7	−1	−1	−1	0
1	5	−1	−1	5	1
2	2	−1	−1	−4	1
3	3	−1	−1	−4	1
4	5	2	3	5	1
5	10	1	4	−1	0
6	0	−1	−1	−1	0

表 6-4 哈夫曼树构造结果

下标	weight	leftChild	rightChild	parent	flag
0	7	−1	−1	6	1
1	5	−1	−1	5	1
2	2	−1	−1	−4	1
3	3	−1	−1	−4	1
4	5	2	3	5	1
5	10	1	4	6	1
6	17	0	5	−1	0

4. 哈夫曼树的应用

哈夫曼树的应用很广泛,本节就来讨论哈夫曼树在信息编码中的应用,即哈夫曼编码。

常用的编码方式有两种:等长编码和不等长编码。等长编码比较简单,每一个字符的编码长度相同,易于在接收端还原字符序列。但是在实际应用中,字符使用的频率是不相同的,例如,英文中字母 i 和 t 的使用就比 q 和 z 要频繁得多。如果都采用相同长度的编码,得到的编码总长度就比较长,会降低传输效率。

要使得编码的总长度缩短,应采用另一种常用的编码方法,即不等长编码。在这种编码方式中,根据字符的使用频率采用不等长的编码,使用频率高的字符的编码尽可能短,使用频率低的字符的编码则可以稍长,从而使编码的总长缩短。但采用这种不等长编码可能使译码产生多义性的电文。例如,假设用 00 表示 A,用 01 表示 B,用 0001 表示 K,当接收到信息串 0001 时,无法确定编码是表示 AB 还是 K。产生这个问题的原因是 A 的编码与 K 的编码开始部分(前缀)相同。因此,利用不等长编码不产生二义性的前提条件是:任意字符的编码都不是其他字符的编码的前缀。

假设要编码的字符集合 $D = \{d_1, \cdots, d_i, \cdots, d_n\}$ 包含 n 个字符,每个字符 d_i 出现的频率为 w_i,d_i 对应的编码长度是 l_i,则电文总长为 $\sum_{i=1}^{n} w_i l_i$。因此,使电文总长最短就是使 $\sum_{i=1}^{n} w_i l_i$ 取最小值。对应到二叉树上,可将 w_i 作为二叉树叶子结点的权值,l_i 作为从根到叶子结点的路径长度,则 $\sum_{i=1}^{n} w_i l_i$ 恰好为二叉树的带权路径长度。构造一棵具有 n 个叶子结点的哈夫曼树,然后对叶子结点进行编码,便可满足以上编码总长度最短的要求。

哈夫曼树构造好后,对其叶子结点进行编码,有如下约定:所有左分支表示字符"0",右分支表示字符"1"。从根结点到叶子结点的路径上分支字符组成的字符串称为该叶子结点的编码。

【例1】 要传输的字符集 $D=\{C,A,S,T,;\}$,字符出现频率 $w=\{2,4,2,3,3\}$,构造哈夫曼树和哈夫曼编码如图 6-39 所示。

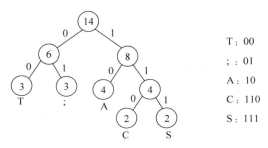

图 6-39 哈夫曼树及编码

【例2】 假设有一个电文字符集 $D=\{a,b,c,d,e,f,g,h\}$,每个字符的使用频率分别为{0.05,0.29,0.07,0.08,0.14,0.23,0.03,0.11}。设计其哈夫曼编码。

为方便计算,可以将所有字符的频率乘以 100,使其转换成整型数值集合,得到{5,29,7,8,14,23,3,11},以此集合中的数值作为叶子结点的权值构造一棵哈夫曼树,如图 6-40 所示。

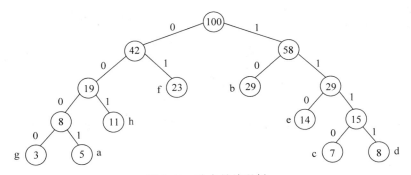

图 6-40 哈夫曼编码树

得到字符集 D 中字符的哈夫曼编码:a 为 0001;b 为 10;c 为 1110;d 为 1111;e 为 110;f 为 01;g 为 0000;h 为 001。

5. 哈夫曼树的动手实践

1) 实训目的

掌握哈夫曼树的创建方法,能根据压缩的需要,生成不等长的哈夫曼编码。

2) 实训内容

写出算法,得到哈夫曼编码。

3）实训思路

对于哈夫曼编码问题，为了在构造哈夫曼树时能方便地实现从双亲结点到左右孩子结点的操作，在进行哈夫曼编码时能方便地实现从孩子结点到双亲结点的操作。设计哈夫曼树的结点存储结构为双亲孩子存储结构。哈夫曼树结点结构如代码 6-15 所示。

由图 6-39 所示的哈夫曼编码可见，从哈夫曼树求叶子结点的哈夫曼编码，实际上是从叶子结点到根结点路径分支的逐个遍历，每经过一个分支就得到一个哈夫曼编码值。因此，需要一个数组 bit[MaxBit]保存每个叶子结点到根结点路径对应的哈夫曼编码。由于是不等长编码，还需要一个数据域 start 表示每个哈夫曼编码在数组中的起始位置，这样每个叶子结点的哈夫曼编码是从数组 bit 的起始位置 start 开始到数组结束位置中存放的 0 和 1 的序列。存放哈夫曼编码的存储结构如图 6-41 所示。

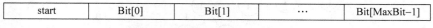

| start | Bit[0] | Bit[1] | … | Bit[MaxBit−1] |

图 6-41　哈夫曼编码存储结构

4）关键代码

保存哈夫曼编码的哈夫曼编码类代码如下。

【代码 6-17】

```
public class Code{                  //哈夫曼编码类
    int[ ] bit;                     //数组
    int start;                      //编码的起始下标
    int weight;                     //字符的权值
    //初始化
    public Code(int n){
        bit = new int[n];
        start = n - 1;
    }
}
```

哈夫曼编码的代码如下，这段代码可以加在代码 6-16 中，可得到哈夫曼从根到叶子结点的编码，代码如下。

【代码 6-18】

```
//由哈夫曼树 haffTree 构造哈夫曼编码 haffCode
public void haffmanCode(HaffNode[ ] node, Code[ ] haffCode){
    int n = nodeNum;
    Code cd = new Code(n);
    int child, parent;
    //求 n 个叶子结点的哈夫曼编码
    for(int i = 0; i < n; i ++){
        cd.start = n - 1;                    //不等长编码的最后一位为 n-1
        cd.weight = node[i].weight;          //取得编码对应的权值
        child = i;
        parent = node[child].parent;
        while(parent != 0){
```

```
            //由叶结点向上直到根结点循环
            if(node[parent].leftChild == child)
                cd.bit[cd.start] = 0;                    //左孩子结点编码 0
            else
                cd.bit[cd.start] = 1;                    //右孩子结点编码 1
            cd.start -- ;
            child = parent;
            parent = node[child].parent;
        }
        Code temp = new Code(n);
        //保存叶结点的编码和不等长编码的起始位
        for(int j = cd.start + 1; j < n; j++)
            temp.bit[j] = cd.bit[j];
        temp.start = cd.start;
        temp.weight = cd.weight;
        haffCode[i] = temp;
    }
}
```

测试端代码如下,这是以图 6-36 的 4 个权值结点{7,5,2,3}来创建的哈夫曼树,并构造哈夫曼编码。

【代码 6-19】

```
public class Test3{
    public static void main(String[] args){
        int n = 4;
        HaffmanTree myHaff = new HaffmanTree(n);
        int[] weight = {7, 5, 2, 3};
        HaffNode[] node = new HaffNode[2 * n + 1];
        Code[] haffCode = new Code[n];
        myHaff.haffman(weight, node);
        myHaff.haffmanCode(node, haffCode);
        for(int i = 0; i < n; i ++){
            System.out.print("Weight = " + haffCode[i].weight + " Code = ");
            for(int j = haffCode[i].start + 1; j < n; j ++)
                System.out.print(haffCode[i].bit[j]);
            System.out.println();
        }
    }
}
```

5）运行结果

程序运行结果如图 6-42 所示。

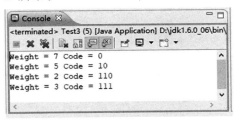

图 6-42　哈夫曼编码

6.3 项目实现

本项目主要功能是由用户输入二叉树的结点。二叉树以顺序结构和链式结构创建二叉树,并构建哈夫曼树。其中以顺序结构创建二叉树是上面内容没有涉及的,其他无论创建二叉树,还是遍历二叉树,以及构建哈夫曼树的代码,上文都已经详细列出。

项目实现需要结点 Node 类。项目实现代码如下面两部分。

【代码 6-20】

```java
//结点类
import java.util.*;
public class Node {
    private int value;
    private Node leftChild;
    private Node rightChild;
    public Node(int data, Node left, Node right) {
        this.value = data;
        this.leftChild = left;
        this.rightChild = right;
    }
    public Node(int value) {
        this.value = value;
    }
    public int getValue() {
        return value;
    }
    public void setValue(int value) {
        this.value = value;
    }
    public Node getLeftChild() {
        return leftChild;
    }
    public void setLeftChild(Node leftChild) {
        this.leftChild = leftChild;
    }
    public Node getRightChild() {
        return rightChild;
    }
    public void setRightChild(Node rightChild) {
        this.rightChild = rightChild;
    }
    public int compareTo(Object o) {
        Node that = (Node) o;
        double result = this.value - that.value;
        return result > 0 ? 1 : result == 0 ? 0 : -1;
    }
}
```

【代码 6-21】

```java
//顺序存储二叉树
import java.util.ArrayList;
import java.util.List;
/*
 * 顺序存储转二叉树
 */
public class SepToTree {
    //用一个集合来存放每一个 Node
    private List<Node> list;
    public SepToTree(){
        list = new ArrayList<Node>();
    }
    public List<Node> getList() {
        return list;
    }
    public void setList(List<Node> list) {
        this.list = list;
    }
    public void createTree(int[] array) {
        for (int i = 0; i < array.length; i++) {
            //创建结点,每一个结点的左结点和右结点为 null
            Node node = new Node(array[i], null, null);
            list.add(node); //list 中存着每一个结点
        }
        //构建二叉树
        if (list.size() > 0) {
            //i 表示的是根结点的索引,从 0 开始
            for (int i = 0; i < array.length / 2 - 1; i++) {
                if (list.get(2 * i + 1) != null) {
                    //左结点
                    list.get(i).setLeftChild(list.get(2 * i + 1));
                }
                if (list.get(2 * i + 2) != null) {
                    //右结点
                    list.get(i).setRightChild(list.get(2 * i + 2));
                }
            }
            //判断最后一个根结点:因为最后一个根结点可能没有右结点,所以单独拿出来处理
            int lastIndex = array.length / 2 - 1;
            //左结点
            list.get(lastIndex).setLeftChild(list.get(lastIndex * 2 + 1));
            //右结点。如果数组的长度为奇数,才有右结点
            if (array.length % 2 == 1) {
                list.get(lastIndex).setRightChild(list.get(lastIndex * 2 + 2));
            }
        }
    }
}
```

```java
//先序遍历
public static void print(Node node) {
    if (node != null) {
        System.out.print(node.getValue() + " ");
        print(node.getLeftChild());
        print(node.getRightChild());
    }
}

public static void main(String[] args) {
    int[] array = { 1, 2, 3, 4, 5, 6, 7, 8, 9 };
    SepToTree demo = new SepToTree();
    demo.createTree(array);
    print(demo.getList().get(0));
}
}
```

6.4 小结

本模块首先简要介绍了树结构的概念和特点,然后介绍树的存储结构,二叉树是树结构中一种最典型、最常用的结构,所以二叉树是本模块介绍的重点,接下来针对二叉树介绍了它的定义;三种遍历方式;创建二叉树的方法;树和二叉树以及森林的互相转换;哈夫曼树的特点及其应用。

6.5 习题

1. 填空题

(1) 若二叉树中度为 2 的结点有 15 个,该二叉树有_____个叶子结点。

(2) 若深度为 6 的完全二叉树的第 6 层有 3 个叶子结点,则该二叉树一共有_____个结点。

(3) 若某完全二叉树的深度为 h,则该完全二叉树中至少有_____个结点。

(4) 二叉树的先根遍历序列为 $ABCEFDGH$,中根遍历序列为 $AECFBGDH$,则这棵二叉树的后根遍历序列为_____。

(5) 深度为 h 且有_____个结点的二叉树称为满二叉树。

2. 选择题

(1) 树结构最适合用来描述( )。

    A. 有序的数据元素

    B. 无序的数据元素

    C. 数据元素之间的具有层次关系的数据

D. 数据元素之间没有关系的数据

(2) 在非空二叉树的中根遍历序列中,二叉树的根结点的左边应该(　　)。

　　A. 只有左子树上的所有结点　　　　B. 只有左子树上的部分结点

　　C. 只有右子树上的所有结点　　　　D. 只有右子树上的部分结点

(3) 下面关于哈夫曼树的说法,不正确的是(　　)。

　　A. 对应于一组权值构造出的哈夫曼树一般不是唯一的

　　B. 哈夫曼树具有最小带权路径长度

　　C. 哈夫曼树中没有度为 1 的结点

　　D. 哈夫曼树中除了度为 1 的结点外,还有度为 2 的结点和叶子结点

3. 简答题

(1) 列出如图 6-43 所示二叉树的叶子结点、分支结点和每个结点的层次。

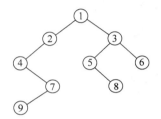

图 6-43　二叉树

(2) 在结点个数为 $n(n>1)$ 的各棵树中,树的最小高度是多少?它有多少个叶结点?多少个分支结点?树的最大高度是多少?它有多少个叶结点?多少个分支结点?

(3) 试分别画出具有 3 个结点的二叉树的所有不同形态。

(4) 如果一棵树有 n_1 个度为 1 的结点,有 n_2 个度为 2 的结点,…,n_m 个度为 m 的结点,试问有多少个度为 0 的结点?试推导之。

(5) 试分别找出满足以下条件的所有二叉树:

① 二叉树的前序序列与中序序列相同;

② 二叉树的中序序列与后序序列相同;

③ 二叉树的前序序列与后序序列相同。

(6) 给定权值集合{15,03,14,02,06,09,16,17},构造相应的哈夫曼树,并计算它的带权路径长度。

(7) 假定用于通信的电文仅由 8 组字符"c1,c2,c3,c4,c5,c6,c7,c8"组成,各字母在电文中出现的频率分别为"5,25,3,6,10,11,36,4"。试为这 8 个字母设计不等长哈夫曼编码,并给出该电文的总码数。

(8) 试写出先根遍历二叉树的非递归算法。

模块 7　图——最短地铁乘坐线路小软件

- 会用图的模型找到现实的例子,理解图的相关概念。
- 会用邻接矩阵存储图。
- 会用邻接表存储图。
- 掌握图的两种遍历方式。
- 能写出查找最小路径的算法。
- 能画出拓扑序列图。

本模块思维导图请扫描右侧二维码。

图的思维导图

收发快递早已成为我们生活的一部分,大家有没有想过快递路径的选择问题,这些包裹是如何选择最短的路径快捷地传递到我们手中？另外,选择最短线路搭乘地铁到目的地也是我们在大城市生活必备的技能,如何利用算法解决这些问题？地铁交通和路径规划的数据结构就是本模块要讲解的图结构。

7.1　项目描述

某市修建了两条地铁线路。公司为方便乘客乘车,现需要开发一个地铁乘坐指南的小应用软件,该应用软件的其中一个功能是计算出最短地铁乘坐线路的站数。

1. 功能描述

该市的 2 条地铁线路如图 7-1 所示,其中 A 为环线,B 为东西向线路,线路都是双向的。两条线交叉的换乘点用 T1、T2 表示。

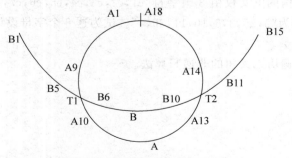

图 7-1　两条地铁线路的线路图(只列出部分站点)

地铁线 A(环线)经过车站：A1→A2→A3→A4→A5→A6→A7→A8→A9→T1→A10→A11→A12→A13→T2→A14→A15→A16→A17→A18。

地铁线 B(直线)经过车站：B1→B2→B3→B4→B5→T1→B6→B7→B8→B9→B10→T2→B11→B12→B13→B14→B15。

编写程序，任意输入两个站点名称，输出乘坐地铁最少需要经过的车站数量(含输入的起点和终点，换乘站点只计算一次)。输入的站点名必须与线路站点名一致，不一致时提示用户重新输入。举例如下。

输入：

A3 B7

输出：

站数为 10
线路为 A3→A4→A5→A6→A7→A9→T1→B6→B7

2．设计思路

本项目中 A9 与 A10，A13 与 A14，B5 与 B6，B10 与 B11 不连续，中间有相交点，另有上下两个环，这是设计的难点。本项目要计算出地铁换乘最短的路径，使用图的最短路径广度优先算法即可。

7.2　相关知识

7.2.1　图的基本概念

在实际应用中，有许多可以用图结构来描述的问题，比如旅游线路可以用图来画出，而如何用最少的资金和最少的时间周游中国甚至全世界？在学完本模块后就会有很好的解决办法。

1．图的定义

图(graph)是由顶点和边组成的，顶点表示图中的数据元素，边表示数据元素之间的关系，记为 $G=(V,E)$，其中 V 是顶点(vertex)的非空有穷集合；E 是用顶点对表示的边(edge)的有穷集合，可以为空。

若图 G 中表示边的顶点对是无序的，即称无向边，则称图 G 为无向图。通常用 (v_i,v_j) 表示顶点 v_i 和 v_j 间的无向边。

若图 G 中表示边的顶点对是有序的，即称有向边，称图 G 为有向图。通常用 $<v_i,v_j>$ 表示从顶点 v_i 到顶点 v_j 的有向边。有向边 $<v_i,v_j>$ 也称为弧，顶点 v_i 称为弧尾(或起始点)，顶点 v_j 称为弧头(或终点)，可用由弧尾指向弧头的箭头形象地表示弧。显然，在有向图中，$<v_i,v_j>$ 和 $<v_j,v_i>$ 表示两条不同的弧。

如图 7-2 所示，G_1 是无向图，其中，$V=\{v_0,v_1,v_2,v_3,v_4\}$，$E=\{(v_0,v_1),(v_0,v_3),(v_0,v_4),(v_1,v_4),(v_1,v_2),(v_2,v_4),(v_3,v_4)\}$；$G_2$ 是有向图，其中，$V=\{v_0,v_1,v_2,v_3\}$，$E=\{<v_0,v_1>,<v_1,v_2>,<v_2,v_0>,<v_3,v_2>\}$。

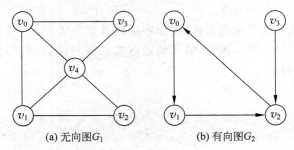

图 7-2　图的示例

2. 图的基本术语

(1) 邻接点：在无向图 $G=(V,E)$ 中，若边 $(v_i,v_j) \in E$，则称顶点 v_i 和 v_j 互为邻接点 (adjacent) 或 v_i 和 v_j 相邻接，并称边 (v_i,v_j) 与顶点 v_i 和 v_j 相关联，或者说边 (v_i,v_j) 依附于顶点 v_i、v_j。在有向图 $G=(V,E)$ 中，若弧 $<v_i,v_j> \in E$，则称顶点 v_i 邻接到顶点 v_j，顶点 v_j 邻接自顶点 v_i，并称弧 $<v_i,v_j>$ 和顶点 v_i、v_j 相关联。

(2) 顶点的度、入度和出度：顶点 v_i 的度 (degree) 是图中与 v_i 相关联的边的数目，记为 $TD(v_i)$。例如，图 7-2 的 G_1 中，v_2 的度为 2，v_4 的度为 4。对于有向图，顶点 v_i 的度等于该顶点的入度和出度之和，即 $TD(v_i)=ID(v_i)+OD(v_i)$。其中，顶点 v_i 的入度 (indegree) $ID(v_i)$，是以 v_i 为弧头的弧的数目；顶点 v_i 的出度 (outdegree) $OD(v_i)$ 是以 v_i 为弧尾的弧的数目。图 7-2 的 G_2 中，v_2 的入度为 2，出度为 1，所以 v_2 的度为 3。无论有向图还是无向图，每条边均关联两个顶点，因此，顶点数 n、边数 e 和度数之间有如下关系：

$$e = \frac{1}{2}\sum_{i=1}^{n} TD(v_i) \tag{7-1}$$

(3) 完全图、稠密图、稀疏图：若无向图中有 $\frac{1}{2}n(n-1)$ 条边，即图中每对顶点之间都有一条边，则称该无向图为无向完全图。若有向图中有 $n(n-1)$ 条弧，即图中每对顶点之间都有方向相反的两条弧，则称该有向图为有向完全图，如图 7-3 所示。有很少条边或弧 ($e<n\log n$) 的图称为稀疏图，反之称为稠密图。

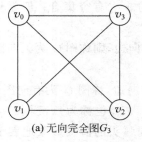
(a) 无向完全图 G_3

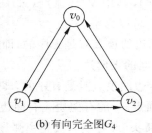
(b) 有向完全图 G_4

图 7-3　完全图

(4) 子图：假设有两个图 $G=(V,E), G'=(V',E')$，若有 $V'\subseteq V, E'\subseteq E$，则称图 G' 是图 G 的子图，如图 7-4 所示为子图的一些例子。

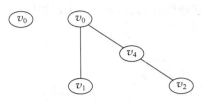

图 7-4　G_1 的子图

(5) 路径：无向图 $G=(V,E)$ 中，从顶点 v 到顶点 v' 间的路径(path)是一个顶点序列 $(v=v_{i0}, v_{i1}, \cdots, v_{im}=v')$，其中，$(v_{ij-1}, v_{ij})\in E, 1\leqslant j\leqslant m$；若 G 是有向图，则路径也是有向的，且小于 $v_{ij-1}, v_{ij}>\in E, 1\leqslant j\leqslant m$。路径上边或弧的数目称为路径长度。如果路径的起点和终点相同，则称此路径为回路或环(cycle)。序列中顶点不重复出现的路径称为简单路径。除了第一个顶点和最后一个顶点之外，其余顶点不重复出现的回路称为简单回路或简单环。

(6) 连通图、连通分量：在无向图 G 中，若从顶点 v_i 到顶点 $v_j(i\neq j)$ 有路径相通，则称 v_i 和 v_j 是连通的。如果图中任意两个顶点 v_i 和 $v_j(i\neq j)$ 都是连通的，则称该图是连通图(connected graph)。例如，图 7-2 的 G_1 就是一个连通图。无向图中极大连通子图称为连通分量(connected component)。对于连通图，其连通分量只有一个，就是它本身。对于非连通图，其连通分量可以有多个。例如，图 7-5(a)是一个非连通图，它有 3 个连通分量，如图 7-5(b)所示。

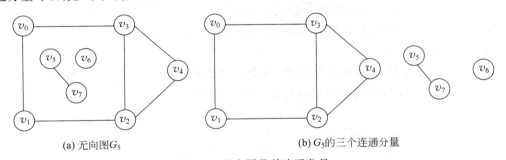

图 7-5　无向图及其连通分量

(7) 强连通图、强连通分量：在有向图中，若任意两个顶点 v_i 和 v_j 都连通，即从 v_i 到 v_j 和从 v_j 到 v_i 都有路径相通，则称该有向图为强连通图，如图 7-3 中 G_4 就是强连通图。有向图中的极大强连通子图称为该有向图的强连通分量。如图 7-2 中 G_2 不是强连通图，但它有两个强连通分量，如图 7-6 所示。

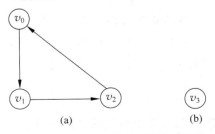

图 7-6　有向图 G_2 的两个强连通分量

(8) 权、网：图的每条边或弧上常常附有一个具有一定意义的数值，这种与边或弧相关的数值称为该边(弧)的权(weight)。这些权可以表示顶点之间的距离、时间成本或经济成本等信息。边或弧上带权的连通图称为网(network)，如图 7-7 所示。

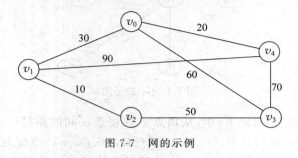

图 7-7　网的示例

7.2.2　图的存储结构

图的存储结构比线性表和树更为复杂，既要存储所有顶点的信息，又要存储顶点与顶点之间的所有关系，也就是边的信息。我们常说的"顶点的位置"或"邻接点的位置"只是一个相对的概念，图上任何一个顶点都可以看作初始顶点，任一顶点的邻接点之间不存在次序关系。本小节介绍图的邻接矩阵和邻接表形式的存储。

1. 邻接矩阵

邻接矩阵这种存储结构采用两个数组来表示图，一个是一维数组，存储图中的所有顶点的信息；另一个是二维数组，即邻接矩阵，存储顶点之间的关系。

1) 邻接矩阵的定义

设 $G=(V,E)$ 是具有 n 个顶点的图，顶点序号依次为 $0,1,\cdots,n-1$，即 $V(G)=\{v_0, v_1,\cdots,v_{n-1}\}$，则图 G 的邻接矩阵是具有如下性质的 n 阶方阵：

$$A[i][j]=\begin{cases}1 & [(v_i,v_j) \text{ 或} <v_i,v_j> \in E]\\ 0 & [(v_i,v_j) \text{ 或}(v_i,v_j) \in E]\end{cases} \tag{7-2}$$

例如，图 7-3 所示的无向图 G_1 的邻接矩阵可由公式 7-3 表示。

$$\mathbf{A}_1=\begin{bmatrix}0 & 1 & 0 & 1 & 1\\ 1 & 0 & 1 & 0 & 1\\ 0 & 1 & 0 & 0 & 1\\ 1 & 0 & 0 & 0 & 1\\ 1 & 1 & 1 & 1 & 0\end{bmatrix} \tag{7-3}$$

图 7-3 所示的有向图 G_2 的邻接矩阵可由公式 7-4 表示。

$$\mathbf{A}_2=\begin{bmatrix}0 & 1 & 0 & 0\\ 0 & 0 & 1 & 0\\ 1 & 0 & 0 & 0\\ 0 & 0 & 1 & 0\end{bmatrix} \tag{7-4}$$

若 G 是网，则其邻接矩阵是具有如下性质的 n 阶方阵：

$$A[i][j] = \begin{cases} W_{ij} & [(v_i,v_j) \text{ 或} <v_i,v_j> \in E] \\ \infty & [(v_i,v_j) \text{ 或} <v_i,v_j> \in E] \end{cases} \tag{7-5}$$

式中,W_{ij} 表示边(v_i,v_j)或弧$<v_i,v_j>$上的权值;∞代表一个计算机内允许的、大于所有边上权值的正整数。

图 7-8 所示网的邻接矩阵可由公式 7-6 表示。

$$A = \begin{bmatrix} \infty & 30 & \infty & 60 & 20 \\ 30 & \infty & 10 & \infty & 90 \\ \infty & 10 & \infty & 50 & \infty \\ 60 & \infty & 50 & \infty & 70 \\ 20 & 90 & \infty & 70 & \infty \end{bmatrix} \tag{7-6}$$

图的邻接矩阵表示法具有以下特点。

(1) 无向图的邻接矩阵一定是对称的,而有向图的邻接矩阵不一定对称。因此,用邻接矩阵来表示一个具有 n 个顶点的有向图时,需要 n^2 个单元来存储邻接矩阵;对于无向图,由于其对称性,可采用压缩存储的方式,只需存入上(或下)三角的元素,故只需 $n(n-1)/2$ 个单元。

(2) 对于无向图,邻接矩阵的第 i 行(或第 i 列)非零元素的个数正好是第 i 个顶点的度 $TD(v_i)$;对于有向图,邻接矩阵的第 i 行非零元素的个数正好是第 i 个顶点的出度 $OD(v_i)$,第 i 列非零元素的个数正好是第 i 个顶点的入度 $ID(v_i)$。

(3) 对于无向图,图中边的数目是矩阵中 1 的个数的一半;对于有向图,图中弧的数目是矩阵中 1 的个数。

(4) 从邻接矩阵很容易确定图中任意两个顶点间是否有边相连,如果第 i 行第 j 列的值为 1,表示顶点 i 和顶点 j 之间有边相连。但是,要确定图中有多少条边,必须逐行逐列检测。

图的邻接矩阵存储结构描述如下。

【代码 7-1】

```java
public class AdjMWGraph{
    static final int maxWeight = 10000;        //表示不连接的无穷大
    private SeqList vertices;                   //存储结点的顺序表
    private int[][] edge;                       //存储边的二维数组
    private int numOfEdges;                     //边数
    public AdjMWGraph(int maxV){                //构造函数,maxV 为结点个数
        vertices = new SeqList(maxV);
        edge = new int[maxV][maxV];
        for(int i = 0; i < maxV; i ++){
            for(int j = 0; j < maxV; j ++){
                if(i == j)
                    edge[i][j] = 0;
                else
```

```
                    edge[i][j] = maxWeight;
            }
        }
        numOfEdges = 0;
    }
    public int getNumOfVertices(){              //返回结点个数
        return vertices.size;
    }
    public int getNumOfEdges(){                 //返回边的个数
        return numOfEdges;
    }
    //插入顶点
    public void insertVertex(Object vertex) throws Exception{
        vertices.insert(vertices.size, vertex);
    }
    //插入边<v1,v2>,权值为weight
    public void insertEdge(int v1, int v2, int weight) throws Exception{
        if(v1 < 0 || v1 >= vertices.size || v2 < 0 || v2 >= vertices.size)
            throw new Exception("参数v1或v2越界出错!");
        edge[v1][v2] = weight;                  //置边的权值
        numOfEdges ++;                          //边的个数加1
    }
}
```

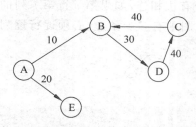

图 7-8 创建图的网示例

2）建立图的邻接矩阵

以图 7-8 的网为例进行讨论,需要顶点的个数、边的条数等参数,并由顶点的序号建立顶点线性表(数组)。然后将矩阵的每个元素都初始化成 0,读入边 (i,j),将邻接矩阵的相应元素的值(第 i 行第 j 列和第 j 行第 i 列)置为权值。

首先把创建图所需的数据和方法设计为类 RowColWeight,建立邻接矩阵的算法作为静态方法并写入这个类中。代码如下。

【代码 7-2】

```
//建立图的邻接矩阵
public class RowColWeight{
    int row;                        //矩阵的行
    int col;                        //矩阵的列
    int weight;                     //边的权值
    public RowColWeight(int r, int c, int w){
        row = r;
        col = c;
```

```
            weight = w;
    }
//创建图的邻接矩阵
public static void createGraph(AdjMWGraph g, Object[] v, int n, RowColWeight[] rc, int e)
    throws Exception{
        for(int i = 0; i < n; i ++)
            g.insertVertex(v[i]);
        for(int k = 0; k < e; k ++)
            g.insertEdge(rc[k].row, rc[k].col, rc[k].weight);
        }
    }
```

算法执行时间是 $O(n+n^2+e)$,其中 $O(n^2)$ 的时间耗费在邻接矩阵的初始化操作上。因为 $e < n^2$,所以,算法 creatGraph 的时间复杂度是 $O(n^2)$。

3) 邻接矩阵的动手实践

(1) 实训目的。会根据图结构创建邻接矩阵来表示图。

(2) 实训内容。用邻接矩阵表示图 7-8 的网。

(3) 实训思路。由于前面给出了创建邻接矩阵的算法,这里只需要按照图 7-8 编写一个测试端类 Test1。

(4) 关键代码。关键代码如下。

【代码 7-3】

```
public class Test1{
    public static void main(String[] args){
        int n = 5, e = 5;                          //n 为顶点数,e 为边数
        AdjMWGraph g = new AdjMWGraph(n);
        Character[] a = {new Character('A'),new Character('B'),new Character('C'),new
Character('D'),new Character('E')};
        RowColWeight[] rcw = {new RowColWeight(0,1,10),new RowColWeight(0,4,20),new
RowColWeight(1,3,30),new RowColWeight(2,1,40),new RowColWeight(3,2,40)};
        try{
            RowColWeight.createGraph(g,a,n,rcw,e);
            System.out.println("顶点个数为:" + g.getNumOfVertices());
            System.out.println("边的个数为:" + g.getNumOfEdges());
        }
        catch (Exception ex){
            ex.printStackTrace();
        }
    }
}
```

(5) 运行结果。程序运行结果如图 7-9 所示。

由于没有调用遍历方法,看不出图的结构,只能输出图的顶点信息和边的信息。

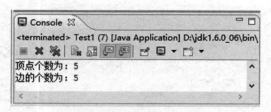

图 7-9 代码 7-3 的运行结果

2. 邻接表

邻接矩阵是一种比较简单的图存储结构,但是对于边数相对顶点较少的图,就有可能产生稀疏矩阵,很浪费存储空间,因此可以考虑链式存储的方式,结合树的孩子表示法,将数组与链表相结合的存储方法称为邻接表。

在邻接表中,对图中的每个顶点建立一个单链表,链表的每一个结点代表一条边,叫作表结点,结点中保存与该边相关联的另一顶点的顶点下标 adjvex 和指向同一链表中下一个表结点的指针 nextarc,如图 7-10(a)所示。第 i 个单链表中的结点表示依附于顶点 v_i 的所有的边(对有向图是以顶点 v_i 为弧尾的弧),每个链表上附设一个表头结点,结点中存储顶点 v_i 的有关信息 data 和指向链表表中第一个表结点的指针 firstarc,如图 7-10(b)所示。

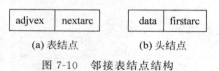

图 7-10 邻接表结点结构

图 7-11 所示为无向图对应的邻接表。

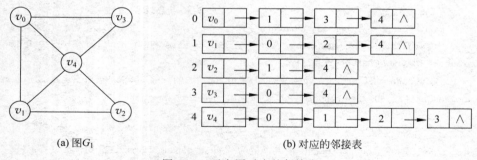

图 7-11 无向图对应的邻接表

从如图 7-11 所示的邻接表中,要获得图的相关信息是非常方便的,比如要想知道某个顶点的度,就去查找这个顶点的边表中结点的个数,若要判断 v_i 和 v_j 是否存在边,只需要测试顶点 v_i 的边表中 adjvex 是否存在结点 v_j 的下标 j 就行了。

如果是有向图,邻接表的结构是类似的。图 7-12 所示为有向图及对应的邻接表。由于有向图是有方向的,则以顶点为弧来存储边表,这样很容易得到每个顶点的出度。但有时想得到顶点的入度,或以顶点为弧,则可以建立一个有向图的逆邻接表,即对每个顶点 v_i 都建立一个 v_i 为弧头的表,如图 7-13 所示。

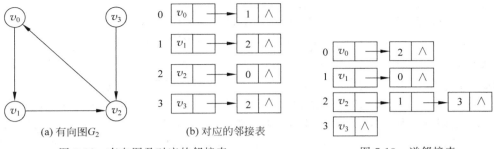

图 7-12　有向图及对应的邻接表　　　　图 7-13　逆邻接表

结合图 7-12 和图 7-13 的邻接表和逆邻接表表示图，可以很容易求出某个顶点的入度或出度是多少，也很容易判断两顶点之间是否连接。

无向图邻接表的代码如下。

【代码 7-4】

```
//邻接表存储结构
class ArcNode{
    int adjvex;
    ArcNode nextarc;
}
class VertexNode{
    char data;
    ArcNode firstarc;
}
```

7.2.3　图的遍历

图的遍历就是从图中任意给定的顶点（称为起始顶点）出发，按照某种搜索方法，访问图中其余的顶点，且使每个顶点仅被访问一次的过程。图的遍历是一种基本操作。图的任一顶点都可能和其余顶点相邻接，因此在遍历图的过程中，在访问了某个顶点后，可能沿着某条路径搜索后又回到该顶点，为避免某个顶点被访问多次，在遍历图的过程中，要记下每个已被访问过的顶点。为此，可增设一个访问标志数组 visited[n]，用以标识图中每个顶点是否被访问过。每个 visited[i] 的初值置为零，表示该顶点未被访问过。一旦顶点 v_i 被访问过，就将 visited[i] 置为 1，表示该顶点已被访问过。

在图的遍历中，由于一个顶点可以和多个顶点相邻接，当某个顶点被访问后，有两种选取下一个顶点的方法，这就形成了两种遍历图的算法：深度优先搜索遍历算法和广度优先搜索遍历算法，这两种方法都适用于无向图和有向图。

1. 连通图的深度优先搜索

连通图的深度优先搜索 DFS（depth first search）遍历与树的先根遍历类似，基本思想是假定以图中某个顶点 v_i 为起始顶点，首先访问起始顶点，然后选择一个与顶点 v_i 相邻且未被访问过的顶点 v_j 为新的起始顶点继续进行深度优先搜索，直至图中与顶点 v_i 邻接的所有顶点都被访问过为止,这是一个递归的搜索过程。

以图 7-14(a)的图 G 为例说明深度优先搜索过程。假定 v_0 是出发点,首先访问 v_0。v_0 有两个邻接点 v_1、v_2,且均未被访问过,任选一个作为新的出发点。假设选的是 v_1,访问 v_1 之后,再从 v_1 的未被访问过的邻接点 v_3 和 v_4 中选择。假设 v_3 作为新的出发点,重复上述搜索过程,依次访问 v_4。访问 v_4 之后,由于 v_4 的邻接点均被访问过,搜索按原路退回到 v_3。v_3 的邻接点也均已被访问过,继续回退到 v_1。v_1 的邻接点也均已被访问过,继续回退到 v_0。v_0 的两个邻接点 v_1、v_2 中,v_1 已被访问过,v_2 未被访问,于是再从 v_2 出发。先访问 v_2。v_2 的邻接点 v_5、v_6 均未被访问过,选择 v_5 进行访问。v_5 的邻接点只有 v_7 未被访问过,访问 v_7。v_7 没有未被访问的邻接点,按原路返回到 v_5。v_5 的所有邻接点都被访问过了,继续返回到 v_2。v_2 的邻接点 v_6 未被访问过,访问 v_6。v_6 没有未被访问的邻接点,返回 v_2。v_2 没有未被访问的邻接点,继续返回到初始顶点 v_0。v_0 的所有邻接点都已被访问过,而且图 G 的所有顶点都已被访问过,算法结束。

遍历过程如图 7-14(b)所示,得到以 v_0 为起始点的深度优先搜索序列: $v_0 \rightarrow v_1 \rightarrow v_3 \rightarrow v_4 \rightarrow v_2 \rightarrow v_5 \rightarrow v_7 \rightarrow v_6$。

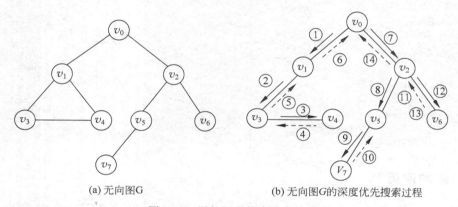

(a) 无向图G (b) 无向图G的深度优先搜索过程

图 7-14　图的深度优先搜索过程

用深度优先搜索法遍历一个没有给定具体存储结构的图,得到的访问序列不唯一。但就一个具体的存储结构所表示的图而言,其遍历序列应该是确定的,因为它的搜索路线从行到列都是从小到大搜索。

深度优先搜索是递归定义的,所以很容易写出它的递归算法,以邻接矩阵作为图的存储结构的深度优先搜索遍历算法代码如下。

【代码 7-5】

```
//连通图以 v 为初始顶点序号的深度优先遍历
//数组 visited 标记了相应顶点是否已访问过,0 表示未访问,1 表示已访问
public void dFS(int v, boolean[] visited) throws Exception{
    System.out.print(vertices.getData(v));      //访问该结点
    visited[v] = true;                           //置已访问标记
    int w = getFirstNeighbor(v);                 //取第一个邻接结点
    while(w != -1){                              //当邻接结点存在时循环
        if(! visited[w])                         //如果没有访问过
            dFS(w, visited);                     //以 w 为初始结点递归遍历
```

```
            w = getNextNeighbor(v, w);              //取下一个邻接结点
        }
    }
}
```

分析深度优先搜索算法得知,遍历图的过程实质上是对每个顶点搜索其邻接点的过程。耗费的时间取决于所采用的存储结构。假设图中有 n 个顶点,那么,当用邻接矩阵表示图时,搜索一个顶点的所有邻接点需花费的时间为 $O(n)$,则从 n 个顶点出发搜索的时间应为 $O(n^2)$,所以算法 DFS 的时间复杂度是 $O(n^2)$。

2. 连通图的广度优先搜索

连通图的广度优先搜索 bFS(breadth first search) 遍历与树的按层次遍历类似,其基本思想是从图中某个顶点 v_i 出发,在访问了 v_i 之后,依次访问 v_i 的各个未曾访问过的邻接点;然后分别从这些邻接点出发,依次访问它们的未曾访问过的邻接点,直至所有和起始顶点 v_i 有路径相通的顶点都被访问过为止。

下面以图 7-14(a)中图 G 为例说明广度优先搜索的过程,过程如图 7-15 所示。假设从起点 v_0 出发,首先访问 v_0,以及 v_0 的两个邻接点 v_1、v_2;然后依次访问 v_1 的未被访问过的邻接点 v_3 和 v_4,以及 v_2 的未曾被访问的邻接点 v_5、v_6;最后访问 v_5 的未曾被访问的邻接点 v_7。此时所有顶点均已被访问过,算法结束,得到以 v_0 起始点的广度优先搜索序列为:$v_0 \rightarrow v_1 \rightarrow v_2 \rightarrow v_3 \rightarrow v_4 \rightarrow v_5 \rightarrow v_6 \rightarrow v_7$。

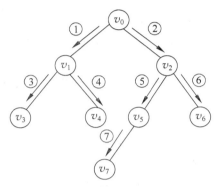

图 7-15 图的广度优先搜索过程

以邻接矩阵作为图的存储结构的广度优先搜索遍历算法代码如下。

【代码 7-6】

```
//连通图以 v 为初始结点序号的广度优先遍历
//数组 visited 标记了相应结点是否已访问过,0 表示未访问,1 表示已访问
public void bFS(int v, boolean[] visited) throws Exception{
    int u, w;
    SeqQueue queue = new SeqQueue();                //创建顺序队列 queue
    System.out.print(vertices.getData(v));          //访问结点 v
    visited[v] = true;                              //置已访问标记
    queue.append(new Integer(v));                   //结点 v 入队列
    while(! queue.isEmpty()){                       //队列非空时循环
        u = ((Integer)queue.delete()).intValue();   //出队列
        w = getFirstNeighbor(u);                    //取结点 u 的第一个邻接结点
        while(w != - 1){                            //当邻接结点存在时循环
            if(! visited[w]){                       //若该结点没有访问过
                System.out.print(vertices.getData(w));  //访问结点 w
                visited[w] = true;                  //置已访问标记
                queue.append(new Integer(w));       //结点 w 入队列
            }
            //取结点 u 的邻接结点 w 的下一个邻接结点
            w = getNextNeighbor(u, w);
        }
    }
}
```

分析上述算法,每个顶点至多进一次队列,所以算法中的内、外循环次数均为 n 次,故算法 bFS 的时间复杂度为 $O(n^2)$。

算法执行时间是 $O(n+n^2+e)$,其中 $O(n^2)$ 的时间耗费在邻接矩阵的初始化操作上。因为 $e<n^2$,所以,算法 creatGraph 的时间复杂度是 $O(n^2)$。

3. 邻接矩阵的动手实践

1) 实训目的

会用深度优先遍历和广度优先遍历方法遍历用邻接矩阵表示的图。

2) 实训内容

取定一个源点,深度优先搜索和广度优先搜索图 7-9 的网。

3) 实训思路

由于前面给出了深度优先搜索和广度优先搜索的算法,这里只需要按照如图 7-9 所示的图,编写一个测试端类 Test2。

4) 关键代码

关键代码如下。

【代码 7-7】

```java
public class Test2{
    public static void createGraph(AdjMWGraph g, Object[] v, int n, RowColWeight[] rc, int e) throws Exception{
        for(int i = 0; i < n; i ++)
            g.insertVertex(v[i]);
        for(int k = 0; k < e; k ++)
            g.insertEdge(rc[k].row, rc[k].col, rc[k].weight);
    }
    public static void main(String[] args){
        final int maxVertices = 100;
        AdjMWGraph g = new AdjMWGraph(maxVertices);
        Character[] a = {new Character('A'),new Character('B'),new Character('C'),new Character('D'),new Character('E')};
        RowColWeight[] rcw = {new RowColWeight(0,1,10),new RowColWeight(0,4,20),new RowColWeight(1,3,30),new RowColWeight(2,1,40),new RowColWeight(3,2,40)};
        int n = 5, e = 5;
        boolean[] visited = new boolean[n];
        for(int i = 0;i < n;i++)
            visited[i] = false;
        try{
            createGraph(g,a,n,rcw,e);
            System.out.print("深度优先搜索序列为:");
            g.dFS(0, visited);
            System.out.println();
            //重新把顶点置为未被访问
            for(int i = 0;i < n;i++)
                visited[i] = false;
            System.out.print("广度优先搜索序列为:");
            g.bFS(0, visited);
            System.out.println();
        }
        catch (Exception ex){
```

```
            ex.printStackTrace();
        }
    }
}
```

5）运行结果

程序运行结果如图 7-16 所示。

图 7-16　邻接矩阵实例运行结果

4．邻接表的动手实践

1）实训目的

会用深度优先遍历和广度优先遍历方法遍历用邻接表表示的图。

2）实训内容

取定一个源点，深度优先搜索和广度优先搜索图 7-9 的网。

3）实训思路

代码 7-7 中测试端的 main() 函数只能针对图 7-9 中的图，本次实训要用终端输入的方式构成图，这样所有的图都可使用这个源代码，方式更灵活。

使用邻接表的定义，写出深度优先搜索和广度优先搜索的算法，最后按照图 7-8 的例子进行输入，编写一个测试端 TestMain，运行得到结果。

4）关键代码

关键代码如下。

【代码 7-8】

```java
import java.util.Scanner;
//邻接表结构
class ArcNode {
int adjvex;
ArcNode nextarc;
}
//创建邻接表类
class VertexNode {
char data;
ArcNode firstarc;
}
//堆栈结点，用于存放一条边的首尾两个顶点
class StackNode {
int first;
```

```java
    int last;
}
public class AdjList {
    Scanner input = new Scanner(System.in);
    final static int Maxsize = 10; /* 顶点数目 */
    VertexNode[] vertex = new VertexNode[Maxsize];
    int vexnum, arcnum;                                         //当前图的顶点数和边数
    AdjList() throws Exception {
        int j, k;
        ArcNode s = null;
        System.out.println("请输入顶点数和边数:");
        vexnum = input.nextInt();
        arcnum = input.nextInt();
        System.out.println("请输入顶点:");
        for (int i = 0; i < vexnum; i++) {
            vertex[i] = new VertexNode();
            vertex[i].data = input.next().charAt(0);
            vertex[i].firstarc = null;
        }
        SeqStack stack = new SeqStack(arcnum);
        System.out.println("请输入边的连接信息:");
        for (int i = 0; i < arcnum; i++) {
            System.out.println("请按顺序输入边的连接信息:");
            StackNode tmpStackNode = new StackNode();
            tmpStackNode.first = input.nextInt();
            tmpStackNode.last = input.nextInt();
            stack.push(tmpStackNode);

        }
        for (int i = 0; i < arcnum; i++) {
            //因为后面用的是头插法,为了保持先后顺序,用了堆栈来倒序
            StackNode stackNode = (StackNode) stack.pop();
            j = stackNode.first;
            k = stackNode.last;
            ArcNode tmpNode = new ArcNode();
            tmpNode.adjvex = k;
            tmpNode.nextarc = vertex[j].firstarc;               //头插法
            vertex[j].firstarc = tmpNode;
            //无向图一条边对应都是两个顶点
            //有向图把下面四行注释即可
            //tmpNode = new ArcNode();
            //tmpNode.adjvex = j;
            //tmpNode.nextarc = vertex[k].firstarc;
            //vertex[k].firstarc = tmpNode;
        }
    }
    public int getNumOfVertices() {                             //返回结点个数
        return vexnum;
    }
```

```java
public int getNumOfEdges() {                //返回边的个数
    return arcnum;
}
//广度优先搜索
public void bfs(int v) {
    int temp[] = new int[Maxsize];
    for (int i = 0; i < Maxsize; i++) {
        temp[i] = 0;
    }
    SeqQueue que = new SeqQueue(Maxsize);
    try {
        que.append(vertex[v]);
        temp[v] = 1;
        while (!que.isEmpty()) {
            VertexNode tmp = (VertexNode) que.delete();
            ArcNode tp = tmp.firstarc;
            while (tp != null) {
                if (temp[tp.adjvex] == 0) {
                    temp[tp.adjvex] = 1;
                    que.append(vertex[tp.adjvex]);
                }
                tp = tp.nextarc;
            }
            System.out.print(tmp.data + " ");
        }
    } catch (Exception e) {
        e.printStackTrace();
    }
}
int dfsTemp[] = new int[Maxsize];
//深度优先搜索
public void dfs(int v) {
    System.out.print(vertex[v].data + " ");
    dfsTemp[v] = 1;
    ArcNode tp = vertex[v].firstarc;
    while (tp != null) {
        if (dfsTemp[tp.adjvex] == 0) {
            dfsTemp[tp.adjvex] = 1;
            dfs(tp.adjvex);
        }
        tp = tp.nextarc;
    }
}
```

测试端代码如下。

【代码 7-9】

```java
public class testMain {
    public static void main(String[] args) throws Exception {
        AdjList ad = new AdjList();                    //邻接表对象
        System.out.println("深度优先搜索序列为:");
        ad.dfs(0);
        System.out.println();
        System.out.println("广度优先搜索序列为:");
        ad.bfs(0);
    }
}
```

5）运行结果

程序运行结果如果 7-17 所示。

图 7-17　邻接表实例运行结果

7.2.4　最小生成树

1. 生成树

一个连通图的生成树是一个极小连通子图，它含有图中全部顶点，但只有 $n-1$ 条边。一个连通图的生成树不是唯一的。因为遍历图时选择的起始点不同，遍历的策略不同，遍历时经过的边也不同，产生的生成树也不同。由深度优先搜索得到的生成树称为深度优先生成树；由广度优先搜索得到的生成树称为广度优先生成树。图 7-18 所示就是图 7-14(a)的图 G 从顶点 v_0 出发开始遍历所得到的深度优先生成树和广度优先生成树。

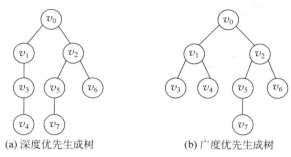

(a) 深度优先生成树　　　　　(b) 广度优先生成树

图 7-18　图的生成树

2. 最小生成树

在一个连通网的所有生成树中，各边的权值之和最小的那棵生成树称为该连通网的最小代价生成树(minimum cost spanning tree)，简称为最小生成树。

最小生成树在实际生活中很有用。例如，要在 n 个城市之间建立通信网络，则连通 n 个城市只需要 $n-1$ 条线路。这时需要考虑如何在最节省经费的情况下建立通信网络，在每两个城市之间都可以设置一条通信线路，相应地都要付出一定的经济代价，n 个城市最多可以设置 $n(n-1)/2$ 条线路，如何在这 $n(n-1)/2$ 条线路中选择 $n-1$ 条使其既能满足各城市间通信的需要，又使总的耗费最少？可以用连通网来表示这个通信网络，其中顶点表示城市，边表示城市之间的通信线路，边上的权值表示代价，上述问题就转化为求该无向连通网的最小生成树的问题。本模块介绍的小程序也是用最小生成树解决问题的。

构造最小生成树的算法很多，其中多数算法都利用了最小生成树的一种称为 MST 的性质。

MST 性质：假设 $G=(V,E)$ 是一连通网，U 是顶点集 V 的一个非空子集。若(u,v)是一条具有最小权值的边，其中 $u\in U, v\in V-U$，则必存在一棵包含边(u,v)的最小生成树。

常用的构造最小生成树的算法有普里姆(Prim)算法和克鲁斯卡尔(Kruskal)算法。

3. 普里姆算法

1) 普里姆算法的思想

假设 $G=(V,E)$ 是一个连通网，U 是最小生成树中的顶点的集合，TE 是最小生成树中边的集合。初始令 $U=\{u_1\}(u_1\in V)$ 及 $TE=\{\varnothing\}$，重复执行下述操作：在所有 $u\in U$、$v\in W=V-U$ 且边$(u,v)\in E$ 中，选择一条权值最小的边，(u,v)并入集合 TE 中，同时将 u 并入 U 中，直至 $U=V$ 为止。此时 TE 中必有 $n-1$ 条边，则 $T=(U,TE)$ 便是 G 的一棵最小生成树。

普利姆算法逐步增加集合 U 中的顶点，直至 $U=V$ 为止。

下面以图 7-19(a)所示的无向网为例说明用普利姆算法生成最小生成树的步骤。

初始时，$U=\{v_0\}$，$V-U=\{v_1,v_2,v_3,v_4,v_5\}$。

在 U 和 $V-U$ 之间权值最小的边为(v_0,v_4)，因此选中该边作为最小生成树的第一条边，并将顶点 v_4 加入集合 U 中，$U=\{v_0,v_4\}$，$V-U=\{v_1,v_2,v_3,v_5\}$。

在 U 和 $V-U$ 之间权值最小的边为(v_3,v_4)，因此选中该边作为最小生成树的第二条边，并将顶点 v_3 加入集合 U 中，$U=\{v_0,v_4,v_3\}$，$V-U=\{v_1,v_2,v_5\}$。

在 U 和 $V-U$ 之间权值最小的边为 (v_2,v_4),因此选中该边作为最小生成树的第三条边,并将顶点 v_2 加入集合 U 中,$U=\{v_0,v_4,v_3,v_2\}$,$V-U=\{v_1,v_5\}$。

在 U 和 $V-U$ 之间权值最小的边为 (v_4,v_5),因此选中该边作为最小生成树的第四条边,并将顶点 v_5 加入集合 U 中,$U=\{v_0,v_4,v_3,v_2,v_5\}$,$V-U=\{v_1\}$。

在 U 和 $V-U$ 之间权值最小的边为 (v_2,v_1),因此选中该边作为最小生成树的第五条边,并将顶点 v_1 加入集合 U 中,$U=\{v_0,v_4,v_3,v_2,v_5,v_1\}$,$V-U=\{\}$。

此时 $U=V$,算法结束。

选择权值最小的边时,可能有多条同样权值且满足条件的边可以选择,此时可任选其一。因此,所构造的最小生成树不是唯一的,但各边的权值的和是一样的。

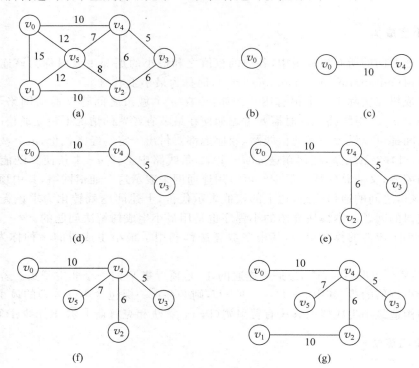

图 7-19 普利姆算法构造最小生成树的过程

2)普里姆算法的实现

普里姆函数应有两个参数:一个参数是图 g,这里图 g 定义为邻接矩阵存储结构类的对象;另一个参数是通过函数得到的最小生成树的结点数据和相应结点的边的权值数据 closeVertex。最小生成树类定义如下。

【代码 7-10】

```
public class MinSpanTree{
    Object vertex;              //边的弧头结点数据
    int weight;                 //权值
    MinSpanTree(){}
```

```
    MinSpanTree(Object obj, int w){
        vertex = obj;              //保存最小生成树每条边的弧头结点数据
        weight = w;                //保存最小生成树相应边的权值
    }
}
```

普利姆函数代码如下。

【代码 7-11】

```
public class Prim{
    static final int maxWeight = 9999;
    public static void prim(AdjMWGraph g, MinSpanTree[] closeVertex) throws Exception{
        int n = g.getNumOfVertices();
        int minCost;
        int[] lowCost = new int[n];
        int k = 0;
    for(int i = 1; i < n; i ++)
        lowCost[i] = g.getWeight(0, i);
    MinSpanTree temp = new MinSpanTree();
        //从结点 0 出发构造最小生成树
    temp.vertex = g.getValue(0);
    closeVertex[0] = temp;                    //保存结点 0
    lowCost[0] = - 1;                         //标记结点 0
    for(int i = 1; i < n; i ++){
        //寻找当前最小权值的边所对应的弧头结点 k
        minCost = maxWeight;
        for(int j = 1; j < n; j ++){
            if(lowCost[j] < minCost && lowCost[j] > 0){
                minCost = lowCost[j];
                k = j;
            }
        }
        MinSpanTree curr = new MinSpanTree();
        curr.vertex = g.getValue(k);          //保存弧头结点 k
        curr.weight = minCost;                //保存相应权值
        closeVertex[i] = curr;
        lowCost[k] = - 1;                     //标记结点 k
        //根据加入集合 U 的结点 k 修改 lowCost 中的数值
        for(int j = 1; j < n; j ++){
            if(g.getWeight(k, j) < lowCost[j])
                lowCost[j] = g.getWeight(k, j);
        }
    }
    }
}
```

说明：

(1) 函数中定义一个临时数组 lowCost，数组元素 lowCost[j]($j=0,1,2,\cdots,n-1$)中保存了集合 U 中结点 U_i 与集合 $V-U$ 中结点 v_j 的所有边中当前具有最小权值的边(u,v)。

(2) 集合 U 的初值为 $U=\{$序号为 0 的结点$\}$。lowCost 的初始值为邻接矩阵数组中第 0 行的值，这样初始时 lowCost 中就存放了从集合 U 中结点 0 到集合 $V-U$ 中各个结点的权值。

(3) 每次从 lowCost 中寻找具有最小权值的边。根据 lowCost 的定义，这样的边的弧尾结点必然为集合 U 中的结点，其弧头结点必然为集合 $V-U$ 中的结点。当选到一条这样的边(u,v)，就保存其结点数据和权值数据到参数 closeVertex 中，并将 lowCost[v]置为 -1，表示结点 v 加入了集合 U 中。

(4) 当结点 v 从集合 $V-U$ 加入集合 U 后，若存在一条边(u,v)，u 是集合 U 的结点，v 是集合 $V-U$ 的结点，且边(u,v)较原先 lowCost[v]的代价更小，则用这样的权值替换原先 lowCost[v]中的相应权值。

表 7-1 展示了在图 7-19 的构造最小生成树的过程中，辅助数组 closeVertex 中各分量值的变化情况。

表 7-1 构造最小生成树过程中辅助数组中各分量的值

邻接顶点和最小花费	顶点 V					U	$V-U$
	v_1	v_2	v_3	v_4	v_5		
vertex	v_0			v_0	v_0	$\{v_0\}$	$\{v_1,v_2,v_3,v_4,v_5\}$
lowcost	15			10	12		
vertex	v_0	v_4	v_4		v_4	$\{v_0,v_4\}$	$\{v_1,v_2,v_3,v_5\}$
lowcost	15	6	5		7		
vertex	v_0	v_4			v_4	$\{v_0,v_4,v_3\}$	$\{v_1,v_2,v_5\}$
lowcost	15	6			7		
vertex	v_2			v_4		$\{v_0,v_4,v_3,v_2\}$	$\{v_1,v_5\}$
lowcost	10			7			
vertex	v_2					$\{v_0,v_4,v_3,v_2,v_5\}$	$\{v_1\}$
lowcost	10						
vertex						$\{v_0,v_4,v_3,v_2,v_5,v_1\}$	$\varnothing$
lowcost							

假设网中有 n 个顶点，普里姆算法中有两个循环，所以时间复杂度为 $O(n^2)$，它与网中边的数目无关，因此普里姆算法适合于求边稠密的网的最小生成树。

3) 普里姆算法的动手实践

(1) 实训目的。掌握普里姆算法。

(2) 实训内容。会用普里姆算法得到图 7-20(a)的最小生成树。

(3) 实训思路。前面已经给出了普里姆算法，这里只需要按照图 7-20(a)编写一个测试端类 Test3。

(4) 关键代码。关键代码如下。

【代码 7-12】

```
public class Test3{
    static final int maxVertices = 100;
    public static void createGraph(AdjMWGraph g, Object[] v, int n, RowColWeight[] rc, int e)
throws Exception{
        for(int i = 0; i < n; i ++)
            g.insertVertex(v[i]);
        for(int k = 0; k < e; k ++)
            g.insertEdge(rc[k].row, rc[k].col, rc[k].weight);
    }
    public static void main(String[] args){
        AdjMWGraph g = new AdjMWGraph(maxVertices);
        Character[] a = {new Character('0'),new Character('1'),new Character('2'),
new Character('3'),new Character('4'),new Character('5')};
        RowColWeight[] rcw = {new RowColWeight(0,1,15),new RowColWeight(0,4,10),
new RowColWeight(0,5,12),new RowColWeight(1,0,15),new RowColWeight(1,2,10),
new RowColWeight(1,5,12),new RowColWeight(2,1,10),new RowColWeight(2,3,6),
new RowColWeight(2,4,6),new RowColWeight(2,5,8),new RowColWeight(3,2,6),
new RowColWeight(3,4,5),new RowColWeight(4,0,10),new RowColWeight(4,2,6),
new RowColWeight(4,3,5),new RowColWeight(4,5,7),new RowColWeight(5,0,12),
new RowColWeight(5,1,12),new RowColWeight(5,2,8),new RowColWeight(5,4,7)};
        int n = 6, e = 20;
        try{
            createGraph(g,a,n,rcw,e);
            MinSpanTree[] closeVertex = new MinSpanTree[6];
            Prim.prim(g, closeVertex);

            System.out.println("初始顶点 = V" + closeVertex[0].vertex);
            for(int i = 1; i < n; i ++)
                System.out.println("顶点 = V" + closeVertex[i].vertex + " 边的权值 = " +
closeVertex[i].weight);
        }
        catch (Exception ex){
            ex.printStackTrace();
        }
    }
}
```

（5）运行结果。程序运行结果如图 7-20 所示。

4．克鲁斯卡尔算法

1）克鲁斯卡尔算法的思想

克鲁斯卡尔算法的基本思想是按权值递增的次序来选择合适的边构成最小生成树。假设 $G=(V,E)$ 是连通网，最小生成树 $T=(V,TE)$。初始时，$TE=\{\varnothing\}$，即 T 仅包含网 G 的全部顶点，没有一条边；T 中每个顶点自成一个连通分量。算法执行如下操作：在图 G 的边集 E 中按权值递增次序依次选择边 $(u、v)$，若该边依附的顶点 u,v 分别是当前 T 的两个连通分

图 7-20　普里姆算法实例运行结果

量中的顶点,则将该边加入 TE 中;若 u、v 是当前同一个连通分量中的顶点,则舍去此边而选择下一条权值最小的边。以此类推,直到 T 中所有顶点都在同一连通分量上为止,此时 T 便是 G 的一棵最小生成树。与普里姆算法不同,克鲁斯卡尔算法是逐步增加生成树的边。

2) 克鲁斯卡尔算法的思想

克鲁斯卡尔算法可描述如下。

【代码 7-13】

```
T = (V,{∅});
while (T中的边数 e < n-1)
{
    从 E 中选取当前权值最小的边(u,v);
    if((u,v)  并入 T 之后不产生回路)  将边(u,v)并入 T 中;
    else  从 E 中删去边(u,v);
}
```

从以上的伪代码看出,克鲁斯卡尔算法需要用到并查集,用来判断两个点是否属于同一集合,避免形成环路,代码如下。

【代码 7-14】

```java
public class UnionFind {
    int[] list1;
    int[] rank;
    public UnionFind(int len) {
        list1 = new int[len];
        rank = new int[len];
        for(int i = 0; i < len; i++) {
            list1[i] = -1;
            rank[i] = 0;
        }
    }
    public int getRoot(int idx) {
        SeqStack stack = new SeqStack();
        int ret = idx;
        while (list1[ret] != -1) {
            try {
                stack.push(ret);
            } catch (Exception e) {
                //自动生成的 catch 块
                e.printStackTrace();
            }
            ret = list1[ret];
        }
        while (stack.notEmpty()) {
            try {
                int tmpIdx = Integer.parseInt(stack.pop() + "");
                list1[tmpIdx] = ret;
```

```java
            } catch (Exception e) {
                e.printStackTrace();
            }
        }
        return ret;
    }
    public boolean unionNode(int x, int y) {
        int temp1 = getRoot(x);
        int temp2 = getRoot(y);
        if (temp1 == temp2) {
            return false;
        }
        if (rank[temp1] > rank[temp2]) {
            list1[temp2] = temp1;
        }else if (rank[temp1] < rank[temp2]) {
            list1[temp1] = temp2;
        }else {
            list1[temp1] = temp2;
            rank[temp2]++;
        }
        return true;
    }
}
```

克鲁斯卡尔算法代码如下。

【代码 7-15】

```java
//使用了优先队列
import java.util.PriorityQueue;
import java.util.Scanner;
class pqueNode implements Comparable<pqueNode>{
    int first;
    int last;
    int level;
    public pqueNode(int first, int last, int level) {
        this.first = first;
        this.last = last;
        this.level = level;
    }
    public int compareTo(pqueNode o) {
        //以 level 为排序规则,用于优先队列
        return this.level - o.level;
    }
}
public class Kruskal {
    Scanner input = new Scanner(System.in);
    Kruskal(){
        System.out.println("请输入顶点数和边数:");
        int vexnum = input.nextInt();
```

```
        int arcnum = input.nextInt();
        if (arcnum < vexnum - 1) {
            System.err.println("numErr:边数小于顶点数减 1");
            return;
        }
        UnionFind uf = new UnionFind(vexnum);
        PriorityQueue < pqueNode > ps = new PriorityQueue < pqueNode >(arcnum);
        System.out.println("请输入边的连接信息:");
        int j, k, a, num = 0;
        for(int i = 0; i < arcnum; i++) {
            System.out.println("请输入两点编号和其权值:");
            j = input.nextInt();
            k = input.nextInt();
            a = input.nextInt();
            ps.add(new pqueNode(j, k, a));
        }
        while (ps.peek()!= null) {
            pqueNode temp = ps.poll();
            int tmp1 = temp.first;
            int tmp2 = temp.last;
            if (uf.getRoot(tmp1)!= uf.getRoot(tmp2)) {
                uf.unionNode(tmp1, tmp2);
                System.out.println("v" + tmp1 + " -- v" + tmp2 + ": " + temp.level);
                num += temp.level;
            }
        }
        System.out.println("最小生成树权值和为" + num);
    }
}
```

测试端代码如下。

【代码 7-16】

```
public class TestKruskal {
    public static void main(String[] args) {
        Kruskal k = new Kruskal();
    }
}
```

测试端参照图 7-20(a)所示的图得到最小生成树,运行结果如图 7-22 所示。

可以证明克鲁斯卡尔算法的时间复杂度是 $O(e\log_2 e)$,其中 e 是网 G 的边的数目。克鲁斯卡尔算法适合于求边稀疏的网的最小生成树。

现以图 7-21(a)所示的网为例,按克鲁斯卡尔算法构造最小生成树。其构造过程如图 7-22 所示。

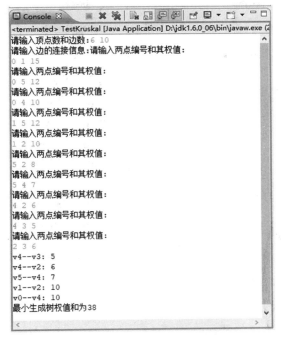

图 7-21 克鲁斯卡尔算法得到的最小生成树结果

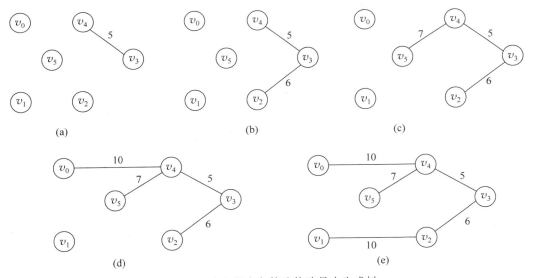

图 7-22 克鲁斯卡尔算法构造最小生成树

微课 7-1 最短路径

7.2.5 最短路径

我们出门经常面临对路径和出行方式进行选择的问题。每个人的具体需求不同,选择方案就不尽相同。有人为了省钱,选择的路线和方式就可能不省时间;有些人的需求可能是节省时间,但花费就更贵;还有一些人,如老人行动不便,或者不想多走路的,哪怕车子绕远路,耗时长也无所谓,关键是换乘要少。简单的图形可以靠人的经验和感觉,但复杂的道路就需要计算机通过算法得到最佳方案。本小节介绍图的最短路径问题。

在带权值的网图和不带权值的非网图中,最短路径的含义是不同的。非网图的最短路径指的是两顶点之间经过的边数最少的路径;而对于带权值的网图来说,最短路径指的是两顶点之间经过的边上权值之和最少的路径,称路径上第一个顶点为源点,最后一个顶点是终点。

本小节要讲解两种求最短路径的算法。第一种是迪杰斯特拉(Dijkstra)算法,求解从某个源点到其余各顶点的最短路径问题;第二种是弗洛伊德(Floyd)算法,它可以求解从所有顶点到其他所有顶点的最短路径问题。

1. 迪杰斯特拉算法

设有向网 $G=(V,E)$,以指定顶点 v_0 为源点,求从 v_0 出发到图中所有其余顶点的最短路径。在如图 7-23(a)所示的有向网中,若指定 v_0 为源点,通过分析可以得到从 v_0 出发到其余顶点的最短路径和路径长度,如图 7-23(b)所示。

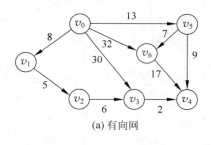

最短路径	长度
$\langle v_0,v_1 \rangle$	8
$\langle v_0,v_1,v_2 \rangle$	13
$\langle v_0,v_1,v_2,v_3 \rangle$	19
$\langle v_0,v_1,v_2,v_3,v_4 \rangle$	21
$\langle v_0,v_5 \rangle$	13
$\langle v_0,v_5,v_6 \rangle$	20

(a) 有向网　　(b) 从源点v_0到其余各顶点的最短路径和长度

图 7-23　有向网络及从源点到其余各顶点的最短路径和路径长度

迪杰斯特拉算法提出了一个从源点到其余各顶点的最短路径的方法,它的基本思想是按路径长度递增的次序产生最短路径。把所有顶点 V 分成两组,已确定最短路径的顶点为一组,用 S 表示;尚未确定最短路径的顶点为另一组,用 T 表示。初始时,S 中只包含源点 v_0,T 中包含除源点外的其余顶点,此时各顶点的当前最短路径长度为源点到该顶点的弧上的权值。然后按最短路径长度递增的次序逐个把 T 中的顶点加到 S 中去,直至从 v_0 出发可以到达的所有顶点都包括到 S 中为止。每往集合 S 中加入一个新顶点 v,都要修改源点到集合 T 中的所有顶点的最短路径长度值。集合 T 中各顶点的新的最短路径长度值,为原来的最短路径长度值与顶点 v 的最短路径长度值,加上 v 到该顶点的弧上的权值中的较小值。在这个过程中,必须保证从 v_0 到 S 中各顶点的最短路径长度都不大于从 v_0 到 T 中任何顶点的最短路径长度。另外,每一个顶点对应一个距离值,S 中的顶点对应的距离值就是从 v_0 到该顶点的最短路径,T 中的顶点对应的距离值是从 v_0 到该顶点的只包括 S

中的顶点为中间顶点的最短路径长度。

设有向图 G 有 n 个顶点（v_0 为源点），其存储结构用邻接矩阵表示。算法实现时需要设置三个数组 $s[i]$、$dist[i]$ 和 $path[i]$。s 用以标记那些已经找到最短路径的顶点集合 S，若 $s[i]=1$，则表示已经找到源点到顶点 v_i 的最短路径；若 $s[i]=0$，则表示从源点到顶点 v_i 的最短路径尚未求得，数组的初态为 $s[0]=1, s[i]=0(i=1,2,\cdots,n-1)$，表示集合 S 中只包含一个顶点 v_0。数组 dist 记录源点到其他各顶点的当前的最短距离，其初值为 $dist[i]=$ g.arcs$[0][i](i=1,2,\cdots,n-1)$。path 是最短路径的路径数组，其中 $path[i]$ 表示从源点 v_0 到顶点 v_i 之间的最短路径上该顶点的前驱顶点。若从源点到顶点 v_i 无路径，则 $path[i]=-1$。算法执行时从顶点集合 T 中选出一个顶点 v_w，使 $dist[w]$ 的值最小。然后将 v_w 加入集合 S 中，即令 $s[w]=1$；对 T 中顶点的距离值进行修改：若加进 W 作中间顶点，从 v_0 到 v_i 的距离值比不加 W 的路径要短，则修改此距离值，即从原来的 $dist[j]$ 和 $dist[w]+$ g.arcs$[w][j]$ 中选择较小的值作为新的 $dist[j]$。以图 7-24(a) 为例，当集合 S 中只有 v_0 时，$dist[2]=\infty$。当加入顶点 v_1 后，$dist[1]+$ g.arcs$[1][2]<dist[2]$，因此将 $dist[2]$ 更新为 $dist[1]+$ g.arcs$[1][2]$ 的值。重复上述步骤，直到 S 中包含所有顶点，即 $S=V$ 为止。

网采用邻接矩阵做存储结构，用迪杰斯特拉算法求最短路径的算法代码如下。

【代码 7-17】

```java
//用迪杰斯特拉算法求有向网 G 的 v0 顶点到其余顶点 v 的最短路径 path[v]及带权长度 D[v]
//path[v]的值为前驱顶点下标,D[v]表示 v0 到 v 的最短路径长度和
public class Dijkstra{
    static final int maxWeight = 10000;
    public static void dijkstra(AdjMWGraph g, int v0, int[] distance, int path[]) throws Exception{
        int n = g.getNumOfVertices();
        int[] s = new int[n];
        int minDis, u = 0;
        for(int i = 0; i < n; i ++){
            distance[i] = g.getWeight(v0, i);
            s[i] = 0;
            if(i != v0 && distance[i] < maxWeight)
                path[i] = v0;
            else
                path[i] = -1;
        }
        s[v0] = 1;
        for(int i = 1; i < n; i ++){
            minDis = maxWeight;
            for(int j = 0; j < n; j ++)
                if(s[j] == 0 && distance[j] < minDis){
                    u = j;
                    minDis = distance[j];
                }
            if(minDis == maxWeight) return;

            s[u] = 1;
```

```
                for(int j = 0; j < n; j ++)
                    if(s[j] == 0 && g.getWeight(u, j) < maxWeight && distance[u] + g.getWeight
                        (u, j) < distance[j]){
                        distance[j] = distance[u] + g.getWeight(u, j);
                        path[j] = u;
                    }
            }
        }
    }
```

通过path[i]向前推导直到v_0为止,可以找出从v_0到顶点v_i的最短路径。例如,对于如图7-24(a)所示的有向网,按上述算法可以计算出顶点v_i中的i值与path[i]值的对应关系如下。

顶点v_i中的i值：　　0　1　2　3　4　5　6

对应的path[i]值：－1　0　1　2　3　0　5

求顶点v_0到顶点v_3的最短路径的计算过程为：path[3]＝2说明路径上顶点v_3之前的顶点是顶点v_2；path[2]＝1说明路径上顶点v_2之前的顶点是顶点v_1；path[1]＝0说明路径上顶点v_1之前的顶点是顶点v_0。则顶点v_0到顶点v_3的路径为v_0、v_1、v_2、v_3。

迪杰斯特拉算法中有两个循环次数为顶点个数n的嵌套循环,所以其时间复杂度为$O(n^2)$。

以如图7-24(a)所示的网为例,输出最短路径的测试端代码如下。

【代码 7-18】

```
//输出源点v0到其余顶点的最短路径长度
public class Test4{
    static final int maxVertices = 100;
    public static void createGraph(AdjMWGraph g, Object[] v, int n, RowColWeight[] rc, int e)
        throws Exception{
        for(int i = 0; i < n; i ++)
            g.insertVertex(v[i]);
        for(int k = 0; k < e; k ++)
            g.insertEdge(rc[k].row, rc[k].col, rc[k].weight);
    }
    public static void main(String[] args){
        AdjMWGraph g = new AdjMWGraph(maxVertices);
        Character[] a = {new Character('0'), new Character('1'), new Character('2'), new
            Character('3'),
        new Character('4'), new Character('5'), new Character('6')};
        RowColWeight[] rcw = {new RowColWeight(0,1,8), new RowColWeight(0,3,30), new
            RowColWeight(0,5,13), new RowColWeight(0,6,32),
        new RowColWeight(1,2,5), new RowColWeight(2,3,6), new RowColWeight(3,4,2), new
            RowColWeight(5,6,7), new RowColWeight(5,4,9),
        new RowColWeight(6,4,17)};
        int n = 7, e = 10;
        try{
            createGraph(g,a,n,rcw,e);
            int[] distance = new int[n];
            int[] path = new int[n];
```

```
                Dijkstra.dijkstra(g, 0, distance, path);
                int []hw = new int[n];
                for(int i = 0; i < n; i ++)
                    if(path[i] != -1) {
            hw[Integer.parseInt(g.getValue(i) + "")] = Integer.parseInt(g.getValue(path[i]) + "");
                    }
                System.out.println("从顶点v0到其他各顶点的最短距离为:");
                for(int i = 1; i < n; i ++) {
                    System.out.print("v" + g.getValue(i));
                    int tmp = Integer.parseInt(g.getValue(i) + "");
                    while (tmp!= 0) {
                        tmp = hw[tmp];
                        System.out.print("<-- v" + tmp);
                    }
                    System.out.println(": " + distance[i]);
                }
            }
            catch (Exception ex){
                ex.printStackTrace();
            }
        }
}
```

本测试端的运行结果如图 7-24 所示。

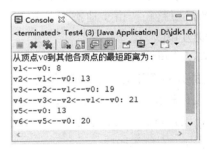

图 7-24 求最短路径程序的运行结果

对于图 7-24(a)的有向网,其邻接矩阵如式 7-7 所示,利用迪杰斯特拉算法计算从顶点 v_0 到其他各顶点的最短路径的动态执行情况,如表 7-2 所示。

$$\begin{bmatrix} \infty & 8 & \infty & 30 & \infty & 13 & 32 \\ & & 5 & & & & \\ & & & 6 & & & \\ & & & & 2 & & \\ & & & & & & \\ & & & & & 9 & 7 \\ & & & & 17 & & \end{bmatrix} \quad (7-7)$$

表 7-3 从源点 v_0 到其余各顶点的最短路径的动态执行情况

循环	集合 S	v	距离数组 dist							路径数组 path						
			0	1	2	3	4	5	6	0	1	2	3	4	5	6
初始化	$\{v_0\}$		0	8	∞	30	∞	13	32	-1	0	-1	0	-1	0	0
1	$\{v_0,v_1\}$	v_1	0	8	13	30	∞	13	32	-1	0	1	0	-1	0	0
2	$\{v_0,v_1,v_2\}$	v_2	0	8	13	19	∞	13	32	-1	0	1	2	-1	0	0
3	$\{v_0,v_1,v_2,v_5\}$	v_5	0	8	13	19	22	13	20	-1	0	1	2	5	0	5
4	$\{v_0,v_1,v_2,v_5,v_3\}$	v_3	0	8	13	19	21	13	20	-1	0	1	2	3	0	5
5	$\{v_0,v_1,v_2,v_5,v_3,v_6\}$	v_6	0	8	13	19	21	13	20	-1	0	1	2	3	0	5
6	$\{v_0,v_1,v_2,v_5,v_3,v_6,v_4\}$	v_4	0	8	13	19	21	13	20	-1	0	1	2	3	0	5

上述算法是针对一个具体的有向图写的最短路径算法。如果是无向图,只需要结合创建图的邻接矩阵的算法,修改相应的语句即可。从循环嵌套很容易得到迪杰斯特拉算法的时间复杂度是 $O(n^2)$。

2. 弗洛伊德算法

带权网的每对顶点之间的最短路径可通过调用迪杰斯特拉算法实现。具体方法是:每次以不同的顶点作为源点,调用迪杰斯特拉算法求出从该源点到其余顶点的最短路径,重复 n 次就可求出每对顶点之间的最短路径。由于迪杰斯特拉算法的时间复杂度为 $O(n^2)$,所以弗洛伊德算法的时间复杂度为 $O(n^3)$。

弗洛伊德算法的思想是:设矩阵 D 用来存放带权有向图 G 的权值,即矩阵元素 cost[i][j] 中存放着下标为 i 的顶点到下标为 j 的顶点之间的权值,可以通过递推构造一个矩阵序列 $D_0,D_1,D_2,\cdots,D_{N-1}$ 来求每对顶点之间的最短路径。其中,$D_k[i][j]$ ($0 \leqslant k \leqslant n-1$) 表示从顶点 v_i 到顶点 v_j 的路径上所经过的顶点下标不大于 k 的最短路径长度。初始时有,$D_0[i][j]=\text{cost}[i][j]$。

当已经求出 D_k 要递推求出 D_{k+1} 时,分两种情况:①该路径不经过下标为 $k+1$ 的顶点,此时该路径长度与从顶点 v_i 到顶点 v_j 的路径上所经过顶点的下标不大于 k 的最短路径长度相同。②该路径经过下标为 $k+1$ 的顶点,此时该路径可分为两段:一段是从顶点 v_i 到顶点 v_{k+1} 的最短路径;另一段是从顶点 v_{k+1} 到顶点 v_j 的最短路径,此时的最短路径长度等于这两段最短路径长度之和。这两种情况中的路径长度较小者,就是要求的从顶点 v_i 到顶点 v_j 的路径上所经过的顶点下标不大于 $k+1$ 的最短路径长度。用公式描述如下:

$$D_0[i][j]=\text{cost}[i][j]$$
$$D_{k+1}[i][j]=\min\{D_k[i][j],\ D_k[i][k+1]+D_k[k+1][j]\} \tag{7-8}$$

因为是求所有顶点中的某个顶点到其余顶点的最短路径,带权长度 $D[i][j]$ 和最短路径 path[i][j] 都是二维数组。

弗洛伊德算法的代码如下。

【代码 7-19】

```java
//弗洛伊德算法多源结点最短路径的运算
import java.util.Scanner;
public class Floyd {
    final int maxSize = 1 << 16;
    Scanner input = new Scanner(System.in);
    int vexnum, arcnum;                              //当前图的顶点数和边数
    public Floyd() {
        System.out.println("请输入顶点数和边数:");
        vexnum = input.nextInt();
        arcnum = input.nextInt();
        int [][]D = new int[vexnum][vexnum];         //距离表
        int [][]S = new int[vexnum][vexnum];         //序列表
        for (int i = 0;i < vexnum;i++) {
            for(int j = 0;j < vexnum;j++) {
                if(i == j) {
                    S[i][j] = -1;
                    D[i][j] = 0;
                }else {
                    S[i][j] = j;
                    D[i][j] = maxSize;
                }
            }
        }
        System.out.println("请输入边的连接信息:");
        int j,k,a;
        for(int i = 0;i < arcnum;i++) {
            System.out.println("请按顺序输入边的连接信息和权值:");
            j = input.nextInt();
            k = input.nextInt();
            a = input.nextInt();
            D[j][k] = a;
        }
        for(int i = 0;i < vexnum;i++) {
            for(int n = 0;n < vexnum;n++) {
                for(int g = 0;g < vexnum;g++) {
                    if (n!= g) {
                        if(D[n][i] + D[i][g]< D[n][g]&&D[n][i]!= maxSize&&D[i][g]!= maxSize){
                            D[n][g] = D[n][i] + D[i][g];
                            S[n][g] = S[n][i];
                        }
                    }
                }
            }
        }
        for (int x = 0;x < vexnum;x++) {
            for (int y = 0;y < vexnum;y++) {
                if(x == y)
                    continue;
                System.out.print("v" + x + " - v" + y + " weight: " + D[x][y] + " path: " + x);
```

```java
                    int tmp = x;
                    while (S[tmp][y]!= -1) {
                        System.out.print(" -> " + S[tmp][y]);
                        tmp = S[tmp][y];
                    }
                    System.out.println();
                }
                System.out.println();
            }
            System.out.println("最短路径距离表");
            for (int i = 0; i < vexnum; i++) {
                for( int q = 0; q < vexnum; q++) {
                    System.out.print(D[i][q] + "\t");
                }
                System.out.println();
            }
        }
    }
```

计算图 7-23(a)最小路径结果,测试端代码如下。

【代码 7-20】

```java
public class TestFloyd {
    public static void main(String[] args) {
        Floyd f = new Floyd();
    }
}
```

运行结果如图 7-25 所示。

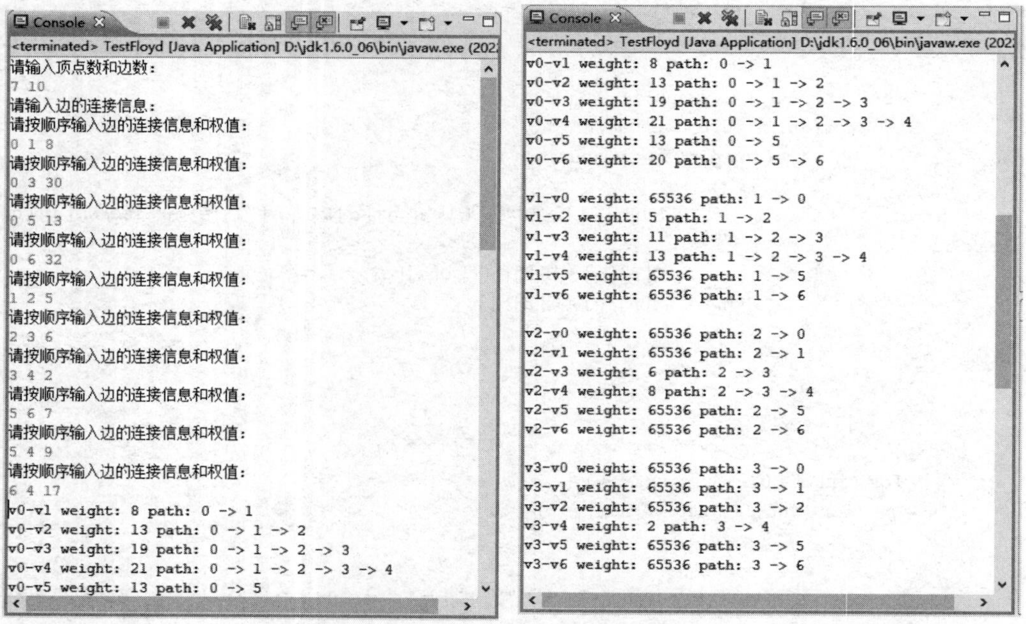

图 7-25　弗洛伊德算法多源结点最短路径的运行结果

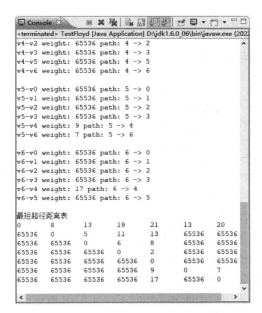

图 7-25（续）

邻接矩阵中的 65535 表示为不可达，即无穷大的意思。弗洛伊德算法其实就是一个二重循环初始化加一个三重循环权值修正，就完成了所有顶点中的某个顶点到其余顶点最短路径的计算。如果需要求所有顶点之间的最短距离，可以考虑用弗洛伊德算法。

7.2.6 拓扑排序

把施工过程、生产流程、软件开发、教学安排等都当作一个项目工程来对待，所有的工程都可分为"活动"的子工程。例如，表 7-4 就是软件专业的学生必须学习的课程，可把学习每门课程看作一个"活动"。有些课程是基础课，独立于其他课程；而另一些课程则必须学完它的先修课程后才能进行。表 7-4 即为软件专业学生学习课程的顺序，这些先决条件定义了事件之间的先后顺序，这些关系可以用有向无环图来描述，如图 7-26 所示。图中顶点表示事件，有向弧表示事件的先决条件，若事件 i 是事件 j 的先决条件，则图中有弧 $<i,j>$。

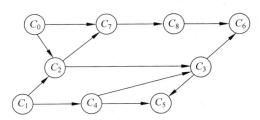

图 7-26 表示事件之间先后关系的有向无环图

表 7-4 软件专业学生学习的课程

事件编号	事件名称	前导事件
C_0	程序设计基础	无
C_1	应用数学	无

续表

事件编号	事件名称	前导事件
C_2	数据结构	C_0、C_1
C_3	汇编语言	C_2、C_4
C_4	语言的设计分析	C_1
C_5	计算机原理	C_3、C_4
C_6	编译原理	C_3、C_8
C_7	面向对象程序设计	C_0
C_8	面向对象程序设计项目实训	C_7

我们做的所有事情几乎都有一定的先后顺序,某些事情的发生必须以别的事情完成为先决条件。一个项目应按怎样的顺序实施,才能顺利地完成,这就是拓扑排序的定义。若在图中用顶点表示事件,用有向边表示事件间的先后顺序,这样的有向图被称为 AOV 网 (activity on vertex network)。在 AOV 网中,若 $<i,j>$ 是网中的一条弧,则称顶点 i 优先于顶点 j,i 是 j 的直接前驱,或称 j 是 i 的直接后继。一个顶点如果没有前驱,则该顶点所表示的事件可独立于整个大事件,即该事件的发生不受其他事件的约束。否则,一个事件的发生必须以其前驱所代表的事件的发生为前提条件。

AOV 网中不允许有回路,这意味着某项活动以自己为先决条件,工作将永远做不完,这是不允许的。把 AOV 网络中各顶点按照它们相互之间的优先关系排列成一个线性序列的过程叫作拓扑排序。检测 AOV 网中是否存在环方法为对有向图构造其顶点的拓扑有序序列,若网中所有顶点都在它的拓扑有序序列中,则该 AOV 网必定不存在环。

对 AOV 网进行拓扑排序的方法和步骤如下。

(1) 在有向图中选一个没有前驱(即入度为 0)的顶点并且输出它。

(2) 从图中删去该顶点和所有以该顶点为弧尾的弧。

重复上述两步,直至全部顶点均被输出,或者当前网中不再存在没有前驱的顶点为止。操作结果的前一种情况说明网中不存在有向回路,拓扑排序成功;后一种情况说明网中存在有向回路。

图 7-27 给出了一个按上述步骤求 AOV 网的拓扑序列的例子。

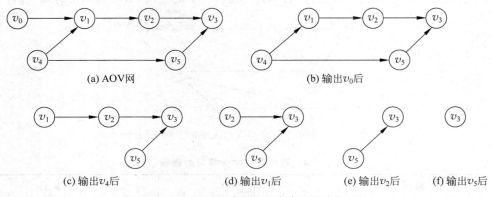

图 7-27 AOV 网及其拓扑有序序列的产生过程

这样得到的一个拓扑序列为 v_0,v_4,v_1,v_2,v_5,v_3。

7.3 项目实现

本项目采用图的最短路径算法实现,其中图结构采用邻接表存储,因为地铁方向是双向的,所以用无向图表示地铁线路。在计算地铁乘坐的最短路径时,项目实现使用了2个类文件:邻接表存储无向图,代码如下。

【代码 7-21】

```java
//邻接表无向图
public class ListNDG {
    Vertex[] vertexLists;                    //邻接表数组
    int size;
    class Vertex {                           //邻接表结点类,单链表数据结构
        String ch;
        Vertex next;
        Vertex(String ch) {//初始化方法
            this.ch = ch;
        }
        void add(String ch) {                //加到链表尾
            Vertex node = this;
            while (node.next != null) {
                node = node.next;
            }
            node.next = new Vertex(ch);
        }
    }
    public ListNDG(String[] vertexs, String[][] edges) {
        size = vertexs.length;
        this.vertexLists = new Vertex[size];//确定邻接表大小
        //设置邻接表头结点
        for (int i = 0; i < size; i++) {
            this.vertexLists[i] = new Vertex(vertexs[i]);
        }
        //存储边信息
        for (String[] c : edges) {
            int p1 = getPosition(c[0]);
            vertexLists[p1].add(c[1]);
            int p2 = getPosition(c[1]);
            vertexLists[p2].add(c[0]);
        }
    }
    public Boolean isNode(String node){
        for(Vertex v:vertexLists){
            if(v.ch.equals(node)){
                return true;
            }
        }
```

```java
            return false;
        }
        //根据顶点名称获取链表下标
        private int getPosition(String ch) {
            for (int i = 0; i < size; i++)
                if (vertexLists[i].ch == ch)
                    return i;
            return -1;
        }
        //遍历输出邻接表
        public void print() {
            for (int i = 0; i < size; i++) {
                Vertex temp = vertexLists[i];
                while (temp != null) {
                    System.out.print(temp.ch + " ");
                    temp = temp.next;
                }
                System.out.println();
            }
        }
    }
```

乘坐地铁测试端代码如下。

【代码 7-22】

```java
import java.util.ArrayList;
import java.util.List;
import javax.print.DocFlavor.STRING;
//乘坐地铁
public class Metro {
    ListNDG loop;
    ListNDG line;
    List<String[]> list;
    String xl = "";
    public Metro() {
        String[] vexs = {"A1","A2","A3","A4","A5","A6","A7","A8","A9","T1",
            "A10","A11","A12","A13","T2","A14","A15","A16","A17","A18"};
        String[][] edges = new String[][] { { "A1", "A2" },{ "A2", "A3" },{ "A3", "A4" },
            { "A4", "A5" },{ "A5", "A6" },{ "A6", "A7" },{ "A7", "A8" },{ "A8", "A9" },
            { "A9", "T1" },{ "T1", "A10" },{ "A10", "A11" },{ "A11", "A12" },{ "A12", "A13" },
            { "A13", "T2" },{ "T2", "A14" },{ "A14", "A15" },{ "A15", "A16" },{ "A16", "A17" },
            { "A17", "A18" },{ "A18", "A1" } };
        loop = new ListNDG(vexs, edges);
        String[] bvexs = {"B1","B2","B3","B4","B5","T1",
            "B6","B7","B8","B9","B10","T2","B11","B12","B13","B14","B15"};
        String[][] bedges = new String[][] { { "B1", "B2" },{ "B2", "B3" },{ "B3", "B4" },
            { "B4", "B5" },{ "B5", "T1" },{ "T1", "B6" },{ "B6", "B7" },{ "B7", "B8" },
```

```java
                { "B8", "B9" },{ "B9", "B10" },{ "B10", "T2" },{ "T2", "B11" },{ "B11", "B12" },
{ "B12", "B13" },{ "B13", "B14" },{ "B14", "B15" } };
        line = new ListNDG(bvexs, bedges);
        //创建中转站有相列表
        list = new ArrayList<String[]>();
        list.add(new String[]{"T1","A10","A11","A12","A13","T2"});
        list.add(new String[]{"T2","A13","A12","A11","A10","T1"});
        list.add(new String[]{"T1","B6","B7","B8","B9","B10","T2"});
        list.add(new String[]{"T2","B10","B9","B8","B7","B6","T1"});
        list.add(new String[]{"T1","B5","B4","B3","B2","B1"});
        list.add(new String[]{"T2","B11","B12","B13","B14","B15"});
        list.add(new String[]{"T1","A9","A8","A7","A6","A5","A4","A3","A2","A1","A18",
"A17","A16","A15","A14","T2"});
        list.add(new String[]{"T2","A14","A15","A16","A17","A18","A1","A2","A3","A4",
"A5","A6","A7","A8","A9","T1"});
    }
    public Boolean getIsZd(String zd){
        if(loop.isNode(zd))
            return true;
        if(line.isNode(zd))
            return true;
        return false;
    }
    private int getsz(String[] data,String str){
        for(int i = 0;i < data.length;i++){
            if(str.equals(data[i]))
                return i;
        }
        return -1;
    }
    public int getZS(String begin , String end){
        xl = "";
        List<Integer> bcounts = new ArrayList<Integer>();
        List<Integer> ecounts = new ArrayList<Integer>();
        //不用经过中转站
        for(String[] strs : list){
            int b = getsz(strs, begin);
            if(b >= 0){
                int e = getsz(strs, end);
                if(e >= 0){
                    if(e > b){
                        for(int i = b;i <= e;i++){
                            xl += strs[i] + "->";
                        }
                    }else{
                        for(int i = b;i >= e;i--){
                            xl += strs[i] + "->";
                        }
                    }
                    return Math.abs(b - e) + 1;
```

```
            }
        }
    }
    //需要经过总转站
    //起始站线路
    for(int i=0;i<list.size();i++){
        int b = getsz(list.get(i), begin);
        if(b>=0){
            bcounts.add(i);
        }
    }
    //终点站线路
    for(int i=0;i<list.size();i++){
        int e = getsz(list.get(i), end);
        if(e>=0){
            ecounts.add(i);
        }
    }
    //获取起始站到中转站最近的站数
    int b1 = 100;                    //t1 中转站距离
    String xb1 = "";                 //线路
    int b2 = 100;                    //t2 中转站距离
    String xb2 = "";
    for(int i : bcounts){
        int tmp = getsz(list.get(i),begin);
        if(i%2==0){//t1 中转站最短距离
            if(tmp<b1){
                b1 = tmp;
                xb1 = "";
                for(int j=b1;j>=0;j--){
                    xb1 += list.get(i)[j] + "->";
                }
            }
        }
        //t2 中转站最短距离
        else{
            if(tmp<b2){
                xb2 = "";
                b2 = tmp;
                for(int j=b2;j>=0;j--){
                    xb2 += list.get(i)[j] + "->";
                }
            }
        }
    }
    String t1t2 = "A10->A11->A12->A13->",t2t1 = "A13->A12->A11->A10->";
    //获取终点站到两个中转站的距离
    int T1 = 100,T2 = 100;           //默认两个不可能的值
    String xt1 = "",xt2 = "";
```

```java
        for(int i : ecounts){
            int tmp = getsz(list.get(i),end);
            if(i % 2 == 0){                        //t1 中转站
                if(tmp < T1){
                    T1 = tmp;
                    xt1 = "";
                    for(int j = 1;j <= tmp;j++){
                        xt1 += list.get(i)[j] + " ->";
                    }
                }
            }else{                                 //t2 中转站
                if(tmp < T2){
                    T2 = tmp;
                    xt2 = "";
                    for(int j = 1;j <= tmp;j++){
                        xt2 += list.get(i)[j] + " ->";
                    }
                }
            }
        }
        //获取站数
        //一个中转站站数
        int j = (b1 + T1)<(b2 + T2)?(b1 + T1):(b2 + T2);
        //两个中转站站数
        int o = (b1 + T2 + 5)<(b2 + T1 + 5)?(b1 + T2 + 5):(b2 + T1 + 5);
        if(j > o){                                 //两个中转站
            if((b1 + T2 + 5)<(b2 + T1 + 5)){//t1 转到 T2
                xl = xb1 + t1t2 + xt2;
            }else{                                 //t2 到 t1
                xl = xb2 + t2t1 + xt1;
            }
        }else{                                     //一个中转站
            if((b1 + T1)<(b2 + T2)){               //t1 中转站
                xl = xb1 + xt1;
            }else{                                 //t2 中转站
                xl = xb2 + xt2;
            }
        }
        return (j > o?o:j) + 1;
    }
    public static void main(String[] args) {
        Metro m = new Metro();
        String begin = "A8";
        String end = "A13";
```

```
            System.out.println("起始站:" + begin + " 终点站:" + end + " 最少站数:" + m.getZS
(begin, end));
        }
    }
```

项目按样例输入起始站为 A3、终点站为 B7 的运行结果如图 7-28 所示。

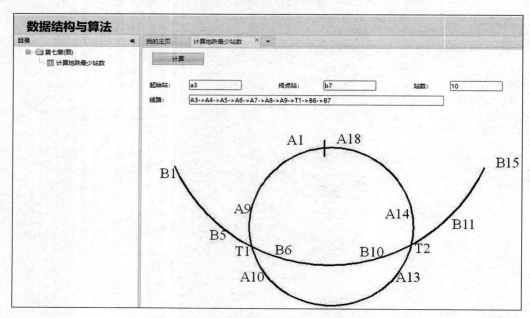

图 7-28　项目实现运行结果示意图

7.4　小结

本模块首先简要介绍了图的概念,然后介绍图的邻接矩阵存储结构,接着介绍了图的两种遍历方式,建立最小生成树的方法,求网中任意两点之间的最短路径和拓扑排序的方法。最后,本模块给出了相关的应用案例,加深了大家对图结构的理解。

7.5　习题

1. 填空题

（1）若无向图采用邻接矩阵存储方法,该邻接矩阵为一个＿＿＿＿矩阵。
（2）一个具有 n 个顶点的有向完全图的弧数为＿＿＿＿。
（3）在一个图中,所有顶点的度数之和等于所有边的数目的＿＿＿＿倍。
（4）图的深度优先搜索方法类似于二叉树的＿＿＿＿遍历,图的广度优先搜索方法类似于二叉树的＿＿＿＿遍历。

(5) 具有 n 个顶点的无向图至少要有_____条边才能保证其连通性。

(6) 一个无向连通图有 5 个顶点 8 条边,则其生成树将要去掉_____条边。

2. 选择题

(1) 具有 n 个顶点的无向完全图的弧数为(　　)。

　　A. $n(n-1)/2$　　　B. $n(n-1)$　　　C. $n(n+1)/2$　　　D. $n/2$

(2) 下列有关图遍历的说法中不正确的是(　　)。

　　A. 连通图的深度优先搜索是一个递归过程

　　B. 图的广度优先搜索中邻接点的寻找具有"先进先出"特征

　　C. 非连通图不能用深度优先搜索法

　　D. 图的遍历要求每一顶点仅被访问一次

3. 简答题

(1) 设有向图为 $G=(V,E)$。其中,$V=\{v_1,v_2,v_3,v_4\}$,$E=\{<v_2,v_1>,<v_3,v_1>,<v_4,v_3>,<v_4,v_2>,<v_1,v_4>\}$。

① 画出该图 G。

② 写出该图的邻接矩阵表示。

③ 分别写出每个顶点的入度和出度。

(2) 写出图 7-29 所示的邻接矩阵、邻接表和逆邻接表表示。

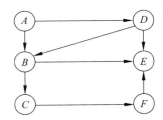

图 7-29　邻接矩阵、邻接表和逆邻接表表示

(3) 对于如图 7-30 所示的无向图,试写出:

① 从源点 1 出发进行深度优先搜索序列;

② 从源点 2 出发进行广度优先搜索序列。

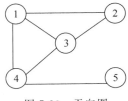

图 7-30　无向图

(4) 一有向网如图 7-31 所示,包括顶点 $\{v_1,v_2,v_3,v_4,v_5,v_6\}$,根据最短路径算法,求出该有向网从顶点 v_1 到其他各顶点长度递增的最短路径。

$$\text{cost} = \begin{bmatrix} 0 & 20 & 15 & \infty & \infty & \infty \\ 2 & 0 & 4 & \infty & \infty & \infty \\ \infty & \infty & 0 & \infty & \infty & 10 \\ \infty & \infty & \infty & 0 & \infty & \infty \\ \infty & \infty & \infty & 15 & 0 & 10 \\ \infty & \infty & \infty & 4 & \infty & 0 \end{bmatrix}$$

图 7-31　有向图

（5）对于图 7-32 所示的带权连通图,求出它的最小生成树。

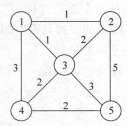

图 7-32　带权连通图

（6）试列出图 7-33 所示的 AOV 网络的拓扑序列。

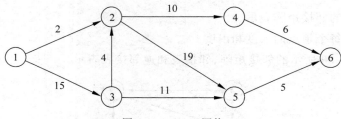

图 7-33　AOV 网络

模块 8　查找算法——查找书籍小软件

- 会用顺序查找方法查找数据。
- 会使用折半查找解决有序序列查询问题。
- 会用分块查找解决数据量较大的查询。
- 掌握二叉排序树查找使用条件、优点和不足。
- 会构造哈希函数、能够解决一般哈希冲突。

本模块思维导图请扫描右侧二维码。　　　　　　　　　　　　　查找算法思维导图

　　生活中经常出现查找的情形。比如新冠肺炎疫情期间,国内进入各大商场、医院等公共场所都需要出示自己的健康码、行程记录、疫苗接种记录等,以便最大限度地控制住疫情,保障人民的生命安全,让人民安居乐业,这些流调系统就是在后台查找记录。那么怎样从十几亿甚至几十亿条数据中快速准确地找到需要的数据呢? 本模块综合利用前面几个模块的知识,分别采用顺序、堆栈、二叉树等结构来解决查找的问题。

8.1　项目描述

　　想必大家都有在图书馆查找书籍的经历。图书馆事先将所有书籍分类、编号,然后放置在指定区域。如果想借阅某本书,一般是到图书馆系统上查出该书的放置位置和编号,然后去相应的位置找到需要的书,如图 8-1 所示。

1. 功能描述

　　本项目为图书编号采取最简单的编号方式,项目界面如图 8-2 所示,图书编号为 1~100。有些书已经陈旧,被封存到档案室,所以剩下的书编号不多,每次通过程序先查找需要的书是否存在。假设剩下的书对应的编号为"45,53,12,3,37,24,90,100,61,78",此时,需要查找编号为 90 这本书,该如何查找呢?

　　可以采用顺序查找、折半查找、分块查找、二叉排序树查找和哈希查找等方法来查找。

2. 设计思路

　　本项目是个典型的查找算法,即在元素表中查找是否存在 90 这个元素。如果存在,返回其索引;如果不存在,返回 −1。

图 8-1 图书馆示意图

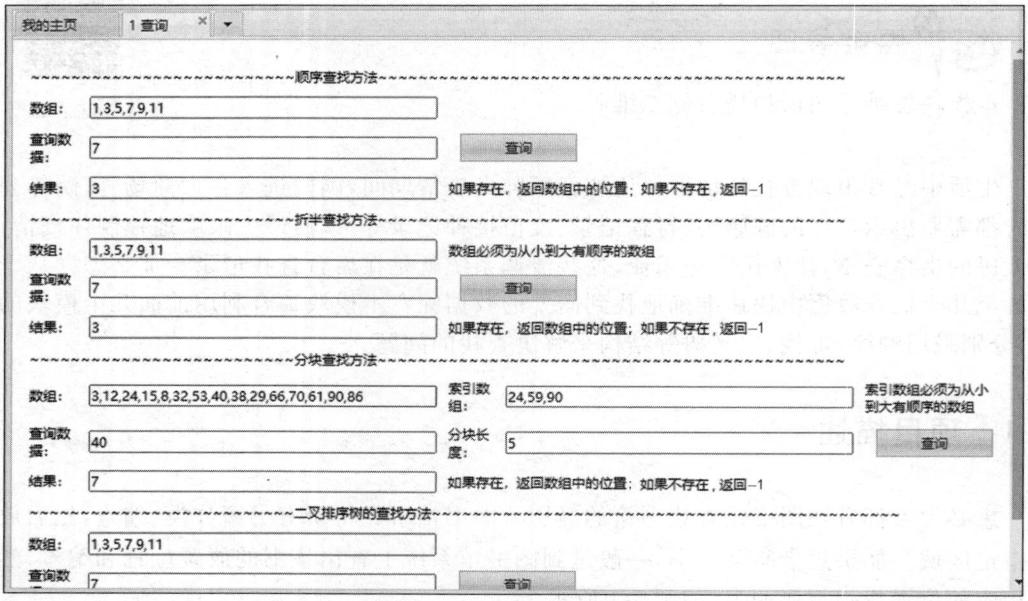

图 8-2 查找界面示意图

8.2 相关知识

查找:也称检索,就是要在大量的数据中找到"特定"的数据。

查找表:大量的数据组织为某种数据结构。这种数据结构就称为查找表,它由若干记录即数据元素构成,每个记录由若干数据项构成。"特定"的数据是由关键字标识的。

关键字:唯一标识一个记录的一个或一组数据项。本模块假定关键字由单个数据项构成。

静态查找:若找到了,返回该记录的相关信息,否则给出"没找到"的信息。静态查找对应的查找表称为静态查找表。

动态查找：若找到了，对该记录做相应的操作（如修改某些数据项的值或删除该记录等），否则，将该记录插入查找表中。动态查找对应的查找表称为动态查找表。

微课 8-1　静态查找的 3 种查找方法

8.2.1　静态查找

静态查找不需要考虑插入新数据元素和删除某个数据元素的问题，这类问题采用顺序存储结构最为合适。所以静态查找问题数据元素的存储主要采用顺序存储结构，即数据存储在数组中。静态查找主要有顺序查找、折半查找和分块查找。

1．顺序查找

顺序查找是所有查找中最简单、最直接的方法。在顺序查找算法设计中，通常把要查找的表和查找的关键字作为参数传递给查找函数，通过循环从前或者从后进行查找，找到后返回下标索引，没找到则返回-1。代码如下。

【代码 8-1】

```java
public static int seqSeach(int[] a, int elem){
    int n = a.length;
    int i = 0;
    while(i < n && a[i] != elem) i++;
    if(a[i] == elem)
        return i;
    else
        return -1;
}
```

提示：整型数组 a 为查找表，整型数据 elem 为要查找的关键字。

1）顺序查找方法的定义

上面的代码描述的是顺序查找的方法，查找表和关键字需要在主函数中定义，代码如下。

【代码 8-2】

```java
public static void main(String[] args){
    int[] test = {45,53,12,3,37,24,90,100,61,78};
    int elem = 61, i;
    if((i = seqSeach(test, elem)) != -1)
        System.out.println("查找成功！该对象为第" + i + "个对象");
    else System.out.println("查找失败！该对象在对象集合中不存在");
}
```

2）顺序查找方法的原理

顺序查找很简单，是从顺序表的一端开始，把给定的值与顺序表的每个数据元素的关键字的值依次进行比较，若找到，返回该元素在顺序表中的序号，否则返回-1。

3) 顺序查找方法的效率分析

顺序查找成功时最多比较次数为 n,即查找成功时的最大查找长度(maximum search length,MSL)为 n;查找不成功时的最多比较次数为 $n+1$,即查找不成功时的最大查找长度为 $n+1$。在平均情况下,设表中每个元素的查找概率相等,即

$$p_i = \frac{1}{n} \tag{8-1}$$

由于查找第 i 个记录需要比较 $n-i+1$ 次,即 $c_i = n-i+1$,则平均查找长度(average search length,ASL)为

$$\text{ASL} = \sum_{i=1}^{n} p_i c_i = \frac{1}{n} \sum_{i=1}^{n} i = \frac{1}{n} \cdot \frac{n(n+1)}{2} = \frac{n+1}{2} \tag{8-2}$$

公式表明顺序查找的平均查找长度是与记录个数成正比。分析中得到时间复杂度为 $O(n)$。

2. 折半查找

前面所说的查找表没有一点规律,只能逐个查。如果查找表中数据按从小到大的顺序存放,那么查找起来就会方便很多。就如书柜上的书,如果归类放置,那么查找起来也会事半功倍。

1) 折半查找的定义

假设查找表中数据是按照从小到大的顺序排好序的,那么怎么查找能提高效率呢?折半查找(也叫二分查找)适用条件:采用顺序存储结构的有序表。假设给定的一组关键字为"3,6,12,23,30,43,56,64,78,85,98",要查找数据 23,如果存在则返回其索引,如果不存在则返回 -1,如图 8-3 所示。

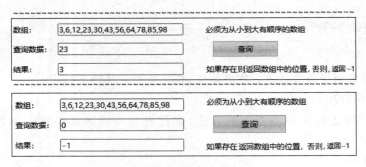

图 8-3 折半查找

2) 折半查找的基本原理

折半查找的最大特点就是被查找表是一个有序的表,程序每次都可以排除一半不符合条件的数据。

折半查找过程如下,如图 8-4 所示为初始状态。

初始值:low=0,high=10,mid=(0+10)/2=5。

设 k 为要查找的元素,k 与数组元素 $r[\text{mid}]$ 进行比较,如图 8-5 所示。由于 $k<43$,待查元素若存在,必在表的前半部分,即在区间 $[0,\text{mid}-1]$ 范围内。令 high=mid-1,此时位置为:low=0,high=4,重新求得 mid=(0+4)/2=2。

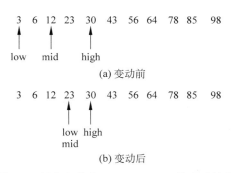

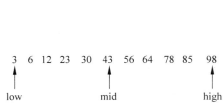

图 8-4 折半查找初始状态示意图　　图 8-5 折半查找中 low、mid、high 的变动情况

k 再与 $r[\text{mid}]$ 进行比较,由于 $k>12$,待查元素若存在,必在当前查找范围的后半部分,即在区间 $[\text{mid}+1,\text{high}]$ 范围内。令 low＝mid＋1,此时,low＝3,high＝4,重新求得 mid＝(3+4)/2＝3。接着 k 再与 $r[\text{mid}]$ 进行比较,由于 $k=23$,查找成功。所查找的记录在表中位置为 4。

3）折半查找的算法描述

基于有序顺序表的折半查找：设 n 个对象存放在一个有序顺序表中,并按其关键字从小到大存放在一个有序顺序表中,采用折半查找时,先求位于查找区间正中的对象的下标 mid,用其关键字与给定值 key 比较,若 $r[\text{mid}]==\text{key}$,则查找成功；$r[\text{mid}]<\text{key}$ 时,把查找区间缩小到表 r 的后半部分,再继续进行折半查找。当 $r[\text{mid}]>\text{key}$ 时,把查找区间缩小到表 r 的前半部分,再继续进行折半查找。每比较一次,查找区间缩小一半。如果直到 low＞high 仍未找到想要查找的对象,则查找失败。查找代码如下。

【代码 8-3】

```
public static int biSeach(int[] a, int elem){
    int n = a.length;
    int low = 0, high = n - 1, mid;
        while(low <= high){ //low>high 表示没找到
            mid = (low + high)/2;
            if(a[mid] == elem) return mid;
            else if(a[mid] < elem) low = mid + 1;
            else high = mid - 1;
        }
        return -1;
}/* BinSearch */
```

4）折半查找的效率分析

折半查找过程可用二叉树描述,每个记录对应二叉树的一个结点,记录的位置作为结点的值,把当前查找范围的中间位置上的记录作为根,左边和右边的记录分别作为根的左子树和右子树,由此得到的二叉树称为描述折半查找的判定树。上述折半查找的判定树如图 8-6 所示。

有 n 个结点的判定树的深度为 $\lfloor \log_2 n \rfloor +1$。由判定树可以看出,折半查找法在查找过程中进行的比较次数最多不超过其判定树的深度。

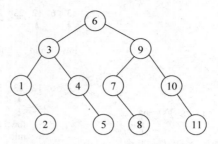

图 8-6　描述折半查找的判定树

设表长

$$n = 2^h - 1[h = \log_2(n+1)] \tag{8-3}$$

设表中每个记录的查找概率相等

$$p_i = \frac{1}{n} \tag{8-4}$$

则

$$\text{ASL} = \sum_{i=1}^{n} p_i c_i = \frac{1}{n}\sum_{i=1}^{n} c_i = \frac{1}{n}\sum_{j=1}^{h} j \cdot 2^{j-1} = \frac{n+1}{n}\log_2(n+1) - 1 \approx \log_2(n+1) - 1 \tag{8-5}$$

所以折半查找算法的时间复杂度为 $O(\log_2 n)$,可见折半查找的效率比顺序查找高很多。

3. 分块查找

1) 分块查找的定义

分块查找又称索引顺序查找,是介于顺序查找和折半查找之间的一种折中的查找方法,它不要求表中所有记录有序,但要求表中记录分块有序。它的基本思想是：首先查找索引表,索引表是有序表,可采用二分查找或顺序查找,以确定待查的结点在哪一块。然后在已确定的块中进行顺序查找,由于块内无序,只能用顺序查找。

如果分块有序的表 st 如下。

st=3,12,24,15,8,32,53,40,38,29,66,70,61,90,86

其基本表和索引表如图 8-7 所示。

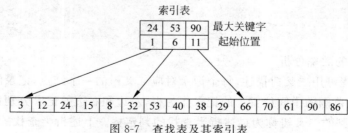

图 8-7　查找表及其索引表

假设现在要查找数字 40,首先在索引表中查找记录所在的块,因为索引表是有序表,此时既可以使用顺序查找也可以使用折半查找。找到记录所在的块后,再在相应的块中进行查找,由于不要求块中记录有序,因此,块中的查找只能是顺序查找,如图8-8所示。

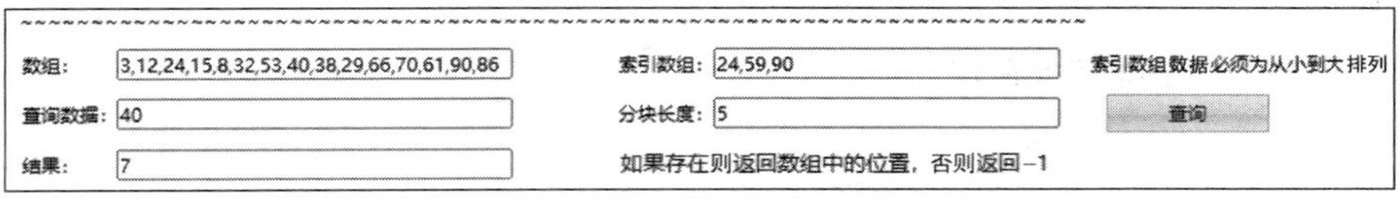

图 8-8 分块查找

2)分块查找的原理

分块查找分两个步骤:首先在索引表中查找所查记录所在的块,这部分可用折半查找;找到记录所在的块后,再在相应的块中进行查找,这部分只能使用顺序查找。代码如下。

【代码 8-4】

```java
public static int blockSearch(int[] index, int[] st, int key, int m) {
    //在序列 st 数组中,用分块查找方法查找关键字为 key 的记录
    //在 index[ ]中折半查找,确定要查找的 key 属于哪个块
    //int i = binarySearch(index, key);
    int i = 0;
        for(;i< index.length;i++){
            if(index[i]>= key)
                break;
        }
    if(i == index.length){
        System.out.println("查找失败");
        return -1;
    }
    if (i >= 0) {
        int j = i > 0 ? i * m : i;
        int len = (i + 1) * m;
        //在确定的块中用顺序查找方法查找 key
        for (int k = j; k < len; k++) {
            if (key == st[k]) {
                System.out.println("查询成功");
                return k;
            }
        }
    }
    System.out.println("查找失败");
    return -1;
}
public static void main(String[] args) {
    int[] st = new int[]{3,12,24,15,8,32,53,40,38,29,66,70,61,90,86};
    int[] index = new int[]{24,53,90};
    System.out.println(blockSearch(index, st, 66, 5));
}
```

分块查找的平均长度等于两步查找的平均查找长度之和,即

$$\text{ASL}_{bs} = L_b + L_w \tag{8-6}$$

式中,L_b 表示查找索引表确定所在块的平均查找长度;L_w 为块中查找元素的平均查找长度。

若将表长为 n 的表平均分成 b 块,每块含 s 个记录,并设表中每个记录的查找概率相等,则操作如下。

（1）用顺序查找确定所在块：

$$\text{ASL}_{bs} = \frac{1}{b}\sum_{j=1}^{b} j + \frac{1}{s}\sum_{i=1}^{s} i = \frac{b+1}{2} + \frac{s+1}{2} = \frac{1}{2}\left(\frac{n}{s} + s\right) + 1 \tag{8-7}$$

（2）用折半查找确定所在块：

$$\text{ASL}_{bs} \approx \log_2\left(\frac{n}{s} + 1\right) + \frac{s}{2} \tag{8-8}$$

提示：分块查找的效率介于顺序查找和折半查找之间。

4. 静态查找的动手实践

1）实训目的

掌握顺序查找、折半查找、分块查找。

2）实训内容

在数组"$-710, -342, 6, 45, 68, 134, 264, 429, 686, 841$"中查找 686 这个数据是否存在,若存在则返回其下标索引,不存在则返回 -1。

3）实训思路

利用前面讲过的几种查找方法,结合生活中的实际操作实现查找。

4）关键代码

请读者理解以下关键代码并填空,运行得到相应结果。

（1）顺序查找。

【代码 8-5】

```
public class SeqSeach{
    public static int seqSeach(int[] a, int elem){
        _____//请读者自行补充完整,可参考代码 8-1
    }
    public static void main(String[] args){
        int[] test = {-710, -342,6,45,68,134,264,429,686,841};
        int elem = 686, i;
        if((i = seqSeach(test, elem) ) != -1)
            System.out.println("查找成功! 该对象为第" + i + "个对象");
        else System.out.println("查找失败! 该对象在对象集合中不存在");
    }
}
```

（2）折半查找。

【代码 8-6】

```
public class BiSeach{
    public static int biSeach(int[] a, int elem){
        _____//请读者自行补充完整,可参考代码 8-3
    }
```

```
public static void main(String[] args){
    int[] test = {-710,-342,6,45,68,134,264,429,686,841};
    int n = 10, elem = 11, i;
    if((i = biSeach(test, elem)) != -1)
        System.out.println("查找成功!该对象为第" + i + "个对象");
    else System.out.println("查找失败!该对象在对象集合中不存在");
}
```

（3）分块查找。

【代码 8-7】

```
public static void main(String[] args) {
    int[] st = new int[]{-710,-342,6,45,68,134,264,429,686,841};
    int[] index = new int[]{6,264,841};
    System.out.println(blockSearch(index, st, 686, 3));
}
public static int blockSearch(int[] index, int[] st, int key, int m) {
    //在序列 st 数组中,用分块查找方法查找关键字为 key 的记录
    //在 index[ ] 中折半查找,确定要查找的 key 属于哪个块
    //int i = binarySearch(index, key);
    int i = 0;
    for(;i < index.length;i++){
        if(index[i]>=key)
            break;
    }
    if(i == index.length){
        System.out.println("查找失败");
        return -1;
    }
    _____//请读者自行补充完整,可参考代码 8-4
}
```

5）运行结果

程序运行结果如图 8-9 所示。

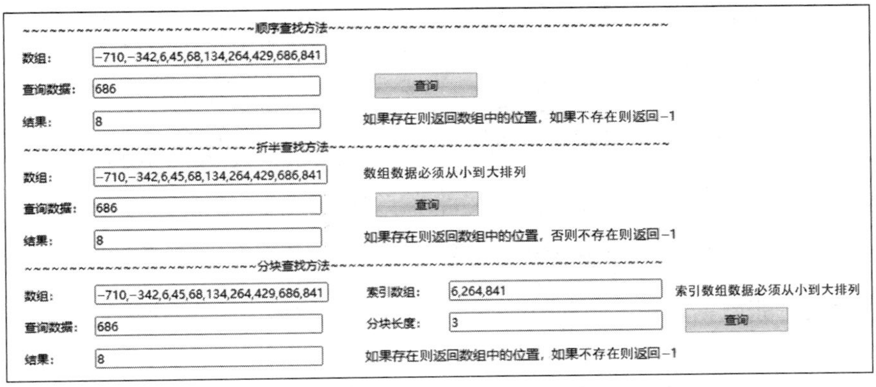

图 8-9 顺序查找结果

微课 8-2　二叉排序树的查找

8.2.2　动态查找

动态查找的结构主要有二叉树结构和树结构两种类型。二叉树结构主要有二叉排序树、平衡二叉树等。树结构主要有 B-树、B+树等。本小节只讨论二叉排序树和 B-树。

1. 二叉排序树

如果数据越来越多，分块查找中索引表的维护越来越麻烦，而且表的数据越多，用部分顺序查找的方法也很麻烦。那么我们能不能用已有的知识实现一个更有效的查找呢？

利用模块 6 讲过的二叉树来构造一棵二叉排序树进行查找，效率将会有很大提高。

1）二叉排序树的定义

二叉排序树（binary sort tree）又称二叉查找树。它或者是一棵空树，或者是具有下列性质的二叉树。①若左子树不为空，则左子树上所有结点的值均小于它的根结点的值；②若右子树不为空，则右子树上所有结点的值均大于它的根结点的值；③左、右子树也分别为二叉排序树。

二叉排序树的结点类如图 8-10 所示。

图 8-10　二叉排序树的结点

二叉排序树的构造如下。

【代码 8-8】

```
public class BinaryTree {
    TreeNode root;
    Boolean isearch = false;
    class TreeNode {
        int value;
        TreeNode left;
        TreeNode right;
        public TreeNode(int paraValue) {
            this.value = paraValue;
        }
    }
}
```

例如，给定一张数据表：

st={50,70,20,10,60,30,80,5,75,35,95}

用二叉排序树的思想建立如图 8-11 的二叉排序树。

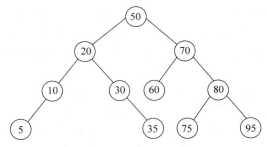

图 8-11 二叉排序树

2) 二叉排序树查找的原理

要在二叉排序树中查找元素,首先必须建立二叉排序树,其次还会用到插入和删除操作,所以整个过程需要以下四个步骤。

(1) 建立。建立一棵二叉排序树的过程就是根据给定的一组关键字,从一棵空树开始,不断插入结点的过程。图 8-12 给出了由关键字序列{50,70,20,10,60,30,80,5,75,35,95}构造二叉排序树的过程。

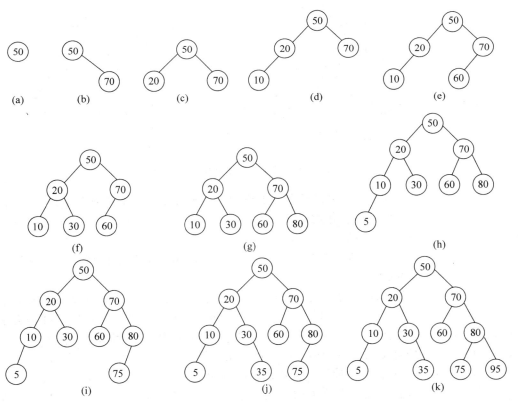

图 8-12 二叉排序树的构造过程

(2) 查找。假设要在上述二叉排序树中查找数字 90,那么需要从根结点开始比较,90＞50,因此查找右子树。再与 70 进行比较,继续查找右子树,以此类推,直到找到 95,发现已经没有孩子结点,因此查找失败,返回－1。

（3）插入。基本思想：若要在二叉排序树中插入一个具有给定关键字值 k 的新结点，先要查找二叉排序树中是否存在关键字值为 k 的结点，只有当二叉排序树中不存在关键字值等于结定值的结点时，即查找失败时，才进行插入操作。此时要根据 k 值的具体情况分别处理。若二叉排序树为空，则插入结点应为根结点；若二叉排序树不空，且该值小于根结点的值，则应往左子树中插入；若二叉排序树不空，且该值大于或等于根结点的值，则应往右子树中插入。新插入的结点一定是一个新添加的叶子结点，并且是查找路径上访问的最后一个结点的左孩子或右孩子，插入新结点之后，该二叉树仍然是一棵二叉排序树。

（4）删除。假设数字被选走了，那么就要删除被选走的那个二叉树的结点，不能把以该结点为根的子树都删去，只能删该结点本身，而且要保证删除后所得的二叉树仍是一棵二叉排序树。

删除操作首先进行查找，确定被删除结点是否在二叉排序树中。假定在查找过程结束时，指针 p 指向待删除的结点，指针 f 指向其双亲结点。下面分三种情况进行讨论。

① 若待删除的结点 *p 是叶子结点，删除叶子结点不破坏二叉排序树的结构，可直接将其删除，同时修改被删除结点的双亲结点的指针：f—>lchild=null 或 f—>rchild=null。在二叉排序树中删除叶子结点如图 8-13 所示。

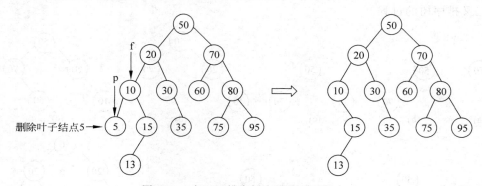

图 8-13　在二叉排序树中删除叶子结点

② 若被删除结点只有左子树或只有右子树，此时，只要令其左子树或右子树直接成为 f 的左子树或右子树即可。显然，作此修改并不破坏二叉排序树的特性。在二叉排序树中删除只有左（右）子树的结点如图 8-14 所示。

③ 若被删除结点 *p 的左、右子树均不空，在删除该结点前为了保持二叉排序树的结构不变，有两种处理方法。

方法 1：根据二叉排序树的特点，可以从 *p 结点的左子树中选择关键字最大的结点 *s（*s 是结点 *p 在中序遍历序列中的直接前驱）或从 *p 结点的右子树中选择关键字最小的结点 *t（*t 是结点 *p 在中序遍历序列中的直接后继）代替被删结点 *p，然后从二叉排序树中删去 *p 的直接前驱或后继。以直接前驱为例进行描述，其具体过程如下。

- 被删除结点 *p 在中序遍历序列中的直接前驱是沿着 *p 的左孩子的右链方向一直找下去，直到找到没有右孩子的结点为止。*p 的中序直接前驱结点 *s 一定没有右子树。
- 用直接前驱结点 *s 取代被删除结点 *p。
- 删除直接前驱结点 *s。若 *s 有左子树，令其为 *s 的双亲 *q 的右子树，如图 8-15(a)所示。

注意：如果被删结点 *p 的直接前驱 *s 的双亲 *q 就是 *p，则令 *s 的左子树为 *p

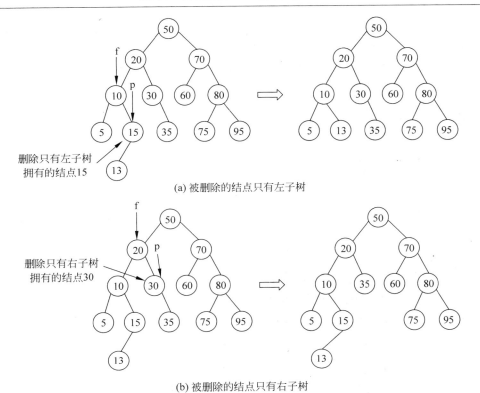

(a) 被删除的结点只有左子树

(b) 被删除的结点只有右子树

图 8-14 在二叉排序树中删除只有左(右)子树的结点

的左子树即可。此时 *p 的值是已替换后的前驱结点的值。在二叉排序树中删除既有左子树又有右子树的结点(方法 1)如图 8-15(b)所示。

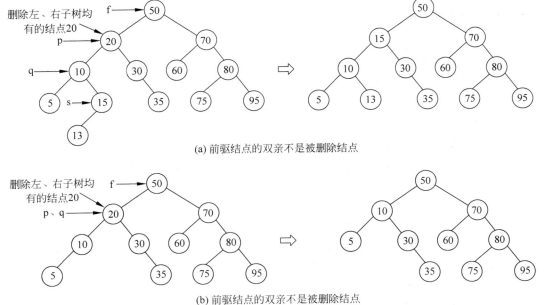

(a) 前驱结点的双亲不是被删除结点

(b) 前驱结点的双亲不是被删除结点

图 8-15 在二叉排序树中删除既有左子树又有右子树的结点(方法 1)

方法 2：找到结点 * p 在中序遍历序列中的直接前驱 * s，将 * p 的左子树作为结点 * f 的左子树，而将 * p 的右子树作为结点 * s 的右子树，这样以保证二叉排序树的特性不会改变，如图 8-16 所示。

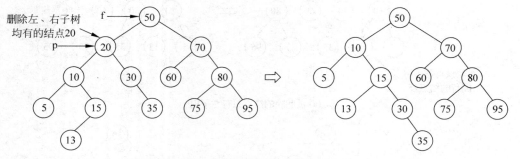

图 8-16　在二叉排序树中删除既有左子树又有右子树的结点（方法 2）

3）二叉排序树查找算法的效率分析

二叉排序树上查找某关键字等于结点值的过程，其实就是走了一条从根到该结点的路径。若查找不成功，则是从根结点出发走了一条从根到某个叶子结点的路径。因此二叉排序树的查找与折半查找过程类似，图 8-17 是二叉排序树查找的结果。

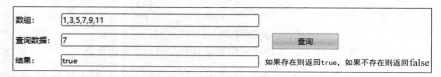

图 8-17　二叉排序树查找结果

二叉排序树的查找算法代码如下。

【代码 8-9】

```java
public class BinaryTree {
    TreeNode root;
    Boolean isearch = false;
    class TreeNode {
    int value;
    TreeNode left;
    TreeNode right;
    public TreeNode(int paraValue) {
        this.value = paraValue;
    }
}
public BinaryTree(int[] array) {
    root = createBinaryTreeByArray(array, 0);
}

private TreeNode createBinaryTreeByArray(int[] array, int index) {
    TreeNode tn = null;
    if (index < array.length) {
        int value = array[index];
```

```
            tn = new TreeNode(value);
            tn.left = createBinaryTreeByArray(array, 2 * index + 1);
            tn.right = createBinaryTreeByArray(array, 2 * index + 2);
            return tn;
        }
        return tn;
    }
/* 查找二叉排序树中是否有 key 值 */
    public void searchBST(TreeNode node , int key){
        if(node.value == key)
        isearch = true;
        if(node.left!= null)
        searchBST(node.left , key);
        if(node.right!= null)
        searchBST(node.right , key);
    }

    public static void main(String[] args) {
        int[] nums = new int[]{1,4,6,77,7,8,9,12,15,14};
        BinaryTree bt = new BinaryTree(nums);
        TreeNode node = bt.root;
        bt.searchBST(node,13);
        System.out.println(bt.isearch);
    }
}
```

如果二叉排序树是均衡的,则 n 个结点的二叉排序树的高度为 $\log_2 n + 1$,其查找效率为 $O(\log_2 n)$,近似于折半查找。如果二叉排序树完全不平衡,则其深度可达到 n,查找效率为 $O(n)$,退化为顺序查找。二叉排序树的查找性能一般在 $O(\log_2 n)$ 到 $O(n)$ 之间,因此,为了获得较好的查找性能,就要构造一棵均衡的二叉排序树。

微课 8-3 哈希查找

因为需要建立排序二叉树,所以二叉树的空间复杂度为 $O(n)$。

2. B-树

B-树是一种平衡多叉排序树。平衡是指所有叶结点都在同一层上,从而可避免出现像二叉排序树那样的分支退化现象,因此 B-树的动态查找效率更高。

1) 定义

B-树中所有结点的孩子结点的最大值称为 B-树的阶。一棵 m 阶的 B-树可以是一棵空树,也可以是满足下列要求的 m 叉树。

(1) 树中每个结点至多有 m 个孩子结点。

(2) 除根结点外,其他结点至少有 $\lceil m/2 \rceil$ 个孩子结点(符号"$\lceil \ \rceil$"表示向上取整)。

(3) 若根结点不是叶结点,则根结点至少有两个孩子结点。

(4) 每个结点的结构如图 8-18 所示。

其中,n 为结点中的关键字个数。除根结点外,其他所有结点要满足 $\lceil m/2 \rceil - 1 \leqslant n \leqslant m-1$；$K_i(1 \leqslant i \leqslant n)$ 为结点的关键字,所有 K_i 满足 $K_i < K_i + 1$,$P_i(0 \leqslant i \leqslant n)$ 为指向孩子结点的指针,所有 P_i 满足的条件为：所指结点中的所有关键字均大于或等于 K_i,且小于

K_{i+1};P_n 所指结点的所有关键字大于或等于 K_n。

(5) 所有叶结点都在同一层上。

如图 8-19 所示是一棵 3 阶 B-树的示例。结点中第一个域为该结点的关键字个数,然后是一个指针、一个关键字。关键字有序,最后一个域是指针。

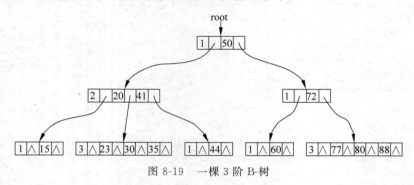

图 8-19 一棵 3 阶 B-树

由于 B-树是平衡树,左、右子树的深度相同,所以可避免出现像二叉排序树那样的分支退化现象。另外,由于 B-树每个结点的子树一般多于两个,所以 B-树的高度较二叉排序树的高度低。因此,B-树是一种较二叉排序树动态查找效率更高的树结构。

2) B-树的查找算法

B-树的查找算法和二叉排序树的查找算法类似。在 B-树上查找数据元素 x 的方法为:将 $x.\text{key}$ 与根结点的 K_i 逐个进行比较。

(1) 若 $x.\text{key}=K_i$,则查找成功。

(2) 若 $\text{key}<K_1$,则沿着指针 P_0 所指的子树继续查找。

(3) 若 $K_i<\text{key}<K_i+1$,则沿着指针 P_i 所指的子树继续查找。

(4) 若 $\text{key}>K_n$,则沿着指针 P_n 所指的子树继续查找。

(5) 若相应 P_i 指针为空,则查找失败。

3) B-树的插入

将数据元素 key 插入 B-树的过程分以下两步完成。

(1) 利用查找算法找出该关键字的插入结点(B-树的插入结点一定是叶结点)。

(2) 判断该结点是否还有空位置,即判断该结点是否满足 $n<m-1$,若该结点满足 $n<m-1$,说明该结点还有空位置,直接把关键字 $x.\text{key}$ 插入该结点的合适位置上;若该结点满足 $n=m-1$,说明该结点已没有空位置,要插入就要分裂该结点。结点分裂的方法是:以中间数据元素为界把结点分为两个结点,并把中间数据元素向上插入双亲结点上,若双亲结点未满,则把它插入双亲结点的合适位置上;若双亲结点已满,则按同样的方法继续分裂。这个向上分裂的过程可一直进行到根结点的分裂。若最终根结点进行了分裂,则 B-树的高度将增加 1。

由于 B-树的插入过程或者是直接在叶结点上插入,或者是从叶结点向上的分裂过程,所以新结点插入后仍将保持所有叶结点都在同一层上的特点。

图 8-20 所示是在 3 阶 B-树上进行插入操作的例子，图中省略了每个结点上的关键字个数 n。

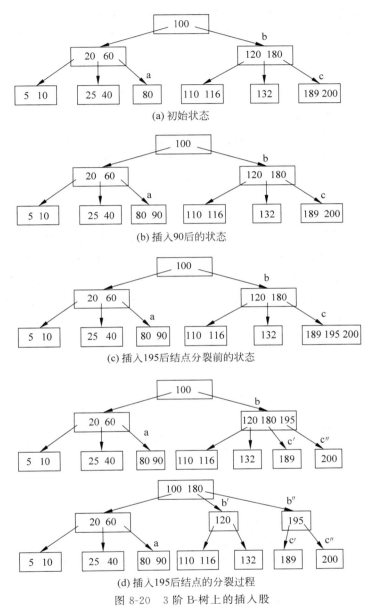

图 8-20 3 阶 B-树上的插入股

提示：图中的字符符号 a、b、b′、b″、c、c′、c″等表示当前插入的结点位置，或插入后分裂生成的结点。

4）B-树的删除

在 B-树上删除数据元素 key 的过程分两步完成。

(1) 利用查找算法找出该关键字所在的结点。

(2) 在结点上删除关键字 $x.key$ 分两种情况：一种是在叶结点上删除关键字，另一种是在非叶子结点上删除数据元素。

在非叶结点上删除关键字时,假设要删除关键字 $K_i(1 \leqslant i \leqslant n)$,首先寻找该指针 P_i 所指子树中的最小关键字 K_{min}(P_i 所指子树中的最小关键字 K_{min} 一定是在叶结点上),然后用 K_{min} 覆盖要删除的数据元素 K_i,最后再以指针 P_i 所指结点为根结点查找并删除 K_{min},即再以指针 P_i 所指结点为 B-树的根结点,以 K_{min} 为要删除的数据元素再次调用 B-树上的删除算法,这样就把非叶结点上的删除问题转化成了叶结点上的删除问题。

在 B-树的叶结点上删除数据元素共有以下三种情况。

① 假如要删除关键字结点的关键字个数 n 大于或等于 $\lceil m/2 \rceil$,说明删除该关键字后,该结点仍满足 B-树的定义,则可直接删除该关键字。

② 假如要删除关键字结点的关键字个数 n 等于 $\lceil m/2 \rceil - 1$,说明删除该关键字后,该结点将不满足 B-树的定义,此时若该结点的左(或右)兄弟结点中关键字个数 n 大于 $\lceil m/2 \rceil - 1$,则把该结点的左(或右)兄弟结点中最大(或最小)的关键字上移到双亲结点中,同时把双亲结点中大于(或小于)上移关键字的下移到要删除关键字的结点中,这样删除关键字后,该结点以及它的左(或右)兄弟结点都仍旧满足 B-树的定义。

③ 假如要删除关键字结点的关键字个数 n 等于 $\lceil m/2 \rceil - 1$,并且该结点的左兄弟和右兄弟结点(如果存在)中关键字个数 n 均等于 $\lceil m/2 \rceil - 1$,这时需把要删除关键字的结点与其左(或右)兄弟结点以及双亲结点中分割两者的关键字合并成一个结点。

图 8-21 是在 3 阶 B-树上进行删除操作的示例,其中,图 8-21(b)是在叶子结点上删除数据元素的第一种情况,图 8-21(c)是在叶结点上删除数据元素的第二种情况,图 8-21(e)是在非叶结点上删除数据元素的情况。

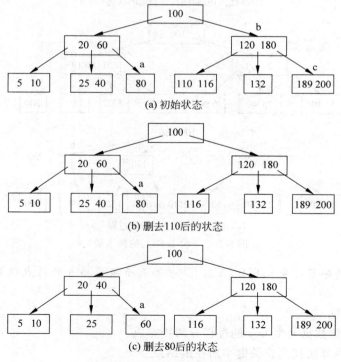

图 8-21 3 阶 B-树上的删除操作

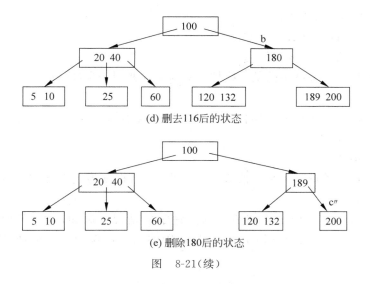

(d) 删去116后的状态

(e) 删除180后的状态

图 8-21(续)

8.2.3 哈希表的查找

前面的查找都是通过比较查找到相应位置,而直接通过 key 来计算出存放的位置,那么就不需要过多的比较了。

1. 哈希查找的定义

哈希查找是通过在数据与其内存地址之间建立的关系进行查找的方法。

哈希函数是指将数据和具体物理地址之间建立的对应关系,利用这样的函数可使查找次数大大减少,提高查找效率。

给定一组数据为 st={24,8,37,19,55,42},取哈希函数为 $H(k)=k \bmod 7$,则所构造的哈希表如图 8-22 所示。

图 8-22 哈希表示意

2. 哈希查找算法的原理

假设要查找的数据 19,只需要执行 19 mod 7 =5,即查看地址为 5 的空间即可,空间存在则返回地址 5。同理,假设要查找数据 25,则执行 25 mod 7 = 4,地址为 4 的空间为空,没有找到,则返回-1。

哈希表查找首先需要找到合适的哈希函数,哈希函数的构造在哈希查找中的作用非常大,将直接影响数据与物理地址之间的关系,同时也会影响查找的效率。

构造哈希函数的原则是:①函数本身计算简单;②对关键字集合中的任意一个关键字 k,$H(k)$ 对应不同地址的概率是相等的,即任意一个记录的关键字通过哈希函数的计算得到的存储地址的分布要尽量均匀,目的是尽可能减少冲突。冲突又叫同义词,即当 key1≠key2 时,$H(key1)=H(key2)$ 的现象。哈希函数通常是一种压缩映像,所以冲突不可避免,只能尽量减少;同时,冲突发生后,应该有处理冲突的方法。

哈希查找必须解决以下两个主要问题。

第一,构造一个计算简单而且冲突尽量少的哈希函数。

第二,给出处理冲突的方法。

1) 哈希函数的构造方法

(1) 直接定址法。

构造:取关键字或关键字的某个线性函数作哈希地址,即 $H(\text{key})=\text{key}$ 或 $H(\text{key})=a\times\text{key}+b$。

特点:直接定址法所得地址集合与关键字集合大小相等,不会发生冲突。实际中能用这种哈希函数的情况很少。

(2) 平方取中法。

构造:先通过求关键字的平方值来扩大差别,然后根据地址空间的范围取中间的几位或其组合作为哈希地址。

特点:平方取中法适用于不知道全部关键字的情况。例如,对于关键字集合{1100, 0110,1011,1001,0011},若将它们平方,然后取中间的 3 位作为哈希地址,则得到如表 8-1 所示的结果。

表 8-1 平方取中法

关　键　字	关键字平方	哈　希　地　址
1100	1210000	100
0110	0012100	121
1011	1022121	221
1001	1002001	020
0011	0000121	001

注意:如果计算出的哈希函数值不在存储区地址范围内,则要乘以一个比例因子,把哈希函数值(哈希地址)放大或缩小,使其落在哈希表的存储地址范围内。

(3) 数字分析法。

构造:对关键字进行分析,取关键字的若干位或其组合作为哈希地址。

特点:适用于关键字位数比哈希地址位数大,且可能出现的关键字事先知道的情况。例如,有 80 个记录,如图 8-23 所示,关键字为 8 位十进制数,哈希地址为 2 位十进制数。

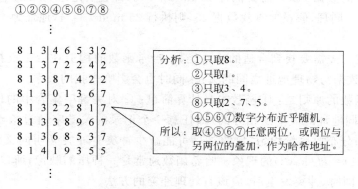

图 8-23 数字分析法示意

(4) 除留余数法。

构造：取关键字被某个不大于哈希表表长 m 的数 p 除后所得余数作为哈希地址,即 $H(key)=key \ mod \ p(p \leqslant m)$。

特点：简单、常用,可与上述几种方法结合使用。p 的选取很重要,p 选得不好,容易产生同义词。p 应取不大于哈希表长度 m 的素数或者是不包含小于 20 的质因子的合数。例如,若 $m=1000$,则 p 最好取 967 或 997 等素数。

例如,关键字集合为"75,27,44,14,78,50,40",表长为 11,由上述分析可知,选择 $p=11$,即 $H(k)=k \ mod \ 11$,则可得

$H(75)=75 \ mod \ 11 = 9$ $H(27)=27 \ mod \ 11 = 5$

$H(44)=44 \ mod \ 11 = 0$ $H(14)=14 \ mod \ 11 = 3$

$H(78)=78 \ mod \ 11 = 1$ $H(50)=50 \ mod \ 11 = 6$

$H(40)=40 \ mod \ 11 = 7$

相应的哈希表如图 8-24 所示。

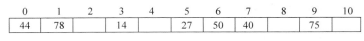

图 8-24 哈希表

(5) 随机数法。

构造：取关键字的随机函数值作为哈希地址,即 $H(key)=random(key)$。

随机数法适用于关键字长度不等的情况。

对于各种构造哈希函数的方法,很难一概而论地评价其优劣,实际应用中应根据具体情况采用不同的哈希函数。选取哈希函数,通常考虑以下因素：计算哈希函数所需时间、关键字长度、哈希表长度(哈希地址范围)、关键字分布情况、记录的查找频率。

2) 处理冲突的方法

(1) 开放定址法。

方法：当冲突发生时,形成一个探查序列;沿此序列逐个地址探查,直到找到一个空位置(开放的地址),将发生冲突的记录放到该地址中,即

$$H_i = [H(key)+d_i] \ mod \ m(i=1,2,\cdots,m-1)$$

其中,$H(key)$ 为哈希函数；m 哈希表表长；d_i 表示增量序列。

d_i 取值情况如下。

- 线性探测再散列：$d_i = 1,2,3,\cdots,m-1$。
- 二次探测再散列：$d_i = 1^2, -1^2, 2^2, -2^2, 3^2, \cdots, -k^2, k^2 (k \leqslant m/2)$。
- 伪随机探测再散列：$d_i =$ 伪随机数序列。

例如,表长为 11 的哈希表中已填有关键字为"17,60,29"的记录,$H(key)=key \ mod \ 11$。现有第 4 个记录,其关键字为 38,按第三种处理冲突的方法,将它填入表中,如图 8-25 所示。

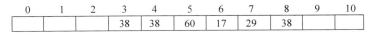

图 8-25 所用到的哈希表

① $H(38)=38 \bmod 11=5$　　　冲突
　　$H_1=(5+1) \bmod 11=6$　　　冲突
　　$H_2=(5+2) \bmod 11=7$　　　冲突
　　$H_3=(5+3) \bmod 11=8$　　　不冲突
② $H(38)=38 \bmod 11=5$　　　冲突
　　$H_1=(5+1^2) \bmod 11=6$　　冲突
　　$H_2=(5-1^2) \bmod 11=4$　　不冲突
③ $H(38)=38 \bmod 11=5$　　　冲突
设伪随机数序列为 9，则有
　　$H_1=(5+9) \bmod 11=3$　　　不冲突

（2）拉链法。

方法：将所有关键字为同义词的记录存储在一个单链表中，并用一维数组存放头指针。

例如，关键字集合为$\{24,8,37,19,54,68,22,42,71\}$，表长 $m=7$，哈希函数为 $H(k)=k \bmod 7$，使用拉链法处理冲突。则构造的哈希表如图 8-26 所示。

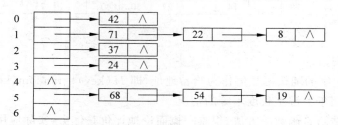

图 8-26　用拉链法处理冲突的哈希表

此方法的优点：①拉链法处理冲突简单，且无堆积现象，即非同义词不会发生冲突，因此平均查找长度较短；②拉链法中各链表上的结点空间是动态申请的，所以它更适用于在建表前无法确定表长的情况；③在用拉链法构造的哈希表中，删除记录的操作易于实现，只需简单地删除链表上相应的结点即可。

3）哈希算法的实现

在哈希表中查找元素的过程和构造哈希表的过程相似。假设给定的值为 k，根据造表时设定的哈希函数即可算出哈希地址，如果哈希表中此地址为空，则查找不成功；否则将该地址中的关键字值与给定 k 值比较，若相等，则查找成功。若不相等，则根据造表时设定的处理冲突的方法找"下一地址"，直至哈希表中某个位置为"空"（查找失败）或者表中所填记录的关键字值等于给定值（查找成功）为止。

下面以除留余数法构造哈希函数，以开放定址法中的线性探测法处理冲突为例，给出哈希表的查找算法的描述。运行结果如图 8-27 所示。

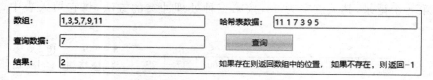

图 8-27　用拉链法处理冲突的哈希表

哈希算法代码如下。

【代码 8-10】

```java
public class HashSearch {
    //初始化哈希表
    static int hashLength = 7;
    static int[] hashTable = new int[hashLength];
    //原始数据
    static int[] list = new int[]{13, 29, 27, 28, 26, 30, 38};
    public static int MySearch(int[] data,int var) {
        hashLength = data.length;
        hashTable = new int[hashLength];
        //创建哈希表
        for (int i = 0; i < data.length; i++) {
            insert(hashTable, data[i]);
        }
        int res = search(hashTable, var);
        return res;
    }

    public static void main(String[] args) throws IOException {
        System.out.println("******* 查找哈希表 *******");

        //创建哈希表
        for (int i = 0; i < list.length; i++) {
            insert(hashTable, list[i]);
        }
        System.out.println("展示哈希表中的数据:" + display(hashTable));

        while (true) {
            //查找哈希表
            System.out.print("请输入要查找的数据:");
            int data = new Scanner(System.in).nextInt();
            int result = search(hashTable, data);
            if (result == -1) {
                System.out.println("对不起,没有找到!");
            } else {
                System.out.println("数据的位置是:" + result);
            }
        }
    }

    /*
     * 方法:插入哈希表
     */
    public static void insert(int[] hashTable, int data) {
        //哈希函数,除留余数法
        int hashAddress = hash(hashTable, data);
```

```java
            //如果不为0,则说明发生冲突
            while (hashTable[hashAddress] != 0) {
                //利用开放定址法解决冲突
                hashAddress = (++hashAddress) % hashTable.length;
            }

            //将待插入值存入字典中
            hashTable[hashAddress] = data;
    }

    /*
     * 方法:查找哈希表
     */
    public static int search(int[] hashTable, int data) {
        //哈希函数,除留余数法
        int hashAddress = hash(hashTable, data);

        while (hashTable[hashAddress] != data) {
            //利用开放定址法解决冲突
            hashAddress = (++hashAddress) % hashTable.length;
            //查找到开放单元或者循环回到原点,表示查找失败
            if (hashTable[hashAddress] == 0 || hashAddress == hash(hashTable, data)) {
                return -1;
            }
        }
        //查找成功,返回下标
        return hashAddress;
    }

    /*
     * 方法:构建哈希函数(除留余数法)
     * @param hashTable
     * @param data
     * @return
     */
    public static int hash(int[] hashTable, int data) {
        return data % hashTable.length;
    }

    /*
     * 方法:展示哈希表
     */
    public static String display(int[] hashTable) {
        StringBuffer stringBuffer = new StringBuffer();
        for (int i : hashTable) {
            stringBuffer = stringBuffer.append(i + " ");
        }
        return String.valueOf(stringBuffer);
    }
}
```

4）哈希算法的效率分析

在哈希表中进行添加、删除、查找等操作，性能十分高，不考虑哈希冲突的情况下，仅需一次定位即可完成，时间复杂度为 $O(1)$。

8.3 项目实现

本模块的项目实现都是各个算法的实现，上面已经全部介绍，这里不再重复。

8.4 小结

本模块深入浅出介绍了 5 种查找方法，各种方法都有自己的优劣，对照情况如表 8-2 所示。

表 8-2 各种查找方法的比较

查 找 名 称	条 件	时间复杂度
顺序查找	无序或有序队列	$O(n)$
折半查找	有序数组	$O(\log_2 n)$
分块查找	将 n 个数据元素"按块有序"划分为 m 块$(m \leqslant n)$	介于顺序查找和折半查找之间
二叉排序树查找	先创建二叉排序树	$O(\log_2 n)$
B-树查找	先创建 B-树	$O(\log_2 n)$，B-树比二叉排序树层次更少
哈希表法(散列表)	先创建哈希表(散列表)	时间复杂度约为 $O(1)$，取决于产生冲突的多少

8.5 习题

1. 填空题

（1）顺序查找法的平均查找长度为_____，折半查找法的平均查找长度为_____。

（2）在各种查找方法中，平均查找长度与结点个数 n 无关的查找方法是_____。

（3）折半查找的存储结构仅限于_____，且是_____。

（4）对于长度为 n 的线性表，若进行顺序查找，则时间复杂度为_____；若采用折半法查找，则时间复杂度为_____。

（5）已知有序表为"(12,18,24,35,47,50,62,83,90,115,134)"，当用折半查找 90 时，需进行_____次查找可确定成功；查找 47 时，需进行_____次查找成功；查找 100 时，需进行_____次查找才能确定不成功。

（6）二叉排序树的查找长度不仅与_____有关，也与二叉排序树的_____有关。

（7）一个无序序列可以通过构造一棵_____树而变成一个有序树，构造树的过程即为对无序序列进行排序的过程。

(8) _____法构造的哈希函数肯定不会发生冲突。

(9) 在散列函数 $H(\text{key})=\text{key}\%p$ 中，p 应取_____。

(10) 在散列存储中，装填因子的值越大，则_____；装填因子的值越小，则_____。

2. 选择题

(1) 顺序查找法适合于存储结构为（　　）的线性表。
   A. 散列存储　　　　　　　　　　　　B. 顺序存储或链接存储
   C. 压缩存储　　　　　　　　　　　　D. 索引存储

(2) 对线性表进行二分查找时，要求线性表必须（　　）。
   A. 以顺序方式存储
   B. 以链接方式存储
   C. 以顺序方式存储，且结点按关键字有序排序
   D. 以链接方式存储，且结点按关键字有序排序

(3) 采用顺序查找方法查找长度为 n 的线性表时，每个元素的平均查找长度为（　　）。
   A. n　　　　　　B. $n/2$　　　　　　C. $(n+1)/2$　　　　　　D. $(n-1)/2$

(4) 采用二分查找方法查找长度为 n 的线性表时，每个元素的平均查找长度为（　　）。
   A. $O(n^2)$　　　　B. $O(n\log_2 n)$　　　C. $O(n)$　　　　D. $O(\log_2 n)$

(5) 二分查找和二叉排序树的时间性能（　　）。
   A. 相同　　　　　　B. 不相同　　　　　　C. 关联　　　　　　D. 不关联

(6) 有一个有序表为"(1,3,9,12,32,41,45,62,75,77,82,95,100)"，当二分查找值为 82 的结点时，（　　）次比较后查找成功。
   A. 1　　　　　　B. 2　　　　　　C. 4　　　　　　D. 8

(7) 设哈希表长 $m=14$，哈希函数 $H(\text{key})=\text{key}\%11$。表中已有 4 个结点：addr(15)=4；addr(38)=5；addr(61)=6；addr(84)=7。如用二次探测再散列处理冲突，关键字为 49 的结点的地址是（　　）。
   A. 8　　　　　　B. 3　　　　　　C. 5　　　　　　D. 9

(8) 有一个长度为 12 的有序表，按二分查找法对该表进行查找，在表内各元素等概率情况下查找成功所需的平均比较次数为（　　）。
   A. 35/12　　　　B. 37/12　　　　C. 39/12　　　　D. 43/12

(9) 对于静态表的顺序查找法，若在表头设置岗哨，则正确的查找方式为（　　）。
   A. 从第 0 个元素往后查找该数据元素
   B. 从第 1 个元素往后查找该数据元素
   C. 从第 n 个元素往前开始查找该数据元素
   D. 与查找顺序无关

(10) 解决散列法中出现的冲突问题常采用的方法是（　　）。
   A. 数字分析法、除余法、平方取中法
   B. 数字分析法、除余法、线性探测法
   C. 数字分析法、线性探测法、多重散列法
   D. 线性探测法、多重散列法、链地址法

(11) 采用线性探测法解决冲突问题,所产生的一系列后继散列地址(　　)。
　　A. 必须大于或等于原散列地址
　　B. 必须小于或等于原散列地址
　　C. 可以大于或小于但不能等于原散列地址
　　D. 地址大小没有具体限制
(12) 对于查找表的查找过程中,若被查找的数据元素不存在,则把该数据元素插入集合中。这种方式主要适合于(　　)。
　　A. 静态查找表　　　　　　　　　　B. 动态查找表
　　C. 静态查找表与动态查找表　　　　D. 两种表都不适合
(13) 散列表的平均查找长度(　　)。
　　A. 与处理冲突方法有关而与表的长度无关
　　B. 与处理冲突方法无关而与表的长度有关
　　C. 与处理冲突方法有关而与表的长度有关
　　D. 与处理冲突方法无关而与表的长度无关

3. 简答题

(1) 顺序查找时间为 $O(n)$,二分法查找时间为 $O(\log_2 n)$,散列法为 $O(1)$,为什么即使有高效率的查找方法,而低效率的方法仍不被放弃?

(2) 对含有 n 个互不相同元素的集合,同时找最大元和最小元至少需进行多少次比较?

(3) 若对具有 n 个元素的有序的顺序表和无序的顺序表分别进行顺序查找,试在下述两种情况下分别讨论两者在等概率时的平均查找长度。
① 查找不成功,即表中无关键字等于给定值 K 的记录。
② 查找成功,即表中有关键字等于给定值 K 的记录。

(4) 设有序表为"$(a,b,c,d,e,f,g,h,i,j,k,p,q)$",请分别画出对给定值 a、g 和 n 进行折半查找的过程。

(5) 假定一个待散列存储的线性表为"(32,75,29,63,48,94,25,46,18,70)",散列地址空间为 HT[13],若采用除留余数法构造散列函数和线性探测法处理冲突,试求出每一元素的初始散列地址和最终散列地址,画出最后得到的散列表,求出平均查找长度。

(6) 散列表的地址区间为 0~15,散列函数为 $H(\text{key}) = \text{key}\%13$。设有一组关键字为 "(19,01,23,14,55,20,84)",采用线性探测法解决冲突,依次存放在散列表中。问:
① 元素 84 存放在散列表中的地址是多少?
② 搜索元素 84 需要的比较次数是多少?

模块 9　排序算法——排序小软件

- 会用直接插入排序、折半插入排序、希尔排序。
- 会用冒泡排序和快速排序。
- 掌握直接选择排序,了解堆排序。
- 了解归并排序。
- 了解多关键字排序。

本模块思维导图请扫描右侧二维码。

排序算法思维导图

每次考试后,可能需要对成绩进行排名,虽然成绩不能说明一切,但能证明一个人学习是否认真,是否真的掌握了本门课程的知识内容,那么如何快速准确地将这些成绩按从大到小的顺序排序呢?本模块介绍的排序是针对前几个模块数据结构的应用,采用顺序、堆栈、二叉树等结构来解决排序的问题。

9.1　项目描述

6 个动物的考试成绩为"(31,23,89,10,47,68)",请编写程序,按从高到低排序为几个动物排名,以便为它们颁奖,如图 9-1 所示。

图 9-1　排名领奖示意图

1. 功能描述

本项目需求非常明确,就是通过各种方法为数据排序,如图 9-2 所示,为了比较出各种排序算法的效率,项目还显示出数据的交换次数。

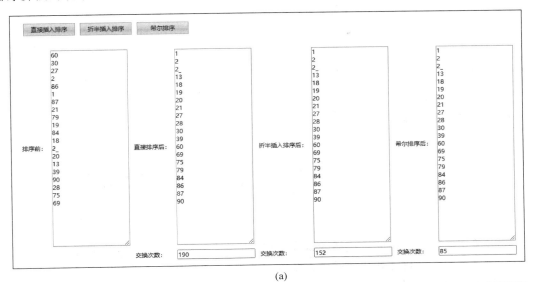

图 9-2　排序界面示意图

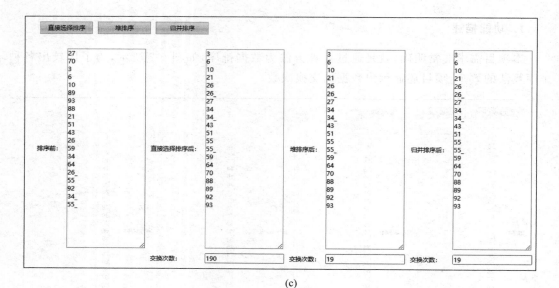

(c)

图 9-2(续)

可以采用插入排序中的直接插入排序、折半插入排序和希尔排序方法编程实现,也可以采用交换排序中冒泡排序和快速排序方法编程实现,还可以用选择排序中直接选择排序、堆排序方法或者归并排序的思想及其方法来实现。

2. 设计思路

本项目是典型的排序算法,是将所有的元素按从小到大或者从大到小的顺序进行排序。

9.2 相关知识

排序(sorting)就是通过某种方法整理记录,使之按关键字递增或递减次序排列,其定义如下:假定由 n 个记录组成的序列为 $\{R_1, R_2, \cdots, R_n\}$,其相应的关键字序列是 $\{k_1, k_2, \cdots, k_n\}$,排序就是确定一个排列 $\{p_1, p_2, \cdots, p_n\}$ 使得 $k_{p1} \leqslant k_{p2} \leqslant \cdots k_{pn}$(或 $k_{p1} \geqslant k_{p2} \geqslant \cdots \geqslant k_{pn}$),从而得到一个按关键字有序的序列 $\{R_{p1}, R_{p2}, \cdots, R_{pn}\}$。

由于待排序记录的数量不同,按排序过程中涉及存储器的不同,可将排序分为两大类:内部排序和外部排序。对于内部排序来说,待排序的记录数量不是很大,在排序过程中,所有数据是放在计算机内存中处理的,不涉及数据的内、外存交换;而在外部排序中,待排序列记录的数量很大,不能同时全部放入内存,排序时涉及进行内、外存数据的交换。

9.2.1 插入排序

插入排序分为直接插入排序、折半插入排序和希尔排序。插入排序的基本思想是:将一个待排序序列中的记录,分为已排好序和未排好序的两段区间,逐个在未排好序的区间中按其关键字的大小插

微课 9-1 直接插入排序

入已排好序的子序列中,直到全部记录有序为止。在整个插入过程中,记录的有序性保持不变。

1. 直接插入排序

根据 6 个动物的考试成绩,首先取出 31 和 23 比较,按从小到大排序,调整顺序为"23,31"。再取出 89,通过比较得到顺序"23,31,89"。继续取出 10,通过比较并调整顺序为"10,23,31,89"。以此类推,最后得到排好的顺序。直接插入排序过程如图 9-3 所示。

图 9-3 直接插入排序过程

抽象出上述排序过程思想:$R[0]$ 一般作为监视哨用,还可以用于备份数据。假设记录 $R[1..i]$ 是已排序的记录序列(有序区),$R[i+1..n]$ 是未排序的记录序列(无序区),将 $R[i+1..n]$ 中每个记录依次插入已排序的序列 $R[1..i]$ 中的适当位置,得到一个已排序的记录序列 $R[1..n]$。初始时,把记录 $R[1]$ 看作有序区,$R[2..n]$ 看作无序区,将 $R[2]$ 插入 $R[1]$ 的适当位置,得到两个记录组成的有序区。然后将 $R[3]$ 与有序区里的记录进行比较,找到适当的位置,插入有序区,得到 3 个记录的有序区。以此类推,将剩余的记录全部插入有序区,最终得到一个有序序列。每完成一个记录的插入称为一趟排序,该排序算法中要解决的主要问题是怎样插入记录,同时要保证插入后序列仍然有序。最简单的方法就是,在当前有序区 $R[1..i]$ 中找到记录 $R[i+1]$ 的正确位置 $k(1 \leqslant k \leqslant i)$,然后将 $R[k..i]$ 中的记录全部后移一位,空出第 k 个位置,再把 $R[i+1]$ 插入该位置。

1) 定义

将待排序的数据放入数组中,代码如下。

【代码 9-1】

```
public static void main(String[] args){
    int[] test = {60,30,27,2,86,1,87,21,79,19,84,18,2,20,13,39,90,28,75,69};
    int n = test.length;
    insertSort(test);
    for( int i = 0; i < n; i ++)
        System.out.print(test[i] + " ");
}
```

2) 算法实现

根据上面的分析思路,可以写出如下代码进行排序。

【代码 9-2】

```java
/* 直接插入排序
@param r
需要排序的数组。对记录数组 r[1..n]做直接插入排序
*/
static int InsertSort(int[] r) {
    int count = 0;
    int tmp;
    for (int i = 1; i < r.length; i++) {
        for (int j = i; j > 0; j--) {
            count++;
            if (r[j] < r[j - 1]) {
                tmp = r[j - 1];
                r[j - 1] = r[j];
                r[j] = tmp;
            }
        }
    }
    return count;
}
```

直接插入排序结果参考图 9-2(a)。

3) 算法效率分析

直接插入排序算法简单,容易操作。在本算法中,为了提高效率,设置了一个监视哨 $R[0]$,使 $R[0]$ 始终存放待插入的记录。如果从时间效率上衡量,该排序算法主要时间耗费在关键字比较和移动记录上。对 n 个记录序列进行排序,如果待排序列已按关键字排好,则每趟排序过程中仅做一次关键字的比较,移动次数为 2 次(仅有的 2 次移动是将待插入的记录移动到监视哨,再从监视哨移出),所以总的比较次数是 $n-1$ 次,移动次数是 $2(n-1)$ 次;如果待排序列是逆序的,将 $r[i]$ 插入合适位置,要进行 $i-1$ 次关键字的比较,记录移动次数为 $i-1+2$。

直接插入排序的时间复杂度为 $O(n^2)$。另外,该算法只使用了存放监视哨的 1 个附加空间,它的空间复杂度为 $O(1)$。直接插入排序是一种稳定的排序方法。

2. 折半插入排序

学习了模块 8 之后,上述直接插入排序算法中,在有序序列 $R[1..i]$ 中寻找 $R[i+1]$ 的正确位置时,可使用前面所讲过的折半查找算法,相应的排序算法称为折半插入排序。

1) 定义

将待排序的数据放入数组中。

【代码 9-3】

```java
public static void main(String[] args){
    int[] test = {60,30,27,2,86,1,87,21,79,19,84,18,2,20,13,39,90,28,75,69};
    int n = test.length;
    BinSort(test);
    for(int i = 0; i < n; i ++)
        System.out.print(test[i] + " ");
}
```

2）算法实现

【代码 9-4】

```java
/* 折半插入排序
@param r
对记录数组 r[1..n]进行折半插入排序
*/
static int BinSort(int[] r) {
    int count = 0;
    int n = r.length;
    int i, j;
    for (i = 1; i < n; i++) {
        /* temp 为本次循环待插入有序列表中的数 */
        int temp = r[i];
        int low = 0;
        int high = i - 1;
        /* 寻找 temp 插入有序列表的正确位置,使用二分查找法 */
        while (low <= high) {
            count++;
            /* 有序数组的中间坐标,此时用于二分查找,减少查找次数 */
/* 说明:mid = (high + low) / 2 有可能有溢出,修改为 mid = low + (high - low) / 2 可解决问题但
是几乎所有的教材都是用下面这个写法 */
            int mid = (high + low) / 2;
            /* 若有序数组的中间元素大于待排序元素,则有序序列向中间元素之前搜索,否则向
            后搜索 */
            if (r[mid] > temp) {
                high = mid - 1;
            } else {
                low = mid + 1;
            }
        }
        for (j = i - 1; j >= low; j--) {
            count++;
            /* 元素后移,为插入 temp 做准备 */
            r[j + 1] = r[j];
        }
        /* 插入 temp */
        r[low] = temp;
    }
    return count;
}
```

3)效率分析

采用折半插入排序,可以减少关键字的比较次数,关键字的比较次数至多 $n/2$ 次,移动记录的次数和直接插入排序相同,故时间复杂度仍为 $O(n^2)$,所需要的附加存储空间仍为1个记录空间,它的空间复杂度为 $O(1)$。折半插入排序是一种稳定的排序方法。

折半插入排序效果参考图 9-2(a)。

3. 希尔排序

前面排序方法一趟只找一个数据进行交换,太慢。能否一趟有很多数据进行交换呢?希尔排序(shell sort)实际上也是一种插入排序,其基本思想是:设待排序的序列有 n 个记录,先取一个小于 n 的正整数 d_1 作为第一个增量,把待排序记录分成 d_1 个组,所有位置相差 d_1 倍数的记录放在同一组中,在每一组内进行直接插入排序,完成第一趟排序;然后,取第二个增量 $d_2(d_2<d_1)$,重复上述过程,直到所取增量 $d_t=1(d_t<d_t-1<d_t-2<\cdots<d_2<d_1)$ 为止。此时所有记录只有一个组,再进行直接插入排序,就得到一个有序序列。

设待排序序列有 10 个记录,其关键字分别是"31,29,97,38,13,07,19,59,100,45"。

第一趟排序时先设 $d_1=10/2=5$,将序列分成 5 组:$(R_1,R_6),(R_2,R_7)\cdots(R_5,R_{10})$,对每一组分别做直接插入排序,使各组成为有序序列;以后每次让 d 缩小一半。

第二趟排序时设 $d_2=3$,将序列分三组:$(R_1,R_4,R_7,R_{10}),(R_2,R_5,R_8),(R_3,R_6,R_9)$,每组做直接插入排序。

第三趟取 $d_3=1$,对整个序列做直接插入排序,最后得到有序序列。

排序过程如图 9-4 所示。

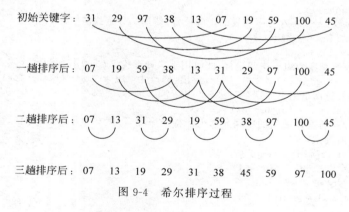

图 9-4 希尔排序过程

1)定义

将待排序的数据放入数组中。

【代码 9-5】

```java
public static void main(String[] args){
    int[] test = {60,30,27,2,86,1,87,21,79,19,84,18,2,20,13,39,90,28,75,69};
    int n = test.length;
    shellSort(test);
    for(int i = 0; i < n; i ++)
        System.out.print(test[i] + " ");
}
```

2）算法实现

希尔排序的代码如下。

【代码 9-6】

```java
/* 希尔排序
 * @param data
 */
public static int shellSort(int[] data) {
    int j = 0, count = 0;
    int temp = 0;
    for (int increment = data.length / 2; increment > 0; increment /= 2) {
        for (int i = increment; i < data.length; i++) {
            temp = data[i];
            for (j = i - increment; j >= 0; j -= increment) {
                count++;
                if (temp < data[j]) {
                    data[j + increment] = data[j];
                } else {
                    break;
                }
            }
            data[j + increment] = temp;
        }
    }
    return count;
}
```

希尔排序效果参考图 9-2(a)。

3）效率分析

希尔排序的执行时间依赖于所取增量序列。如何选择该序列才能使得比较和移动的次数最少？增量序列有各种取法，有取奇数的，也有取质数的，但需要注意：尽量避免增量序列中的值互为倍数，最后一个增量必须是 1。

希尔排序中关键字的比较次数与记录移动次数也依赖于增量序列的选取，通过大量的实践证明，直接插入排序在序列初态基本有序或者序列中记录个数比较少时所需比较和移动次数较少，而希尔排序正是利用了这一点。根据不同增量序列，多次分组，各个组内记录要么比较少，要么基本有序，一趟排序过程较快，因此，希尔排序在时间性能上优于直接插入排序，其时间复杂度为 $O(n^{1.3})$。希尔排序也只用了 1 个记录的辅助空间，故空间复杂度为 $O(1)$，但是希尔排序是不稳定的。

9.2.2 交换排序

排序的思路很多，还可以有以下的思路：对待排序序列中的记录两两比较其关键字，发现两个记录呈现逆序时就交换两记录的位置，直到没有逆序的记录为止。这就是最原始的交换排序思想。交换排序有两种：冒泡排序和快速排序。

1. 冒泡排序

冒泡排序是一种简单的交换排序方法,其基本思想是:对待排序序列的相邻记录的关键字进行比较,使较小关键字的记录往前移,而较大关键字的记录往后移。设待排序记录为 $(R_1,R_2,\cdots,R_n)$,其对应的关键字是 $(k_1,k_2,\cdots,k_n)$。从第一个记录开始对相邻记录的关键字 k_i 和 k_{i+1} 进行比较 $(1 \leqslant i \leqslant n-1)$,若 $k_i > k_{i+1}$,则 R_i 和 R_{i+1} 交换位置,否则不进行交换。最后将待排序序列中关键字最大的记录移到第 n 个记录的位置上,完成第一趟排序。第二趟排序时只对前 $n-1(R_1,R_2,\cdots,R_{n-1})$ 个记录进行同样的操作,将前 $n-1$ 个记录中关键字最大的记录移到第 $n-1$ 个记录的位置上。重复上述过程(共进行 $n-1$ 趟),直到全部记录排好序为止。

例如,待排记录关键字为"78,31,13,29,89,7",其冒泡排序的过程如图 9-5 所示。

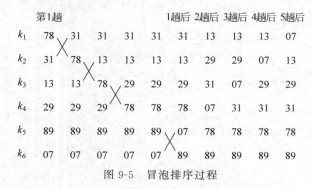

图 9-5 冒泡排序过程

1)定义

将待排序的数据放入数组中。

【代码 9-7】

```
public static void main(String[] args){
    int[] test = {59,64,49,23,55,54,37,83,30,63,20,39,54,54,2,13,53,33,21,2};
    int n = test.length;
    bubbleSort(test);
    for(int i = 0; i < n; i++)
        System.out.print(test[i] + " ");
}
```

2)算法实现

根据上面的分析思路,可以写出以下代码进行排序。

【代码 9-8】

```
/*
 * 冒泡排序
 */
public static int BubbleSort(int[] data) {
    int count = 0;
```

```
    for (int i = 0; i < data.length - 1; i++) {        //外层循环控制排序趟数
        for (int j = 0; j < data.length - 1 - i; j++) { //内层循环控制每一趟排序多少次
            count++;
            if (data[j] > data[j + 1]) {
                int temp = data[j];
                data[j] = data[j + 1];
                data[j + 1] = temp;
            }
        }
    }
    return count;
}
```

冒泡排序效果参考图 9-2(b)。

3) 算法效率分析

对 n 个记录排序时，如果待排序的初始记录已按关键字的递增次序排列，则经过 1 趟排序即可完成，关键字的比较次数为 $n-1$，相邻记录没有发生交换操作，移动次数为 0；如果待排序的初始序列是逆序，则对 n 个记录的序列要进行 $n-1$ 趟排序，每趟要进行 $n-i(1 \leqslant i \leqslant n-1)$ 次关键字比较，且每次比较后记录均要进行 3 次移动。算法的时间复杂度为 $O(n^2)$。虽然对 n 个记录的序列，有时不必经过 $n-1$ 趟排序，但是冒泡排序中记录的移动次数较多，所以排序速度慢，冒泡排序只需 1 个中间变量作为辅助空间，它的空间复杂度为 $O(1)$，冒泡排序是稳定的排序算法。

微课 9-2 快速排序

2. 快速排序

冒泡排序相邻两两比较泡泡冒得太慢，于是，为了提高效率，还有一种快速排序，快速排序是对冒泡排序的一种改进，其基本思想是：从待排序序列的 n 个记录中任取一个记录 R_i 作为基准记录，其关键字为 k_i。经过一趟排序，以基准记录为界限，将待排序序列划分成两个子序列，所有关键字小于 k_i 的记录移到 R_i 的前面，所有关键字大于 k_i 的记录移到 R_i 的后面。记录 R_i 位于两子序列中间，该基准记录不再参加以后的排序，这个过程称作一趟快速排序。然后用同样的方法对两个子序列排序，得到 4 个子序列。以此类推，直到每个子序列只有一个记录为止，此时就得到 n 个记录的有序序列。

快速排序中划分子序列的方法是：使用头尾两个方向相反的指针进行遍历，先将数组第一个元素设置为比较元素，头指针从左至右找到第一个大于比较元素的数，尾指针从右至左找到第一个小于比较元素的数。全部交换完毕后，将比较元素放到中间位置。例如，待排序序列为"5,7,1,6,4,8,3,2"，对其进行快速排序的过程如图 9-6 所示。

以 5 为分界线，左、右两边分别又是两个待排序的数组。用同样的思路，左边和右边继续这样排序，直到 start 大于 end 为止。

1) 定义

将待排序的数据放入数组中，代码如下。

【代码 9-9】

```
public static void main(String[] args){
    int[] test = {59,64,49,23,55,54,37,83,30,63,20,39,54,54,2,13,53,33,21,2};
```

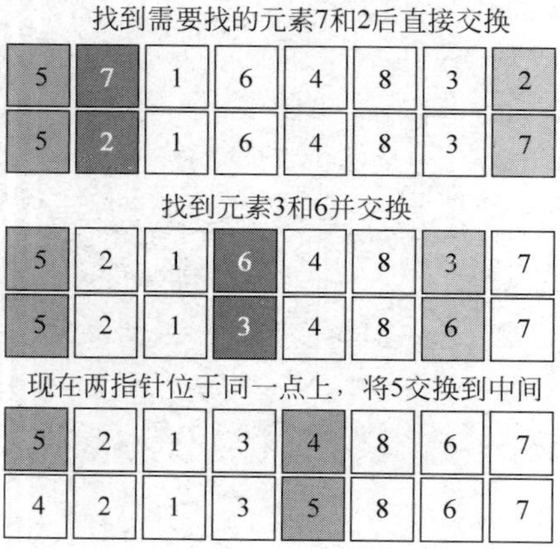

找到需要找的元素7和2后直接交换

| 5 | 7 | 1 | 6 | 4 | 8 | 3 | 2 |
| 5 | 2 | 1 | 6 | 4 | 8 | 3 | 7 |

找到元素3和6并交换

| 5 | 2 | 1 | 6 | 4 | 8 | 3 | 7 |
| 5 | 2 | 1 | 3 | 4 | 8 | 6 | 7 |

现在两指针位于同一点上,将5交换到中间

| 5 | 2 | 1 | 3 | 4 | 8 | 6 | 7 |
| 4 | 2 | 1 | 3 | 5 | 8 | 6 | 7 |

图 9-6　快速排序过程

```
    int n = test.length;
    quickSort(test, 0, 7)
    for(int i = 0; i < n; i++)
        System.out.print(test[i] + " ");
}
```

2) 算法实现

根据上面的分析思路,可以写出以下代码进行排序。

【代码 9-10】

```
/*
 * 快速排序
 * @param data
 * @param low
 * @param high
 */
public static int quickSort(Integer[] data, int low, int high) {
    int start = low, count = 0;
    int end = high;
    int key = data[low];
    while (end > start) {
        //从后往前比较
        while (end > start && data[end] >= key){
        //如果没有比关键值小的,比较下一个,直到有比关键值小的交换位置,然后又从前往后
           比较
            end--;
        }

        //从前往后比较
        while (end > start && data[start] <= key){
            //如果没有比关键值大的,比较下一个,直到有比关键值大的交换位置
            start++;
```

```
            }
            if [start < end) {
                int temp = data[start];
                data[start] = data[end];
                data[end] = temp;
            }
            count++;
            //此时第一次循环比较结束,关键值的位置已经确定了.左边的值都比关键值小,右边的值
              都比关键值大,但是两边的顺序还有可能是不一样的,则进行下面的递归调用
    }
    //递归
    if (start > low)
        QuickPass(data, low, start - 1);    //左边序列.第一个索引位置到关键值索引—1
    if (end < high)
        QuickPass(data, end + 1, high);     //右边序列.从关键值索引+1到最后一个
    return count;
}
```

快速排序效果参考图 9-2(b)。

3)效率分析

快速排序算法的时间效率取决于划分子序列的次数,对于有 n 个记录的序列进行划分,共需 $n-1$ 次关键字的比较,在最好情况下,假设每次划分得到两个大致等长的记录子序列,时间复杂度为 $O(n\log_2 n)$。在最坏情况下,若每次划分的基准记录是当前序列中的最大值或最小值,经过依次划分,仅得到一个左子序列或一个右子序列,子序列的长度比原来的少 1,因此快速排序必须做 $n-1$ 趟,第 i 趟需进行 $n-i$ 次比较。

微课 9-3 选择排序

9.2.3 选择排序

到此,我们已经学习了至少 4 种排序方法,其实排序还有其他很多思路。比如生活中常见的选择排序,其基本思想是:每一趟从待排序记录中选出关键字最小的记录,按顺序放到已排好序的子序列中,直到全部记录排序完毕。选择排序包括直接选择排序、堆排序和归并排序。

1. 直接选择排序

直接选择排序的基本思想是:假设待排序序列有 n 个记录"$R_1, R_2, \cdots, R_n$",先从 n 个记录中选出关键字最小的记录 R_k,将该记录与第 1 个记录交换位置,完成第一趟排序;然后从剩下的 $n-1$ 个记录中再找出一个关键字最小的记录,与第 2 个记录交换位置,依次反复,第 i 趟从剩余的 $n-i+1$ 个记录中找出一个关键字最小的记录和第 i 个记录交换,对 n 个记录经过 $n-1$ 趟排序,即可得到有序序列。

例如,对初始关键字"47,29,89,03,11,76,45"进行简单选择排序,其排序过程如图 9-7 所示。

```
              k₀   k₁   k₂   k₃   k₄   k₅   k₆
初始值关键字：  47   29   89   03   11   76   45
               ↑            ↑
               i            k
第1趟(i=1)： (03)  29   89   47   11   76   45   （03和47交换位置）
             ↑             ↑
             i             k
第2趟(i=2)： (03   11)  89   47   29   76   45   （11和29交换位置）
                  ↑             ↑
                  i             k
第3趟(i=3)： (03   11   29)  47   89   76   45   （29和89交换位置）
                       ↑             ↑
                       i             k
第4趟(i=4)： (03   11   29   45)  89   76   47   （45和47交换位置）
                            ↑             ↑
                            i             k
第5趟(i=5)： (03   11   29   45   47)  76   89   （47和89交换位置）
                                 ↑        ↑
                                 i        k
第6趟(i=6)： (03   11   29   45   47   76   89)  （不交换位置）
```

图 9-7　直接选择排序过程

1) 定义

将待排序的数据放入数组中，代码如下。

【代码 9-11】

```java
public static void main(String[] args){
    int[] test = {86,49,76,72,83,69,79,14,99,33,53,62,51,89,68,74,95,93,15,18};
    int n = test.length;
    selectSort(test);
    for(int i = 0; i < n; i++)
        System.out.print(test[i] + " ");
}
```

2) 算法实现

根据上面的分析思路，可以写出以下代码进行排序。

【代码 9-12】

```java
/*
 * 直接选择排序
 * @param data
 */
public static int SelectSort(Integer[] data) {
    int temp = 0, count = 0;
    for (int i = 0; i < data.length - 1; i++) {
        for (int j = i + 1; j < data.length; j++) {
            count++;
            if (data[i] > data[j]) {
                temp = data[i];
                data[i] = data[j];
                data[j] = temp;
```

```
            }
        }
    }
    return count;
}
```

直接选择排序效果参考图 9-2(c)。

3) 效率分析

在直接选择排序过程中,所需移动记录的次数比较少。在最好情况下,即待排序序列为正序时,该算法记录移动次数为 0;反之,当待排序序列为逆序时,该算法记录移动次数为 $3(n-1)$。

在直接选择排序过程中需要的关键字的比较次数与序列原始顺序无关,当 $i=1$ 时(外循环执行第一次),内循环比较 $n-1$ 次;$i=2$ 时,内循环比较 $n-2$ 次;以此类推,算法的总比较次数为 $(1+2+3+\cdots+n-1)=n(n-1)/2$。因此,直接选择排序的时间复杂度为 $O(n^2)$,由于只用一个变量作辅助空间,故空间复杂度为 $O(1)$,直接选择排序是不稳定的。

2. 堆排序

堆排序是在直接选择排序的基础上做进一步的改进。在直接选择排序中,为了在 $R[1..n]$ 中选出关键字最小的记录,必须进行 $n-1$ 次比较,然后在 $R[2..n]$ 中再做 $n-2$ 次比较选出关键字最小的记录。事实上,后面的比较中,有许多比较可能在前面的 $n-1$ 次比较中已经做过,但是由于前一趟排序时未保留这些比较的结果,所以后一趟排序时,又重复做了这些比较操作。堆排序可以克服这一缺点。在堆排序中,将待排序的数据记录 $R[1..n]$ 看成一棵完全二叉树的顺序存储结构,利用完全二叉树中双亲结点和孩子结点的内在关系,来选择关键字最小(最大)的记录。

n 个元素的序列 $\{k_1, k_2, \cdots, k_n\}$,满足以下的性质时称为堆。

$$k_i \geqslant k_{2i} \quad 且 \quad k_i \geqslant k_{2i+1}$$

或

$$k_i \leqslant k_{2i} \quad 且 \quad k_i \leqslant k_{2i+1} \quad (1 \leqslant i \leqslant n)$$

堆实质上就是具有如下性质的完全二叉树。

(1) 根结点(即堆顶记录)的关键字值是所有结点关键字中最大(或最小)的。

(2) 每个非叶子结点(记录)的关键字大于、等于(或小于、等于)它的孩子结点(如果左、右孩子存在)的关键字。

这种堆分别称大顶堆或小顶堆。例如,图 9-8(a)是一个大顶堆,图 9-8(b)是一个小顶堆。

实现堆排序需解决以下两个问题。

- 怎样将待排序列记录构成一个初始堆。
- 输出堆顶元素后,怎样调整剩余的 $n-1$ 个元素,使其按关键字重新整理成一个新堆。

由于完成这两项工作都要调用筛选算法,所以先讨论筛选算法。

筛选就是将以结点 i 为根结点的子树调整为一个堆,此时结点 i 的左、右子树必须已经是堆。筛选算法的基本思想是:将结点 i 与其左、右孩子结点比较,若结点 i 的关键字小于

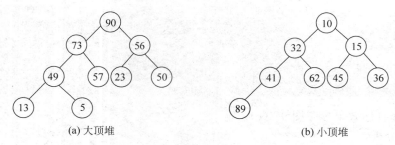

(a) 大顶堆　　　　　　　　　　(b) 小顶堆

图 9-8　堆的示意图

其中任意一个孩子结点的关键字,就将结点 i 与左、右孩子中关键字较大的结点交换。若与左孩子交换,则左子树的堆被破坏,且仅左子树的根结点不满足堆的性质;若与右孩子交换,则右子树堆被破坏,且仅右子树的根结点不满足堆的性质。继续对不满足堆性质的子树进行上述交换操作,直到该结点为叶子结点或它的关键字大于其孩子结点的关键字。这个自根结点到叶子结点的调整过程就是筛选。

图 9-9 所示为筛选过程实例,在图(a)中根结点 15 的左、右子树分别是堆,由于 15 小于 89、67,又由于 89＞67,则 89 与 15 交换位置,这时新根结点的右子树没变,仍是一个堆,但是 15 下沉一层后,使得新根结点的左子树不再是堆。继续调整,15 小于它的新的左、右孩子关键字,同时 46＞32,于是 15 与 46 交换,由于 46 的新的左子树仍是堆,新的右子树只有一个结点,调整完成时得到图(b)的新堆。

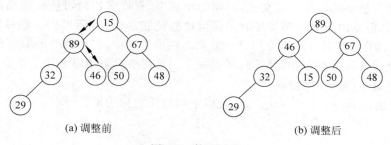

(a) 调整前　　　　　　　　　　(b) 调整后

图 9-9　筛选过程

1) 定义

将待排序的数据放入数组中。

【代码 9-13】

```
public static void main(String[] args){
    int[] test = {86,49,76,72,83,69,79,14,99,33,53,62,51,89,68,74,95,93,15,18};
    int n = test.length;
    sift(test);
    for(int i = 0; i < n; i++)
        System.out.print(test[i] + " ");
}
```

2) 算法实现

根据上面的分析思路,可以写出以下代码进行排序。

【代码 9-14】

```java
/*
 * 堆排序
 * @param data
 * @param low
 * @param high
 */
public static int sift(Integer[] data) {
    int count = 0;
    if (data == null || data.length <= 1) {
        return count;
    }

    buildMaxHeap(data);

    for (int i = data.length - 1; i >= 1; i--) {
        count ++;
        exchangeElements(data, 0, i);

        maxHeap(data, i, 0);
    }
    return count;
}

public static void exchangeElements(Integer[] array, int index1, int index2) {
    int temp = array[index1];
    array[index1] = array[index2];
    array[index2] = temp;
}

private static void buildMaxHeap(Integer[] array) {
    if (array == null || array.length <= 1) {
        return;
    }

    int half = array.length / 2;
    for (int i = half; i >= 0; i--) {
        maxHeap(array, array.length, i);
    }
}

private static void maxHeap(Integer[] array, int heapSize, int index) {
    int left = index * 2 + 1;
    int right = index * 2 + 2;
    int largest = index;
    if (left < heapSize && array[left] > array[index]) {
        largest = left;
    }
    if (right < heapSize && array[right] > array[largest]) {
        largest = right;
    }
    if (index != largest) {
        exchangeElements(array, index, largest);
        maxHeap(array, heapSize, largest);
    }
}
```

堆排序效果参考图 9-2(c)。

3）效率分析

堆排序的时间主要花费在建立初始堆和反复调整堆的工作上。对深度为 k 的堆，从根到叶的筛选，关键字的比较次数最多为 $2(k-1)$ 次，n 个结点的完全二叉树的深度 $k=\lfloor \log_2 n \rfloor + 1$，堆排序算法 HeapSort 中调整建新堆时调用 Sift 算法共为 $n-1$ 次，因此总的比较次数满足：

$$2(\lfloor \log_2(n-1) \rfloor + \lfloor \log_2(n+1) \rfloor + \cdots + \lfloor \log_2 2 \rfloor) < 2n \lfloor \log_2 n \rfloor$$

堆排序的时间复杂度为 $O(n\log_2 n)$。由于堆排序中，在建立初始堆和调整新堆时反复进行筛选，故它不适合记录较少的序列排序。堆排序占用的辅助空间为 1 个记录大小，空间复杂度为 $O(1)$，它是一种不稳定的排序方法。

3. 归并排序

归并排序的基本思想是：将 $n(n \geqslant 2)$ 个有序子序列合并为一个有序序列。例如，将两个有序子序列 $R[low..m]$ 和 $R[m+1..high]$ 合并成一个有序序列 $R_1[low..high]$。在归并过程中设三个变量 i、j、p 分别指向三个序列的起始位置，归并时依次比较记录 $R[i]$ 和记录 $R[j]$ 的关键字，取两个记录关键字值较小的记录复制到 $R_1[p]$ 中，然后将被复制记录的指针 i 或 j 加 1，同时 p 加 1。重复上述过程，直到 $R[1..m]$ 和 $R[m+1..n]$ 有一个为空，此时，将另一个非空的子序列中剩余记录按次序复制到 $R_1[p..n]$ 中即可。

例如，有 $A(12,21,35,45,78)$ 和 $B(8,26,40,65)$ 两个有序序列，将其合并为一个有序序列 $R(8,12,21,26,35,40,45,65,78)$。归并过程是：比较 $A[1]$ 与 $B[1]$ 记录的关键字，将其中关键字小的记录 $B[1]$ 复制到 R 中，成为 $R[1]$；然后比较 $A[1]$ 和 $B[2]$ 记录的关键字的大小，仍将关键字小的移到 R 序列，直到序列 A 和 B 有一个为空。最后将 A 或 B 序列中剩余记录按顺序复制到 R 序列中。

利用上面的思路可以实现归并排序。其算法思想是：第 1 趟归并排序时，将待排序序列 $R[1..n]$ 看成 n 个长度为 1 的有序子序列，将这些子序列两两进行归并，若 n 为偶数，则产生 $n/2$ 个长度为 2 的有序子序列；若 n 为奇数，最后一个子序列轮空不参与归并，本趟归并完成后，原序列产生一个长度为 2 的有序子序列和一个长度为 1 的有序子序列。第 2 趟归并时，将第 1 趟产生的有序子序列再两两归并。如此反复，最后得到一个长度为 n 的有序序列，完成排序。例如，有一待排序序列"39,28,18,60,27,03,49"，其二路归并排序过程如图 9-10 所示。

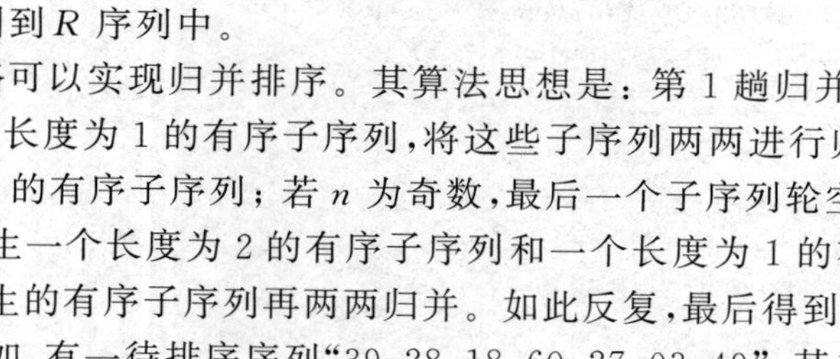

```
初始关键字：  (39)  (28)  (18)  (60)  (27)  (03)  (49)
第1趟归并：  (28   39)  (18   60)  (03   27)  (49)
第2趟归并：  (18   28   39   60)  (03   27   49)
第3趟归并：  (03   18   27   28   39   49   60)
```

图 9-10 二路归并排序过程

1）定义

将待排序的数据放入数组中。

【代码 9-15】

```java
public static void main(String[] args){
    int[] test = {86,49,76,72,83,69,79,14,99,33,53,62,51,89,68,74,95,93,15,18};
    int n = test.length;
    mergeSort(test);
    for(int i = 0; i < n; i++)
        System.out.print(test[i] + " ");
}
```

2）算法实现

根据上面的分析思路,可以写出以下代码进行排序。

【代码 9-16】

```java
public static void merge(int[] a, int[] swap, int k){
    int n = a.length;
    int m = 0, u1,l2,i,j,u2;
    int l1 = 0;                                    //第一个有序子数组下界为 0
    while(l1 + k <= n-1){
        l2 = l1 + k;                               //计算第二个有序子数组下界
        u1 = l2 - 1;                               //计算第一个有序子数组上界
        u2 = (l2+k-1 <= n-1)? l2+k-1: n-1;         //计算第二个有序子数组上界
        for(i = l1, j = l2; i <= u1 && j <= u2; m ++){
            if(a[i] <= a[j]){
                swap[m] = a[i];
                i ++;
            }
            else{
                swap[m] = a[j];
                j ++;
            }
        }
        //子数组 2 已归并完,将子数组 1 中剩余的元素存放到数组 swap 中
        while(i <= u1){
            swap[m] = a[i];
            m ++;
            i ++;
        }
        //子数组 1 已归并完,将子数组 2 中剩余的元素存放到数组 swap 中
        while(j <= u2){
            swap[m] = a[j];
            m ++;
            j ++;
        }
        l1 = u2 + 1;
    }
    //将原始数组中只够一组的数据元素顺序存放到数组 swap 中
    for(i = l1; i < n; i ++, m ++){
        swap[m] = a[i];
```

```
    }
    public static void mergeSort(int[] a){
        int i;
        int n = a.length;
        int k = 1;                           //归并长度从1开始
        int[] swap = new int[n];
        while(k < n){
            merge(a, swap, k);               //调用函数 merge()
            for(i = 0; i < n; i++){
                a[i] = swap[i];              //将元素从临时数组 swap 放回数组 a 中
            k = 2 * k;                       //归并长度加倍
        }
    }
```

归并排序效果参考图 9-2(c)。

3) 效率分析

归并排序需要一个和原始数据所占空间同样大小的辅助数组空间,故其空间复杂度为 $O(n)$。对 n 个记录的序列,则要经过 $\log_2 n$ 趟归并,每趟归并比较次数不超过 n 次,故总比较次数为 $O(n\log_2 n)$,算法的时间复杂度是 $O(n\log_2 n)$。归并排序是稳定排序。

9.2.5 动手实践

1) 实训目的

熟练应用直接插入排序、折半插入排序、希尔排序、冒泡排序、快速排序、直接选择排序、堆排序、归并排序。

2) 实训内容

给下面数组排序:

(23,98,79,95,2,29,52,86,42,30,27,78,70,12,40,65,98,60,53,44)

3) 实训思路

因为要实现 8 种排序算法,所以首先给出 20 个相同固定的数据,也可以随机产生 20 个 1000 以内的整数作为要排序的数据(以下代码,前面三种排序用的固定数据,后面 5 种采用随机数据进行排序),分别用 8 种排序方法排序,并用比较次数的多少来判断哪种算法更快。

4) 关键代码

请读者理解以下代码并填空,运行得到相应结果。

(1) 直接插入排序。

【代码 9-17】

```
public class InsertSort{
    public static void insertSort(int[] a){
        _____          //可参考代码 9-2
    }

    public static void main(String[] args){
        int[] test = {23,98,79,95,2,29,52,86,42,30,27,78,70,12,40,65,98,60,53,44};
        int n = test.length;
        insertSort(test);
```

```
        for(int i = 0; i < n; i ++)
            System.out.print(test[i] + " ");
    }
}
```

(2) 折半插入排序。

【代码 9-18】

```
public class BinSort{
    public static int BinSort(int[] r) {
        _____//可参考代码 9-4
    }

    public static void main(String[] args){
        int[] test = {23,98,79,95,2,29,52,86,42,30,27,78,70,12,40,65,98,60,53,44};
        int n = test.length;
        BinSort(test);
        for(int i = 0; i < n; i ++)
            System.out.print(test[i] + " ");
    }
}
```

(3) 希尔排序。

【代码 9-19】

```
public class ShellSort{
    public static int shellSort(int[] data) {
        _____//可参考代码 9-6
    }

    public static void main(String[] args){
        int[] test = {23,98,79,95,2,29,52,86,42,30,27,78,70,12,40,65,98,60,53,44};
        int n = test.length;
        shellSort(test);
        for(int i = 0; i < n; i ++)
            System.out.print(test[i] + " ");
    }
}
```

(4) 冒泡排序。

【代码 9-20】

```
public class BubbleSort{
    public static void bubbleSort(int[] a){
        _____//可参考代码 9-8
    }

    public static void main(String[] args){
        int[] test = new int[20];
        int n = test.length;
```

```
        //随机产生 20 个[0,1000]的整型数据
        for(int i = 0; i < test.length; i++){
            test[i] = (int)(Math.random() * 1000);
        }
        bubbleSort(test);
        for(int i = 0; i < n; i++)
            System.out.print(test[i] + " ");
    }
}
```

(5) 快速排序。

【代码 9-21】

```
public class QuickSort{{
    public static int quickSort(int[] data, int low, int high){
        _____//可参考代码 9-10
    }

    public static void main(String[] args){
        int[] test = new int[20];
        int n = test.length;
        //随机产生 20 个[0,1000]的整型数据
        for(int i = 0; i < test.length; i++){
            test[i] = (int)(Math.random() * 1000);
        }
        int n = test.length;
        quickSort(test, 0, n-1);
        for(int i = 0; i < n; i++)
            System.out.print(test[i] + " ");
    }
}
```

(6) 直接选择排序。

【代码 9-22】

```
public class SelectSort{
    public static void selectSort(int[] a){
        _____//可参考代码 9-12
    }
    public static void main(String[] args){
        int[] test = new int[20];
        int n = test.length;
        //随机产生 20 个[0,1000]的整型数据
        for(int i = 0; i < test.length; i++){
            test[i] = (int)(Math.random() * 1000);
        }
        selectSort(test);
        for(int i = 0; i < n; i++)
```

```
            System.out.print(test[i] + " ");
        }
    }
```

(7) 堆排序。

【代码 9-23】

```
public class HeapSort{
    public static int sift(Integer[] data) {
        _____//可参考代码 9-14
    }
    public static void main(String[] args){
        int[] test = new int[20];
        int n = test.length;
        //随机产生 20 个[0,1000)的整型数据
        for(int i = 0; i < test.length;i++){
            test[i] = (int) (Math.random() * 1000);
        }
        int n = test.length;
        sift(test);
        for(int i = 0; i < n; i++)
            System.out.print(test[i] + " ");
    }
}
```

(8) 归并排序。

【代码 9-24】

```
public class MergeSortSort{
    public static int mergeSort(int[] data) {
        _____//可参考代码 9-16
    }
    public static void main(String[] args){
        int[] test = new int[20];
        int n = test.length;
        //随机产生 20 个[0,1000)的整型数据
        for(int i = 0; i < test.length;i++){
            test[i] = (int) (Math.random() * 1000);
        }
        int n = test.length;
        mergeSort(test);
        for(int i = 0; i < n; i++)
            System.out.print(test[i] + " ");
    }
}
```

5) 运行结果

程序运行结果参考图 9-2(数据略有差异)。

9.2.6 基数排序

前面的排序都只有一个关键字,那么,如果要对多关键字排序该怎么办?比如一副扑克,有花色和大小两个关键字,又该怎么排序呢?基数排序能够解决这个问题。基数排序和前面介绍的各类排序方法完全不同,前几节所讨论的排序算法主要是通过关键字的比较和移动记录来实现的,但是基数排序不需要进行记录之间关键字的比较,它是借助多关键字排序的方法对单关键字进行排序的。

1. 多关键字排序

对多关键字排序问题可以通过一个实例说明。例如,对于日常生活中人们玩的扑克牌,一副牌中有黑桃、红桃、方块、梅花四种花色,每种花色有 13 种面值,共 52 张牌,即 52 个记录。每个记录有两个关键字:花色和面值,若要将它们进行排序,规定如下。

花色的次序:

黑桃>红桃>梅花>方块

面值的次序:

K>Q>J>10>…>4>3>2>A

为得到排序结果,可以有两种排序方法。

方法 1:先对花色排序,将其分为 4 个组,即方块组、梅花组、红桃组、黑桃组。然后对每个组分别按面值大小进行排序,最后,将 4 个组连接起来即可。

方法 2:在比较任意两张牌大小时,也可以先按不同面值分成 13 堆,将这 13 堆牌按从小到大(或从大到小)叠在一起,然后按花色分成四堆,最后将四堆牌按从小到大次序合在一起。每副扑克牌由小到大顺序是:黑桃 A<黑桃 2<…<黑桃 K<红桃 A<红桃 2<…<红桃 K<梅花 A<梅花 2<…<梅花 K<方块 A<方块 2<…<方块 K。

基数排序是通过"分配"和"收集"两种操作来实现的,它的基本思想是:假设待排序序列中记录的关键字为 $R[i].key$,$R[i].key$ 是由 d 位数字组成,即 $key = k_d \cdots k_3 k_2 k_1 k_0$。$k_d$ 是最高位,k_0 是最低位,每一位的值都在 $0 \leqslant k_d \leqslant r_d$ 之间。r_d 是不同进制数的基数,若关键字是十进制整数,基数 $r_d = 10$。

2. 基数排序原理

首先将所有记录按顺序存储在一个单链表中,第一趟排序时,先"分配",按每个记录关键字的个位数字大小不同,分别将链表中记录分配到相应的 r_d 个链式队列里。$h[i]$ 和 $t[i]$ 分别是第 i 个队列的头指针和尾指针。此时每个队列中记录关键字的个位值相同,也就是将个位数字等于 0 的记录分配到以 $h[0]$ 为头指针的队列中,将个位数字等于 1 的记录分配到以 $h[1]$ 为头指针的队列中,每个队列中的结点对应的记录的个位数相同;第 1 趟收集时按顺序将所有非空队列的队尾指针指向下一个非空队列的队头记录,重新将全部队列链成一个新单链表;第 2 趟排序时,按关键字的十位数字不同进行上述"分配"和"收集"操作。此种方法称为最低位优先法(least signifcant digit first,LSD)。如果排序序列是按关键字的位从 k_d 到 k_0,则称为最高位优先法(most signifcant digit first,MSD)。

例如,待排序序列为"(53, 3, 542, 748, 14, 214, 154, 63, 616)"(不足三位数字的左边补零),每个关键字由 k_2、k_1、k_0 组成。首先将所有待比较数据统一位数长度,接着从最低位开始,依次进行排序,先按照个位数进行排序,再按照十位数进行排序,然后按照百位数进行排序。排序后,数列就变成了一个有序序列。基数排序结果如图 9-11 所示。

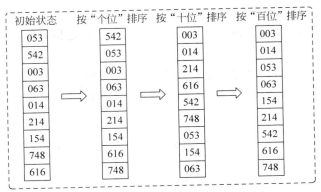

图 9-11 基数排序结果

基数排序所需时间不仅与序列的大小有关,而且与关键字的位数和基数有关。把 n 个记录进行一趟"分配"和"收集"的时间为 $O(n+r_d)$。若每个关键字有 d 位数字,需要进行 d 趟排序,所以基数排序时间复杂度为 $O[d\times(r_d+n)]$。由于基数排序需要 $2\times r_d$ 个指向队列的辅助空间,以及链表的 n 个指针,故基数排序的空间复杂度为 $O(n+2r_d)$。基数排序是一种稳定的排序方法。

9.3 项目实现

前面内容已完成了项目实现,在此不再重复。

9.4 小结

各种排序方法的比较如表 9-1 所示。

表 9-1 各种排序方法的比较

排序方法	平均时间复杂度	最坏时间复杂度	辅助存储空间	稳定性
直接插入排序	$O(n^2)$	$O(n^2)$	$O(1)$	稳定
希尔排序	$O(n^{1.3})$	$O(n^{1.4})$	$O(1)$	不稳定
冒泡排序	$O(n^2)$	$O(n^2)$	$O(1)$	稳定
快速排序	$O(n\log_2 n)$	$O(n^2)$	$O(n\log_2 n)$	不稳定
直接选择排序	$O(n^2)$	$O(n^2)$	$O(1)$	不稳定
堆排序	$O(n\log_2 n)$	$O(n\log_2 n)$	$O(1)$	不稳定
归并排序	$O(n\log_2 n)$	$O(n\log_2 n)$	$O(n)$	稳定
基数排序	$O[d\times(n+r_d)]$	$O[d\times(n+r_d)]$	$O(n+r_d)$	稳定

通过表 9-1 可以得到如下结论。
(1) 如果待排序记录的初始状态基本有序,选择直接插入排序法和冒泡排序法。
(2) 如果待排序记录 n 较小,选择直接插入排序法。

（3）对于记录个数 n 较大的序列，不要求稳定性，同时内存容量不宽余时，可以选择快速排序和堆排序；当 n 值很大，稳定性有要求，容量宽余时，用归并排序最合适；当 n 值较大但关键字较小，可以用基数排序法。

（4）从方法的稳定性看，直接插入排序法、冒泡排序法是稳定的，希尔排序、快速排序、堆排序是不稳定的。

（5）从平均时间上讲，快速排序是所有排序方法中最好的，但快速排序在最坏情况下时间复杂度比堆排序和归并排序大。当 n 值较大时，归并排序比堆排序省时，但要较大的辅助空间。

9.5 习题

1. 填空题

（1）若待排序的序列中存在多个记录具有相同的键值，经过排序，这些记录的相对次序仍然保持不变，则称这种排序方法是_____的，否则称为_____的。

（2）按照排序过程涉及的存储设备的不同，排序可分为_____排序和_____排序。

（3）直接插入排序用监视哨的作用是_____。

（4）对 n 个记录的表 $r[1..n]$ 进行简单选择排序，所需进行的关键字间的比较次数为_____。

（5）下面的排序算法的思想是：第 1 趟比较将最小的元素放在 $r[1]$ 中，最大的元素放在 $r[n]$ 中；第 2 趟比较将次小的放在 $r[2]$ 中，将次大的放在 $r[n-1]$ 中。依次下去，直到待排序列为递增序。（注："< －－ >"代表两个变量的数据交换。）

```
void sort(SqList &r, int n)
{
    i = 1;
    while(_____①_____)
    {
        min = max = i;
        for (j = i + 1;_____②_____;++j)
        {
            if(_____③_____)  min = j;
            else if(r[j].key > r[max].key) max = j;
        }
        if(_____④_____) r[min] < －－ > r[j];
        if(max != n - i + 1)
        {
            if (_____⑤_____) r[min] < －－ > r[n - i + 1];
            else (_____⑥_____);
        }
        i++;
    }
}//sort
```

(6) 下列算法为奇偶交换排序。思路如下：第 1 趟对所有奇数的 i，将 $a[i]$ 和 $a[i+1]$ 进行比较；第 2 趟对所有偶数的 i，将 $a[i]$ 和 $a[i+1]$ 进行比较。每次比较时若 $a[i] > a[i+1]$，将二者交换。以后重复上述两趟过程，直至整个数组有序。

```
void sort (int a[n])
{
    int flag,i,t;
    do
    {
        flag = 0;
        for(i = 1;i < n;i++,i++)
            if(a[i]> a[i+1])
            {
                flag = ____①____ ;
                t = a[i+1];
                a[i+1] = a[i];
                ____②____ ;
            }
        for ____③____
            if (a[i]> a[i+1])
            {
                flag = ____④____ ;
                t = a[i+1];
                a[i+1] = a[i];
                a[i] = t;}
        }
    }
    while ____⑤____ ;
}
```

2. 选择题

(1) 从未排序序列中依次取出一个元素与已排序序列中的元素依次进行比较，然后将其放在已排序序列的合适位置，该排序方法称为（　　）排序法。

  A. 直接插入 B. 简单选择 C. 希尔 D. 二路归并

(2) 直接插入排序在最好情况下的时间复杂度为（　　）。

  A. $O(\log_2 n)$ B. $O(n)$ C. $O(n\log_2 n)$ D. $O(n^2)$

(3) 设有一组关键字值"46,79,56,38,40,84"，则用堆排序的方法建立的初始堆为（　　）。

  A. 79,46,56,38,40,80   B. 84,79,56,38,40,46
  C. 84,79,56,46,40,38   D. 84,56,79,40,46,38

(4) 设有一组关键字值"46,79,56,38,40,84"，则用快速排序的方法，以第一个记录为基准得到的一次划分结果为（　　）。

  A. 38,40,46,56,79,84   B. 40,38,46,79,56,84
  C. 40,38,46,56,79,84   D. 40,38,46,84,56,79

(5) 将两个各有 n 个元素的有序表归并成一个有序表，最少进行（　　）次比较。

A. n B. $2n-1$ C. $2n$ D. $n-1$

(6) 下列排序方法中,排序趟数与待排序列的初始状态有关的是（　　）。
A. 直接插入 B. 简单选择 C. 起泡 D. 堆

(7) 下列排序方法中,不稳定的是（　　）。
A. 直接插入 B. 起泡 C. 二路归并 D. 堆

(8) 若要在 $O(n\log_2 n)$ 的时间复杂度上完成排序,且要求排序是稳定的,则可选择下列排序方法中的（　　）。
A. 快速 B. 堆 C. 二路归并 D. 直接插入

(9) 设有 1000 个无序的数据元素,希望用最快的速度挑选出关键字最大的前 10 个元素,最好选用（　　）排序法。
A. 起泡 B. 快速 C. 堆 D. 基数

(10) 若待排元素已按关键字值基本有序,则下列排序方法中效率最高的是（　　）。
A. 直接插入 B. 简单选择 C. 快速 D. 二路归并

(11) 数据序列"8,9,10,4,5,6,20,1,2"只能是下列排序算法中的（　　）的两趟排序后的结果。
A. 选择排序 B. 冒泡排序 C. 插入排序 D. 堆排序

(12) （　　）占用的额外空间的空间复杂性为 $O(1)$。
A. 堆排序算法 B. 归并排序算法
C. 快速排序算法 D. 以上答案都不对

(13) 对一组数据"84,47,25,15,21"排序,数据的排列次序在排序的过程中的变化为：
① 84 47 25 15 21 ② 15 47 25 84 21 ③ 15 21 25 84 47 ④ 15 21 25 47 84
则采用的排序是（　　）。
A. 选择 B. 冒泡 C. 快速 D. 插入

(14) 一个排序算法的时间复杂度与（　　）有关。
A. 排序算法的稳定性 B. 所需比较关键字的次数
C. 所采用的存储结构 D. 所需辅助存储空间的大小

(15) 适合并行处理的排序算法是（　　）。
A. 选择排序 B. 快速排序 C. 希尔排序 D. 基数排序

(16) 下列排序算法中,（　　）算法可能会出现下面的情况：初始数据有序时,花费的时间反而最多。
A. 快速排序 B. 堆排序 C. 希尔排序 D. 起泡排序

(17) 有些排序算法在每趟排序过程中,都会有一个元素被放置在其最终的位置上,下列算法不会出现此情况的是（　　）。
A. 希尔排序 B. 堆排序 C. 起泡排序 D. 快速排序

(18) 在文件"局部有序"或文件长度较小的情况下,最佳内部排序的方法是（　　）。
A. 直接插入排序 B. 起泡排序 C. 简单选择排序 D. 快速排序

(19) 下列排序算法中,（　　）算法可能会出现下面情况：在最后一趟开始之前,所有元素都不在其最终的位置上。
A. 堆排序 B. 冒泡排序 C. 快速排序 D. 插入排序

(20) 下列排序算法中,占用辅助空间最多的是( )。
　　A. 归并排序　　　B. 快速排序　　　C. 希尔排序　　　D. 堆排序
(21) 从未排序序列中依次取出一个元素与已排序序列中的元素依次进行比较,然后将其放在已排序序列的合适位置,该排序方法称为( )排序法。
　　A. 插入　　　　　B. 选择　　　　　C. 希尔　　　　　D. 二路归并
(22) 用直接插入排序方法对下面四个序列进行排序(由小到大),元素比较次数最少的是( )。
　　A. 94,32,40,90,80,46,21,69　　　　B. 32,40,21,46,69,94,90,80
　　C. 21,32,46,40,80,69,90,94　　　　D. 90,69,80,46,21,32,94,40
(23) 对序列"15,9,7,8,20,−1,4"用希尔排序方法排序,经一趟后序列变为"15,−1,4,8,20,9,7",则该次采用的增量是( )。
　　A. 1　　　　　　B. 4　　　　　　　C. 3　　　　　　　D. 2
(24) 在含有 n 个关键字的小根堆(堆顶元素最小)中,关键字最大的记录有可能存储在( )位置上。
　　A. $\lfloor n/2 \rfloor$　　B. $\lfloor n/2 \rfloor - 1$　　C. 1　　D. $\lfloor n/2 \rfloor + 2$
(25) 对 n 个记录的线性表进行快速排序为减少算法的递归深度,以下叙述正确的是( )。
　　A. 每次分区后,先处理较短的部分　　B. 每次分区后,先处理较长的部分
　　C. 与算法每次分区后的处理顺序无关　　D. 以上三者都不对
(26) 从堆中删除一个元素的时间复杂度为( )。
　　A. $O(1)$　　B. $O(\log_2 n)$　　C. $O(n)$　　D. $O(n\log_2 n)$

3. 简答题

设有关键字序列"503,087,512,061,908,170,897,275,653,426",试用下列各内部排序方法对其进行排序,要求写出每趟排序结束时关键字序列的状态。

参 考 文 献

[1] 朱战立.数据结构——Java语言描述[M].北京:清华大学出版社,2016.
[2] 唐懿芳,钟达夫,林萍,等.数据结构与算法——C语言和Java语言描述[M].北京:清华大学出版社,2017.
[3] 张红霞,白桂梅.数据结构与实训[M].北京:电子工业出版社,2010.
[4] 程杰.大话数据结构[M].北京:清华大学出版社,2014.
[5] 严蔚敏.数据结构(C语言版)[M].北京:清华大学出版社,2004.
[6] 殷人昆.数据结构(用面向对象和C++语言描述)[M].北京:清华大学出版社,2006.
[7] 张永.算法与数据结构[M].北京:国防大学出版社,2010.
[8] 王立柱.C/C++与数据结构[M].北京:清华大学出版社,2010.
[9] 王庆瑞.数据结构与算法基础[M].北京:机械工业出版社,2010.
[10] Michael McMillan. Data structures an algorithms using C♯[M]. Cambridge: Cambridge University Press,2007.
[11] 曲建民,刘元红,郑陶然.数据结构[M].北京:清华大学出版社,2005.
[12] 梁作娟,唐瑞春.数据结构习题解答与考试指导[M].北京:清华大学出版社,2004.
[13] 耿国华.数据结构——C语言描述[M].北京:高等教育出版社,2005.
[14] 宁正元,易金聪.数据结构习题解析与上机实验指导[M].北京:中国水利水电出版社,2000.
[15] 王路群.数据结构(C语言描述)[M].北京:中国水利水电出版社,2007.